中国第七次北极科学考察报告

THE REPORT OF 2016 CHINESE NATIONAL ARCTIC RESEARCH EXPEDITION

李院生　主　编

夏立民　副主编

U0195095

海洋出版社

2018年·北京

图书在版编目(CIP)数据

中国第七次北极科学考察报告/李院生主编. — 北京:海洋出版社, 2018.1

ISBN 978-7-5210-0039-9

Ⅰ. ①中… Ⅱ. ①李… Ⅲ. ①北极 – 考察报告 – 中国 Ⅳ. ①N816.62

中国版本图书馆CIP数据核字(2018)第025474号

责任编辑:白　燕

责任印制:赵麟苏

海洋出版社 出版发行

http://www.oceanpress.com.cn

北京市海淀区大慧寺路8号　　邮编:100081

北京文昌阁彩色印刷有限责任公司印刷　　新华书店经销

2018年4月第1版　　2018年4月北京第1次印刷

开本:889mm×1194mm　1/16　印张:18.75

字数:490千字　　定价:150.00元

发行部:010-62132549　邮购部:010-68038093　总编室:010-62114335

海洋版图书印、装错误可随时退换

编写组

THE REPORT OF 2016 CHINESE NATIONAL ARCTIC RESEARCH EXPEDITION

主　编：李院生

副主编：夏立民

编　委：

第1章	李院生	刘　娜			
第2章	刘　娜	袁东方	孙虎林	沈　辉	刘海波
	雷瑞波				
第3章	刘　娜	孔　彬	李　涛	刘高原	林丽娜
	徐全军	孙虎林	何　琰	马小兵	杨　磊
	孙　超	张　通	杨成浩	卫翀华	王颖杰
	王晓阳	曹　勇	刘一林	林　龙	王明锋
第4章	雷瑞波	曹　勇	沈　辉	张　通	李　涛
	王庆凯	孙晓宇	彭　浩	季　青	刘一林
	林　龙	左广宇	王明峰	于乐江	
第5章	汪卫国	崔迎春	边叶萍	黄元辉	马　通
第6章	张　涛	王　嵘	韩国忠	房旭东	
第7章	庄燕培	白有成	李杨杰	任　健	张介霞
	祁　第	朱　晶	陈　勉	李　江	郑晓玲
	葛林科				
第8章	林和山	林　凌	蓝木盛	徐志强	刘诚刚
	林学政	王建佳	张　然	刘　坤	郭文斌
	张武昌	张玉生			
第9章	李院生	刘　娜	雷瑞波		

作为地球系统的重要组成部分，北极系统包含大气、冰雪、海洋、陆地和生物等多圈层的相互作用过程，通过大气、海洋环流的经向热传输与低纬度地区紧密联系在一起，在全球变化中具有重要的地位和作用。目前，北极地区正在发生着快速变化，自1979年有卫星监测以来，北极9月海冰覆盖范围每10年减少11%。气候预测的结果表明，北极海冰未来的融化速度将会进一步加快，到2050年北极夏季海冰有可能完全消失。已有的研究表明，北极气候环境变化对我国气候有着直接的影响，与我国的工农业生产、经济活动和人民生活息息相关。另外，北极海冰的减少使得北极航道的开通成为可能。目前，中国较多地依赖从波斯湾和非洲进口能源，必须经过印度洋和马六甲海峡。北极航道的开通有可能成为中国摆脱马六甲困境的另一主要途径。在我国大力推进海洋强国战略和海上丝绸之路建设的当今时代，开展北极科学考察是我国了解北极，认识北极的重要途径。

自1999年我国实施首次北极科学考察以来，已圆满完成了6个航次的北极多学科综合考察，系统观测了海冰、海洋和大气变化，探讨了北极气候环境快速变化与我国气候的关系，获得了一批有价值的科学考察数据和研究成果。2016年，我国继续实施第七次北极科学考察，考察海域仍然为我国传统北极调查的北冰洋太平洋扇区。有幸作为本次科学考察的首席科学家，深感责任在肩。

本次考察自2016年7月11日开始至9月26日结束，历时78 d，航行13 000 n mile，作业时间54 d，航路时间24 d。考察队128名队员，承担着77项科学考察任务。先后在白令海海盆区、加拿大海盆、楚科奇海台、北冰洋太平洋扇区高纬度海域、门捷列夫海岭、楚科奇海、白令海陆架区和陆坡区等重点海域开展了物理海洋与气象考察、海冰和冰面气象考察、海洋地质考察、海洋地球物理考察、海洋化学考察、海洋生物与生态多样性考察等学科领域的全面考察。最北到达82°52.99′N。安全、顺利、圆满地完成了全部考察任务，部分工作超额完成。

回想整个考察过程，考察队离开上海一天之后到达济州岛，3名外国科学家及仪器上船。7月18日抵达白令海第一个站位开始定点作业。7月18日向白令海公海区域行驶。7月19日到达白令海公海锚碇浮标作业点。7月19—23日完成白令海公海6个临时设定的综合站位、1个锚碇浮标和1个锚碇潜标投放。7月25日过白令海峡，行驶向位于楚科奇海台和加拿大海盆的P2和P1断面。7月28日到达P断面最东南的P27站位。7月28—31日完成P2断面7个综合站位作业。8月1日达到P1断面最东南的P17站位。8月1—3日完成P1断面7个综合站位作业，行驶向R18站位。8月4日完成R18站位作业，并开始第一个短期冰站SICE01作

业。8月4—7日完成4个短期冰站作业和R18到R22的5个综合站位作业,其中R21和R22为寻找长期冰站航路上的增设站位。8月8—15日进行长期冰站作业。长期冰站作业完成后,行驶向位于门捷列夫海岭E断面最北端站位E26站位。8月17—21日完成E断面6个综合站位作业,期间8月18日完成第5个短期冰站作业,8月20日完成第6个短期冰站作业。8月22—24日完成R17到R11的7个综合站位作业。8月24—30日完成地球物理反射地震和海面磁力测线观测、R15站位及沉积物捕获器潜标的投放和回收工作。8月30—31日完成S1断面从S14到S11的4个综合站位作业。9月1日完成C2断面4个综合站位作业。9月1—5日完成R10至R06的5个综合站位作业、楚科奇海潜标布放、C1断面3个综合站位、R05站位、CC断面5个综合站位、R04至R01的4个综合站位、位于白令海峡口的S01和S02站位。9月5日凌晨过白令海峡,回到白令海,首先完成NB12和NB11两个综合站位,之后避风至9月8日;9月8—10日完成NB断面6个综合站位和B断面B13至B07–1的7个综合站位。9月10日全部科考作业结束。

本航次共开展了12条断面84个海洋综合站位作业,其中白令海4个断面25个站位,北冰洋8个断面59个站位。考察内容涉及物理海洋、海洋气象、海洋地质、海洋化学和海洋生物。完成了5套锚碇潜浮标的收放工作,包括白令海锚碇浮标投放、白令海锚碇潜标投放、楚科奇海锚碇潜标投放、沉积物捕获器潜标回收、沉积物捕获器潜标投放。船只走航期间进行海洋、气象、海冰和大气成分观测。完成走航抛弃式XBT 300个,XCTD 24个,探空气球58个。完成地球物理反射地震测线231 km,海面磁力测线1 500 km。完成了1个长期冰站和6个短期冰站的考察任务。

考察队设立随船质量监督员,由其负责组织开展随船质量监督检查工作。本航次严格按照《中国第七次北极科学考察现场实施计划》执行,对各专业考察开展了质量控制与监督管理工作,确保了航次考察各项任务安全、高效、高质量地完成,满足可靠性、完整性和规范性的要求。

与我国以往的历次北极科学考察相比,本次考察归纳起来有以下几点不同之处:① 航次在位于俄罗斯北部北冰洋公海区域的门捷列夫海岭进行考察,设计1条综合考察断面,6个考察站位,考察内容涉及物理海洋、海洋气象、海洋地质、海洋化学和海洋生物。该调查断面与2016年中俄联合调查航次在东西伯利亚海的考察相配合,完成我国首次在东西伯利亚海、楚科奇海西侧和门捷列夫海岭海域的海洋观测;② 加强了定点锚碇长期观测,成功完成了5套锚碇长期观测潜标和浮

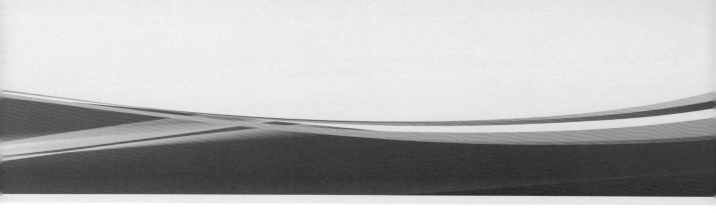

标的收放工作。其中，白令海锚碇潜标锚系长度 3 800 m，是我国首次在白令海成功布放的深水锚碇潜标；③ 利用直升机围绕长期冰站在加拿大海盆布放了由 13 个浮标组成的浮标阵列，这是我国历次北极考察构建最为规则的浮标阵列，连同冰站布放的浮标，本航次一共布放了 40 个冰基浮标，为历次北极考察布放冰基浮标最多，其中包括利用"雪龙"船首次在北极成功布放我国自主研发的冰基上层海洋剖面浮标；④ 地球物理反射地震测线观测是我国北极考察中首次在"雪龙"船上使用空气枪震源激发人工地震波，极大地增强了多道地震系统的地层探测深度。

《中国第七次北极科学考察报告》全面总结了本次考察任务的完成情况，展示了各学科考察工作取得的主要进展和初步成果。本报告的出版是全体考察队员和编写人员的智慧和心血的结晶，作为本次考察的首席科学家，在报告即将出版之际，谨向参加中国第七次北极科学考察的全体同仁，向给予本次科学考察大力支持的各级领导、专家和有关组织管理单位、参加单位表示崇高的敬意和衷心的感谢！

由于时间仓促和水平限制，报告对整个考察过程的描述和总结可能不够全面和翔实，科学认识还很初步，不足和错误之处，敬请专家和读者给予批评指正和谅解。

中国第七次北极科学考察队

首席科学家　李院生

2016年10月

目 录

THE REPORT OF
2016 CHINESE NATIONAL ARCTIC RESEARCH EXPEDITION

考察背景和目标 第 1 章

- 考察背景
- 考察目标

1.1 考察背景

北极地区因冰雪覆盖面积大，反射太阳辐射能力可达开放大洋的 5 ～ 10 倍，大量研究表明，大气—海冰—海洋之间的正反馈效应会使全球气候变化在北极放大，甚至北极地区自身微小的变化也会通过这些反馈而扩大，因此北极气候变化堪称全球气候变化的风向标。自 1750 年以来，北极地区气候在人类活动的影响下总体呈现增暖的趋势，1906—2005 年的 100 年间地球表面温度提高了 0.74℃，而北极地区升高幅度则是其他地区的两倍。特别是最近 30 年来，北冰洋洋面上的浮冰覆盖面积不断减少的趋势明显，格陵兰岛上的冰层逐渐融化，灌木丛开始向阿拉斯加地区的冻土地带蔓延生长，永久冻土带也有加速融化的迹象。上述的各种变化都会对全球气候和生态系统带来巨大的影响。

北极气候系统的快速变化又可通过全球大气、海洋环流的径向热传输与中纬度甚至低纬度地区紧密联系在一起，自 1970 年开始，欧亚、北美以及我国的冬季的极端天气气候过程都极有可能与北极涛动的异常变化紧密相关。北冰洋海冰的快速消融还极大地刺激了各国开发利用北极地区能源、资源、航道、渔业的战略需求。当前，极地权益争夺空前加剧，北极战略地位迅速提高，已成为国际政治、经济、科技和军事竞争的重要舞台。

自 1999 年我国首次组织实施北极科学考察以来，已成功实施了 6 次多学科综合考察。特别是自 2012 年，经国务院批准，我国极地研究领域 30 年来规模最大的极地专项——"南北极环境综合考察与评估"专项（以下简称"极地专项"）开始实施，是中国极地事业发展新的里程碑，标志着我国的北极科学考察与研究进入跨越发展新阶段。2012 年和 2014 年极地专项支持的第五次和第六次北极科学考察取得了首航东北航道、布放我国首套锚碇观测浮标、海冰浮标阵列协同观测和浮冰区近海底磁力测量等令人瞩目的考察成果，使我国成为国际上为数不多的实现跨北冰洋考察的国家之一，在北冰洋太平洋扇区、北冰洋中心区以及大西洋扇区的北欧海取得了有关海洋环境变化和海—冰—气系统变化过程的第一手资料和样品，为"十二五"期间我国海洋强国和 21 世纪海上丝绸之路战略做出了应有的贡献。

2016 年是我国"十三五"计划的开局之年，实施了我国第七次北极科学考察，继续在我国北冰洋传统考察海域开展综合观测。这一方面可为系统深入认识太平洋扇区海—冰—气系统变化过程积累资料，有利于提高我国对北极环境变化的整体认识与评估；另一方面也是适应国家海洋强国战略新要求，继续开拓 21 世纪海上丝绸之路北上分支的必要实践。

1.2 考察目标

根据"极地专项"总体布局和阶段目标，中国第七次北极科考将重点对白令海、白令海峡、楚科奇海、楚科奇海台、门捷列夫海脊、加拿大海盆和高纬海区等海域进行科学考察。掌握海洋水文与气象、海洋地质、地球物理、海洋生物与生态、海洋化学等环境要素的分布特征，为北极地区环境气候综合评价提供基础资料。考察目标如下。

1.2.1 太平洋水和陆源淡水汇入加拿大海盆的主要路径、关键机理及其对海气耦合过程的影响

通过对白令海、白令海峡、楚科奇海、楚科奇海台、门捷列夫海脊、加拿大海盆和高纬海区开展海洋水动力环境变化和海—冰—气系统变化过程的关键要素考察，研究太平洋水进入深海盆的主要路径、太平洋水体如何突破位涡守恒的制约、陆坡流对陆架水体的约束作用、楚科奇海台对太

平洋入流的动力学作用、海冰减退后特殊的约束条件对加拿大海盆淡水加强积聚的影响。与此同时，开展冰站观测，研究加拿大海盆海水结构的变化对海—冰—气耦合过程的影响，了解北极海洋和海冰的变化对气候系统的反馈作用。通过与其他学科的交流与合作，促进对水体输运通道和路径的示踪研究。

1.2.2 北冰洋沉积物时空分布特征及其对海洋和气候变化的响应

在考察海域完成表层和柱状沉积物采样作业，结合历史考察资料，系统认识北冰洋—太平洋扇区的海底沉积物特征、分布规律及物质来源，重建该地区晚第四纪古海洋、冰川（冰盖／海冰）和气候演变历史。并基于多种环境、气候替代指标的沉积记录，探讨太阳辐射、冰期气候旋回、海平面、大洋环流等关键海洋和气候要素变化对北极和亚北极海域沉积环境的影响；开展表层海水悬浮体取样与分析测试，揭示悬浮颗粒物含量、颗粒组成分布特征及其影响因素，为海洋沉积过程、物质循环、表层生产力和生态系统研究提供参考数据；尝试在白令海北部陆坡高生产力"绿带"的边缘布放沉积物捕获器，获得白令海北部陆坡季节性生源、陆源沉积通量的连续变化，对白令海洋流—海冰—生产力关系和现代沉积过程开展初步研究。

1.2.3 极区地球物理场关键要素调查与构造特征分析

加拿大海盆是美亚海盆的主体。由于为冰雪所覆盖，气候条件恶劣，此区域地球物理尤其是高精度的地球物理资料非常匮乏，导致其形成历史成为了目前的未解之谜。加拿大海盆因此也被称为完善板块构造学说的最后一块"拼图"。现今关于加拿大海盆的扩张模式大部分都是基于陆地上的地质证据提出的，模型较为模糊，时间尺度的约束较弱。磁条带的识别是确定海底扩张年龄的最主要方式，但是目前此区域只有航空测量的磁力数据。考虑到加拿大海盆较深的水深和较厚的沉积物厚度，航空磁力数据的分辨率较低，提供的解释受到较大的质疑。近海底磁力是最近几年发展起来的高新技术。由于其观测仪器离地球物理场源较近，大大增强了观测信号的强度和分辨率，为解决这一科学难题提供了极好的机会。在本次科学考察中，拟通过在加拿大海盆进行高精度的近海底磁力、海面磁力、重力、地震和热流调查追踪海盆的扩张年龄，并结合历史数据确定海盆的扩张方向和扩张速率。

1.2.4 北冰洋海洋化学要素的变化观测与生源元素的生物地球化学循环考察

开展北冰洋调查海域海水化学要素、界面碳通量、同位素化学、大气化学、沉积化学及海冰化学等要素的考察，获取海洋环境化学与海洋生物地球化学过程对海冰快速变化的响应与变化信息。其中着重考察海洋生物泵过程、陆地碳输入及海气碳通量的变化来评估北冰洋海洋碳源汇格局的规律和趋势；多种手段观测北冰洋海洋酸化与贫营养化的进程及控制机制；运用水化学要素、生物标志物、同位素化学对水团和海洋过程进行示踪；在全球变化背景下，了解极区温室气体及边界层气溶胶的分布特征，了解北极地区污染物质在各介质中的分布。

1.2.5 北极海域海洋生物多样性现状及其对全球变化的响应

通过重点海域海洋叶绿素、生产力、微型浮游生物、大中型浮游植物、大中型浮游动物、大小型底栖生物、微生物和大型海藻等海洋生物生态考察，分析各类海洋生物群落结构组成与多样性现状、关键种与资源种的分布及生态适应性，了解考察海域生态系统功能现状及在全球变化背景下的潜在变化，为评估北极生物对生态环境快速变化的响应方式和过程，评价北极生态系统对全球气候变化的响应和反馈作用等提供基础资料。

考察概况 第**2**章

- 考察队建制
- 考察内容和考察海域
- 考察船只和考察时间
- 航线航程
- 站位设置及完成工作量
- 考察支撑保障
- 航次质量监督
- 国际合作

2.1 考察队建制

根据国家海洋局党组决定，考察队实行临时党委领导下的领队和首席科学家分工负责制。本次考察中全队的最高决策机制是临时党委扩大会议，日常议事决策机制是临时党委成员、首席科学家、各队队长参加的每日例会。考察队内设组织机构如下。

考察队临时党委

　　党委书记：夏立民
　　党委成员：夏立民，姜梅，赵炎平，刘娜，雷瑞波，吴健，赵祥林
　　党办主任：姜梅

考察队领导

　　领队：夏立民
　　首席科学家：李院生
　　领队助理：赵炎平，曹建军
　　首席科学家助理：刘娜，汪卫国，雷瑞波
　　队办主任：姜梅

考察队各党支部

综合队党支部	书记：赵祥林
	委员：姜梅，曹建军
大洋1队党支部	书记：庄燕培
	委员：刘娜，李涛
大洋2队党支部	书记：林学政
	委员：林和山，边叶萍
"雪龙"船党支部	书记：吴健
	委员：赵炎平，袁东方

考察队各专业队

综合队	队长：曹建军
大洋1队	队长：李涛
大洋2队	队长：汪卫国
"雪龙"船	船长：赵炎平
	政委：吴健

2.2 考察内容和考察海域

中国第七次北极科学考察内容涉及物理海洋与海洋气象、海冰、海洋地质、海洋地球物理、海洋化学、海洋生物与生态等学科，是一次多学科的综合性海洋调查。考察海域包括白令海、楚科奇海、楚科奇海台、加拿大海盆和门捷列夫海岭，如图2-1所示。

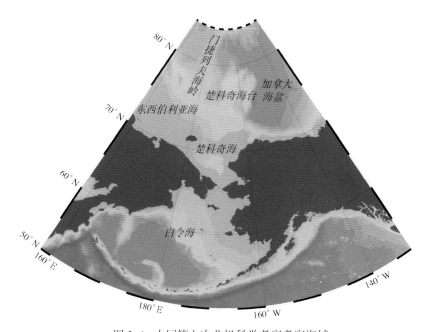

图2-1 中国第七次北极科学考察考察海域
Fig. 2-1 The ridge of the 7th Chinese National Arctic Research Expendition

2.3 考察船只和考察时间

中国第七次北极科学考察的考察船只为"雪龙"船。"雪龙"船是我国唯一一艘专门从事南北极科学考察的破冰船，隶属于国家海洋局，担负着运送我国南、北极考察队员和考察站物资的任务，同时又为我国的大洋调查提供科考平台。主要技术参数见表2-1。

本次考察自 2016 年 7 月 11 日开始至 9 月 26 日结束，历时 78 d，航行 13 000 n mile，作业时间 54 d，航路时间 24 d。

表2-1 "雪龙"船主要技术参数
Table 2-1 Main technical parameters of the Xuelong

总长：167.0 m	最大航速：17.9 kn
型宽：22.5 m	续航力：20 000 n mile
型深：13.5 m	主机 1 台：13 200 kW
满载吃水：9.0 m	副机 3 台：3×1 140 kW
总吨：15 352 t	净吨：4 605 t
满载排水量：21 025 t	载重量：8 916 t
该船属 B1* 级破冰船，能以 1.5 kn 航速连续破厚度为 1.2 m（含 0.2 m 雪）的冰	

2.4 航线航程

2016 年 7 月 11 日，"雪龙"船自上海基地码头起航；7 月 12 日，到达济州岛，外国科学家及仪器上船；7 月 18 日，抵达白令海第一个站位，开始定点作业；7 月 18—24 日，完成白令海（公海）2 套大型锚碇潜浮标投放和 6 个海洋综合站位调查；7 月 25 日，过白令海峡进入北冰洋；7 月 26 日至 8 月 24 日，完成北冰洋作业，包括 59 个综合站位、冰站作业、地球物理测线作业、楚科奇海潜标投放及沉积物捕获器潜标收放工作，8 月 13 日到达本航次的最北端；9 月 5 日，过白令海峡回到白令海；9 月 5—10 日，完成白令海 19 个综合站位作业；9 月 23 日，到达济州岛，外国科学家及仪器下船；9 月 26 日，回到上海。

如图 2-2 所示，中国第七次北极科学考察共分为 8 个作业航段，每个作业航段时间、作业海域、完成任务情况如表 2-2 所示。

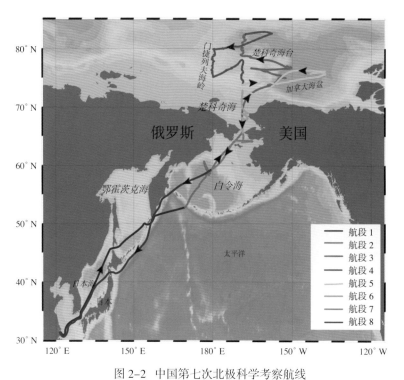

图 2-2 中国第七次北极科学考察航线
Fig. 2-2 The ship track of the 7th Chinese National Arctic Research Expendition

表2-2 中国第七次北极科学考察作业航段
Table 2-2 Work schedule of the 7th Chinese National Arctic Research Expendition

航段时间（2016）	调查海域	考察任务
航段 1（07-11—07-18）	白令海以南太平洋海域	部分 XBT、XCTD 投放
航段 2（07-18—07-26）	白令海	B 断面 6 个站位科考作业，1 套锚碇潜标布放、1 个锚碇浮标布放
航段 3（07-26—08-07）	加拿大海盆、高纬海区	完成了 P1、P2 断面，R 断面 R18 ～ R22 共计 19 个站位科考作业及 4 个短期冰站
航段 4（08-07—08-24）	高纬度海区、楚科奇海台	冰站和水文科考站同步观测，完成 R 断面 R17 ～ R11、E 断面 6 个站位共计 13 个站位科考作业和 1 个长期冰站 2 个短期冰站
航段 5（08-24—09-01）	加拿大海盆	地球物理观测、C 断面 C24 ～ C21、S 断面 5 个断面共计 9 个站位科考作业及沉积物捕获器的投放和回收工作
航段 6（09-01—09-04）	加拿大海盆、楚科奇海	完成 C13 ～ C11、CC 断面，R 断面剩余 10 个站位，S01、S02 两个站位共计 19 个站位科考作业
航段 7（09-04—09-10）	白令海	NB 断面、剩余 B 断面共计 17 个站位科考作业
航段 8（09-10—09-25）	白令海及白令海南太平洋海域	部分抛弃式 XBT 投放

2.5 站位设置及完成工作量

中国第七次北极科学考察站位设置以前 6 次北极科学考察为基础，既考虑到重复性，又兼顾热点科学问题。第七次北极科学考察完成了水文、气象、地质、化学、生物等多学科综合观测站位 84 个；完成 2 个锚碇潜标长期观测站位、1 个锚碇浮标观测站位、1 个沉积物捕获器回收站位、1 个沉积物捕获器投放站位。冰区完成 6 个短期冰站和 1 个长期冰站。船只走航期间进行海洋、气象、海冰和大气成分观测。投放抛弃式 XBT 300 个，XCTD 24 个，Argos 17 个，探空气球 58 个；完成地球物理反射地震测线 231 km，海面磁力测线 1 500 km。考察站位如图 2-3 所示。

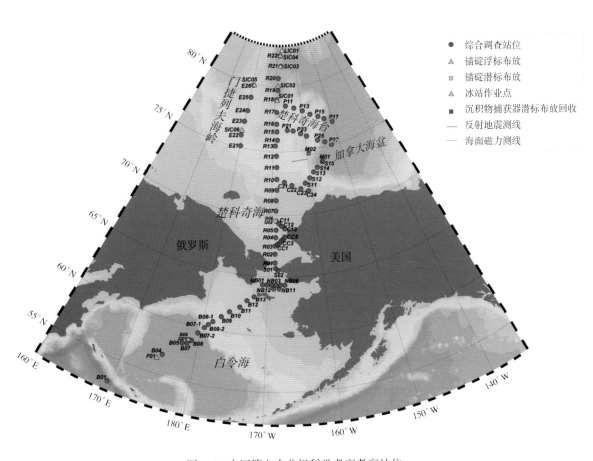

图 2-3　中国第七次北极科学考察考察站位
Fig. 2-3　Stations of the the 7ᵗʰ Chinese National Arctic Research Expendition

2.6 考察支撑保障

2.6.1 船载科考设备保障

船载的主要科考设备见表 2-3。

表2-3 主要船载科考设备
Table 2-3 Ship-based main equipment using for marine since

设备所在位置	序号	设备名称	规格型号	用途	备注
罗经甲板	1	组合式自动气象观测站	CR3000	测量"雪龙"船航行和停泊期间周围环境各气象参数的瞬时变化	
	2	GPS 接收系统	SPS550 Location	可以决定移动船只的位置和方向	分米到亚米级的定位精度
	3	自动气象站	visala	对船舶所处区域的风速、风向、温度、湿度、气压、露点温度进行实时监测	
	4	自动气象站、船用气象站	Weatherpak2000、XZC6	对船舶所处区域的风速、风向、温度、湿度进行实时监测	
	5	智能大气采集器			
	6	Seaspace 气象卫星接受分析系统		能实时接受船经过区域气象卫星信息	
舯部甲板	1	双频测深仪	EA600	进行水深测量作业	
	2	鱼探仪	Simrad EK60	航行区域鱼群分析	
	3	Milipore 纯水仪和超纯水仪		为实验室提供纯水和超纯水	
	4	双传感器 CTD911（2 套）	Seabird-911	可获取 0 ~ 6 000 m 水深剖面的海水温度、盐度、深度、溶解氧、叶绿素实时连续数据	
	5	表层海水走航观测系统		对表层海水的温度、盐度、叶绿素、浊度进行实时监测、存储并实时局域网发布	配备 SBE21、SBE38、CHLOROPHYLL WETSTAR、CDIN WETSTAR 等传感器
	6	海气二氧化碳通量分析仪		对走航表层海水进行海气二氧化碳通量对比研究	
	7	走航表层海水供水系统		各实验室和各走航观测设备提供在航期间连续的表层海水样品	
	8	危化品库		主要用于存放危化品，对危化品统一管理	
	9	冰机系统 2 套（4 台冰机）		为样品冷藏库和低温实验室提供冷源	舯部和艉部各 1 套
	10	船载 ADCP 系统		最大能实时走航测量 1 000 m 以内水深的多层海洋洋流数据	一个 300 K 浅水传感器和一个 38 K 深水传感器
艉部甲板	1	样品冷藏库		存储地质取样柱	控制温度 4℃，面积 20 m² 左右

2.6.2 航空保障

中国第七次北极科学考察航空保障直升机——"海豚"机为法国原装进口的SA365N1型直升机，最大起飞重量4 000 kg，续航时间3.5 h，最大油量915 kg，最多可承载11名乘客，吊挂最大载重800 kg，不可超越飞行速度324 km/h，最大升限6 000 m。

SA365"海豚"直升机由法国国营航宇工业公司研发，1975年1月原型机首次试飞成功。1978年开始交付生产型。SA365N是在SA365基础上发展的双发民用型，该型于1977年中开始研制，1979年3月第一架原型机首次试飞。SA365N最大飞行速度324 km/h，最大升限6 000 m，续航时间3.5 h，最大油量915 kg，最大起飞重量4 000 kg，最大客容量（包括空勤组）14人，载荷最大重量1 600 kg。

本航次配备了两架"海豚"SA365N直升机，本航次7102直升机主要执行正常科考任务，在考察期间完成考察队安排的所有飞行任务，包括外吊挂、寻找建立长期冰站、运送考察队员和设备到冰上作业、布设浮标、航拍、寻找航行水道等各项任务。7101直升机主要执行应急救援任务，机上携带有救援绞车设备，绞车的载荷为272 kg，救援钢索为90 m，可以满足各项救援任务。

利用7101直升机，本航次机组先后执行冰上救援演练和绞车救援演练（图2-4），这是极地科考第一次绞车飞行，机组成员相互配合，展示了绞车救援的便捷性，同时机组通过专业的技能和准确快速的反应能力，展现了绞车救援在特殊情况下的重要性。本航次飞行从进入冰区开始，到离开冰区结束，整个期间机组始终处于待命状态。

图2-4　利用带绞车的直升机开展救生演习
Fig. 2-4　Rescue rehearsing using the helicopter with a winch

本航次7101和7102机组自2016年7月25日在69°N开始北极圈作业飞行，至2016年8月30日飞行结束。共飞行6 h，23架次。主要完成了寻找长期冰站作业点、吊挂苹果房和长期冰站科考设备（图2-5）、布放海冰漂移浮标、寻找航行水道、防熊和航拍等科考作业任务。

结合北冰洋考察的作业特点，为提高和完善今后工作水平，建议如下：① 增加NDB导航设备。由于北极地理位置特殊，天气复杂多变，易突然形成海雾并快速发展，造成低能见度的恶劣天气，且极地区域磁差变化很大，这些都直接危机飞行安全。NDB导航设备可以与飞机上的雷达相互配合，为飞行员提供"雪龙"船实时位置，从而确保极低作业期间天气骤变情况下，机组安全顺利地降落，保证科考任务顺利高效地进行；② 在北极科考任务紧，救援方法单一的情况下，增加绞车救援方法可以很好地发挥直升机的快速反应能力和应急救援能力，从而确实提高突发情况下的应急能力；③ 在天气状况许可的情况下增加直升机支持的科考作业任务，提高飞机的使用效率。

图 2-5　直升机运输长期冰站科考物资
Fig. 2-5　Transport equipment for the long-term station using the helicopter

2.6.3　航次气象保障

在航次出发前，气象保障小组做了大量准备工作，详细分析了前面 6 次北极考察的海洋气象数据和各考察海域的气候背景，并组织编写了《第七次北极科学考察气象预报保障方案》，充分的知识储备和不断的摸索学习使得航次期间气象保障工作得以有条不紊地开展。

航次期间，气象保障小组利用 BGAN 设备接收日本气象传真图、美国 NOAA 涌浪预报图、欧洲中心气象数值预报图、西班牙气象数值预报图、中央气象台台风路径预报图、日本气象厅台风路径预报图、德国不莱梅大学冰图等资料共计 1 500 余张，利用专属系统收集精细化预报格点数据 100 多套。预报员每天对下载的资料进行细致分析和会商，第一时间向考察队领导和船长汇报天气预报结果，航次期间共发布"雪龙"船气象预报单 77 期，准确及时地预报出了有威胁的大风浪过程，并在大风浪过程中仍坚守工作岗位，保障了对"雪龙"船航行和科考作业的安全顺利，圆满完成了随船气象保障任务。

在以下关键科考项目或重要节点中，气象组依靠扎实专业的预报技术和认真负责的工作态度，为科考队提供了高质量的气象服务。例如：① 提前 5 d 预报出白令海布放锚系浮标的作业天气窗口，为考察队领导的决策提供科学依据，也为作业团队提供了充足的准备时间；② 提前 5 d 预报出回收潜标的作业天气窗口，并在当天上午持续浓雾的情况下准确预报出下午雾将减弱，使得作业团队把握住了短暂的作业窗口；③ 准确预报出长期冰站作业期间的大风过程，为考察队领导做出暂停冰上作业的决策提供了科学依据，保障了冰站作业人员的安全；④ 冰站作业期间准确预报出直升机飞行的天气窗口，并在直升机作业期间始终坚持在驾驶台值守，随时为直升机飞行提供气象服务，保障了直升机的飞行安全；⑤ 在白令海大洋作业和返航期间，两次面对北半球西风带中的强气旋，气象组增加资料收集的频次和种类，对气旋的发展和移动情况做出准确预判，并为"雪龙"船提供了科学合理和精细的避风建议。

航次期间，北半球中高纬度气旋活动频繁，共出现 10 次大风浪过程（风力 ≥ 6 ~ 7 级），次数明显较以往北极航次多，每次大风浪过程的影响时间、位置、影响系统及风浪强度情况见表 2-4。

表2-4　考察期间大风浪过程统计
Table 2-4　Statistics of wind and wave during the storms

序号	时间	位置	影响系统	风力（级）	浪高（m）
1	07-16—17	鄂霍次克海及北太平洋	温带气旋与高压配合	6～7	2.5～3.0
2	08-04—05	北冰洋	气旋与高压配合	6～7	1.0～1.5
3	08-12—13	北冰洋	北冰洋气旋	7～8	冰区
4	08-15—16	北冰洋	北冰洋气旋	7～8	1.5～2.0
5	08-18—19	北冰洋	北冰洋气旋	6～7	1.5～2.0
6	08-23—24	北冰洋	高低压配合	6～7	1.5～2.0
7	08-27—28	北冰洋	高低压配合	7～8	1.5～2.0
8	09-02—03	楚科奇海	高低压配合	7～8	2.0～2.5
9	09-06—08	白令海	高低压配合	7～8	2.0～2.5
10	09-12—14	北太平洋	强气旋与高压配合	8～9	3.0～4.0

　　7月16—17日，"雪龙"船航行至鄂霍次克海及堪察加半岛以东海域时，受北太平洋温带气旋与高压配合产生的梯度风影响，出现6～7级的东—东南风，浪高2.5～3.0 m。气象保障小组提前判断出气旋位置和移动情况，对该过程风浪情况做出了准确预报。图2-6为本次过程的卫星云图和地面气压分析。

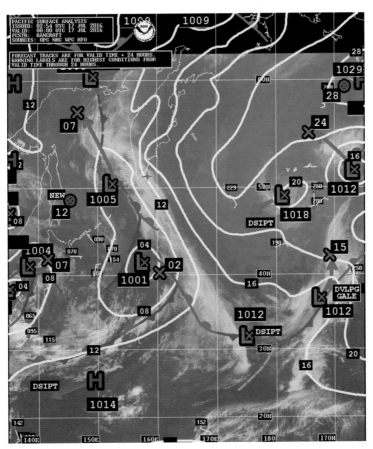

图 2-6　7月17日 UTC 00:00 卫星云图和地面气压分析
（红色十字星为"雪龙"号船位）

Fig. 2-6　The nephogram and distribution of surface air pressure at 00:00
(UTC) of 17 July (the red cross denote the location of R/V Xuelong)

8月4—5日，"雪龙"船在北冰洋浮冰区内择机进行短期冰站作业，受北冰洋气旋与高压配合产生的梯度风影响，出现6～7级西南风，由于在浮冰区内，只有1 m左右的风浪，对船舶航行没有影响。气象保障小组提前预报出了本次过程，并向考察队领导进行了汇报，保障了短期冰站作业的安全。图2-7为本次过程地面气压分析。

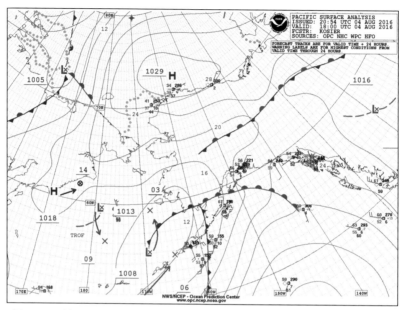

图2-7 8月4日UTC 18:00地面气压分析（红色十字星为"雪龙"号船位）
Fig. 2–7 Distribution of surface air pressure at 18:00 (UTC) of 4 August (the red cross denote the location of R/V Xuelong)

8月12—13日，"雪龙"船正在北冰洋较高纬度进行长期冰站作业，受北冰洋气旋和前部高压配合产生的强梯度风影响，作业位置出现7～8级的西南风，1 min阵风最大达到20.9 m/s，由于"雪龙"船位于巨大浮冰上，没有涌浪产生。气象保障小组提前预报出了本次过程，并及时向考察队领导进行了汇报，为考察队做出暂停冰上作业的决策提供了科学依据。图2-8为本次过程地面气压分析图。

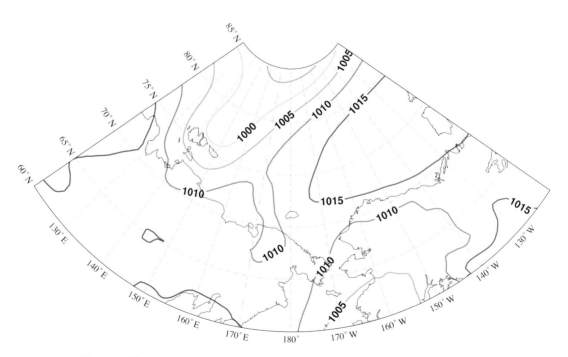

图2-8 8月13日UTC 00:00地面气压分析图（红色十字星为"雪龙"号船位）
Fig. 2–8 Distribution of surface air pressure at 00:00 (UTC) of 13 August (the red cross denote the location of R/V Xuelong)

8月15—16日，结束长期冰站作业后，开始向南航行进行短期冰站和大洋调查作业，受中心气压约975 hPa的一个北冰洋强气旋影响，出现7～8级的西—西南风，由于"雪龙"船位于浮冰区，产生的涌浪只有1.5～2.0 m。气象保障小组提前预报出了本次过程，避免了大风对冰上人员安全的威胁。图2-9为本次过程地面气压分析图。

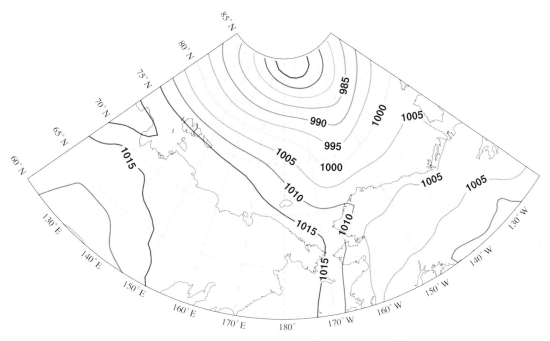

图2-9　8月16日UTC 00:00地面气压分析图（红色十字星为"雪龙"号船位）
Fig. 2-9　Distribution of surface air pressure at 00:00 (UTC) of 16 August (the red cross denote the location of R/V Xuelong)

8月18—19日，"雪龙"船在北冰洋进行大洋调查作业，受气旋影响，"雪龙"船航行和作业海区出现西—西南风转西—西北风6～7级，由于"雪龙"船位于浮冰区，产生的涌浪只有1.5～2.0 m。气象保障小组提前预报出了本次过程，保障了航行和作业的安全。图2-10为本次过程地面气压分析图。

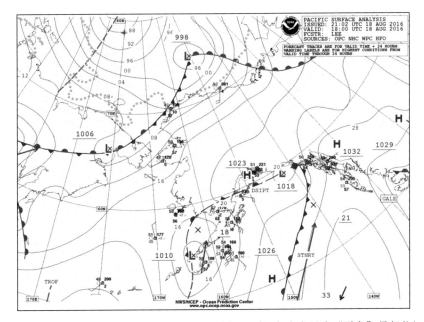

图2-10　8月18日UTC 18:00地面气压分析图（红色十字星为"雪龙"号船位）
Fig. 2-10　Distribution of surface air pressure at 18:00 (UTC) of 18 August (the red cross denote the location of R/V Xuelong)

8月23—24日，"雪龙"船在楚科奇海附近进行大洋调查作业，受高低压配合产生的梯度风影响，出现6～7级的西—西南风，浪高1.5～2.0 m。气象保障小组提前预报出了本次过程，保障了大洋作业的安全。图2-11为本次过程地面气压分析图。

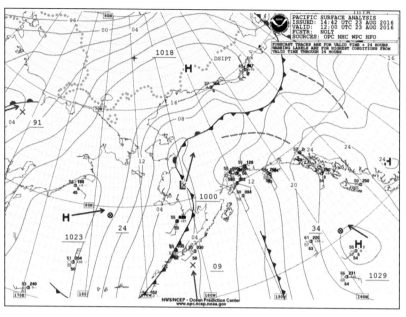

图 2-11　8 月 23 日 UTC 12:00 地面气压分析图（红色十字星为"雪龙"号船位）
Fig. 2-11　Distribution of surface air pressure at 12:00 (UTC) of 23 August (the red cross denote the location of R/V Xuelong)

8月27—28日，"雪龙"船在楚科奇海进行地球物理作业，受低压前部偏南气流的影响，出现6～7级的偏南风，浪高1.5～2.0 m。气象保障小组提前预报出了本次过程，为考察队科学调整地球物理作业顺序提供了依据。图2-12为本次过程地面气压分析图。

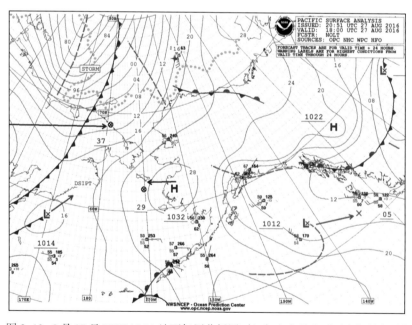

图 2-12　8 月 27 日 UTC 18:00 地面气压分析图（红色十字星为"雪龙"号船位）
Fig. 2-12　Distribution of surface air pressure at 18:00 (UTC) of 27 August (the red cross denote the location of R/V Xuelong)

9月2—3日，"雪龙"船在楚科奇海进行大洋调查作业，受高低压配合产生的强梯度风影响，出现7～8级的东北风，浪高2.0～2.5 m，大风浪过程迫使考察队进行作业站位顺序调整。气象保障小组提前预报出了本次过程，但预报风力较实际风力略偏小。图 2-13 为本次过程地面气压分析图。

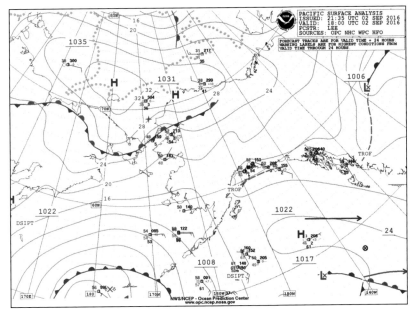

图 2-13　9 月 2 日 UTC 18:00 地面气压分析图（红色十字星为"雪龙"号船位）
Fig. 2-13　Distribution of surface air pressure at 18:00 (UTC) of 2 September (the red cross denote the location of R/V Xuelong)

　　9 月 6—8 日，白令海作业海区受气旋与高压配合产生的强梯度风影响，无法进行正常作业。气象保障小组提前预报出了此次过程，并为"雪龙"船避风提供了良好的建议，使得"雪龙"船避风海域虽然出现了 7～8 级的东北风，但浪高只有 2.0～2.5 m，船舶摇晃幅度较小，保障了船舶安全。图 2-14 为本次过程地面气压分析图。

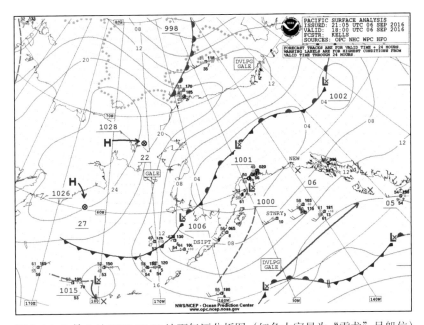

图 2-14　9 月 6 日 UTC 18:00 地面气压分析图（红色十字星为"雪龙"号船位）
Fig. 2-14　Distribution of surface air pressure at 18:00 (UTC) of 6 September (the red cross denote the location of R/V Xuelong)

　　9 月 11 日，完成所有科考任务后，"雪龙"船开始返航。气象组提前判断出北半球西风带中有一个气旋将从堪察加半岛附近东移进入北太平洋并迅速发展加强，受其影响"雪龙"船原计划返航线路上将出现非常大的风浪。基于这种情况，气象组及时建议船长进行航线调整，并增加资料收集的频次和种类，多次与船长沟通，并及时向考察队领导进行了汇报。"雪龙"船根据建议尽早地向西航行至堪察加半岛沿岸，并在近岸南下。12—14 日，"雪龙"船持续受到强气旋产生的大风浪影响，其中 13 日傍晚至 14 日凌晨受气旋后部强梯度风影响出现了 8～9 级的西北风，1 min 阵风最大 24.0 m/s，由于其是离岸风，产生的浪高约在 4 m，且以波长和周期较短的风浪为主，对船舶航行影响较小。图 2-15 为本次过程的卫星云图和地面气压分析图。

图 2-15　9 月 13 日 UTC 12:00 卫星云图和地面气压分析图
（红色十字星为"雪龙"号船位）
Fig. 2-15　The nephogram and distribution of surface air pressure at 12:00 (UTC) of 13 September (the red cross denote the location of R/V Xuelong)

2.6.4　海冰预报保障

为保障我国第七次北极科学考察冰区航行及科考作业的顺利开展，国家海洋环境预报中心承担了北极海冰预报服务任务。海冰预报服务主要包括以下几个方面的工作：2016 年 7—9 月北极海冰预测、多源卫星遥感海冰实况分析、1～5 d 海冰数值预报、海冰旬预报和综合分析。预报中心共制作 22 期海冰服务信息以及 50 余幅海冰遥感分析图供科考队参考。2016 年 9 月 4 日"雪龙"船结束北冰洋科考作业，国家海洋环境预报中心承担的海冰保障服务任务圆满完成。

"雪龙"船起航前，国家海洋环境预报中心于 2016 年 7—9 月对北极的冰情进行了预测，预计 2016 年 7—9 月北极海冰为偏少年，海冰范围将小于 2015 年同期水平，为科考队制定整体航行和作业计划提供参考。根据 2016 年 7 月、8 月北极太平洋扇区海冰预报和观测结果对比（图 2-16），预报的 7 月海冰分布与实况较相近，8 月预报结果与实况局部差异略大。

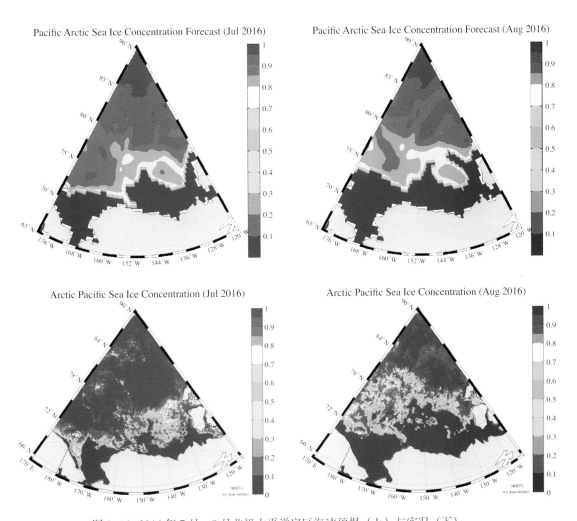

图 2-16 2016 年 7 月、8 月北极太平洋扇区海冰预报（上）与实况（下）

Fig. 2-16 Spatial distribution of sea ice concentration in July and August 2016 obtained from prediction (top panels) and remote sensing (bottom panels)

　　"雪龙"船航行和冰区作业期间，国家海洋环境预报中心现场预报人员每日通过邮件将"雪龙"船现场信息和计划发回国内，国内预报团队每日监测冰情变化（图 2-17），与船上现场保障团队保持密切联系，时刻跟踪航行动态和作业计划安排，及时了解现场海冰服务需求，有针对性地提供海冰信息。

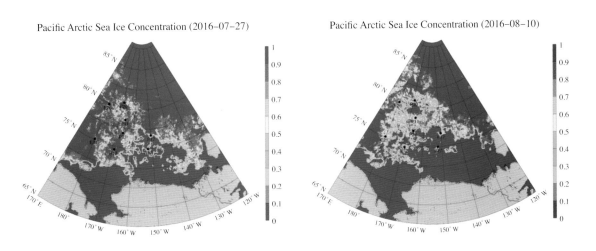

Pacific Arctic Sea Ice Concentration (2016-08-20)   Pacific Arctic Sea Ice Concentration (2016-08-30)

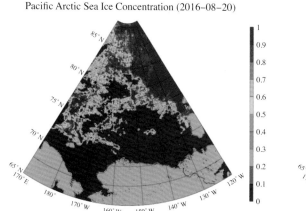
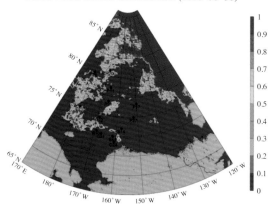

图 2-17 作业区海冰分布变化

Fig. 2-17 Variations in the spatial distribution of sea ice concentration

（data obtained from Bremen University）

　　在"雪龙"船进入冰区前，预报中心对冰区计划作业区海冰的分布状况以及未来的变化趋势进行了分析，提示北极太平洋扇区海冰较往年融化显著，为科考队制定冰区作业计划提供参考。7月26日"雪龙"船进入冰区后，预报团队时刻关注并专人负责监测作业区冰情变化，进入高纬区域，由于邮件通信不畅，预报中心现场队员通过铱星电话及时将现场状况和需求告知国内，国内预报团队全力获取各方数据，定制高分辨率海冰图像，利用最新的卫星遥感海冰实况和海冰、气象数值预报数据综合研判，给出"雪龙"船作业区域的浮冰分布、大小和漂移状况，以及未来 5 d 海冰的变化趋势（图 2-18）等，第一时间为科考队提供海冰信息。

Pacific Arctic Sea Ice Concentration 120 h Forecast (2016-08-16)   SIC 120 h Forecasting Change (2016-08-16)

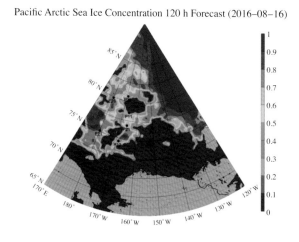
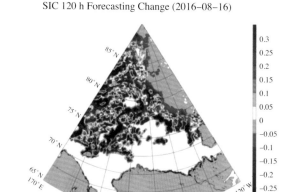

图 2-18 海冰密集度 120 h 预报（左）和变化（右）产品示例

Fig. 2-18 Forecasted ice concentration after 120 h (left) and the change during this period (right)

　　计划开展冰站作业时，国家海洋环境预报中心国内保障团队结合高分辨率海冰卫星遥感图，分析判断适合冰站作业的浮冰，供科考队选取冰站参考；在长期冰站作业期间，监测到冰站浮冰出现明显破裂且每天漂移 20 余千米（图 2-19），及时提醒科考队注意作业安全。在较松散的浮冰区，国内保障团队注意到海冰在风和流作用下运动变化较快，及时提醒科考队进行大洋科考作业时注意流冰的影响。9 月 4 日，"雪龙"船结束北冰洋作业，驶离浮冰区，预报中心承担的海冰预报服务工作圆满完成。

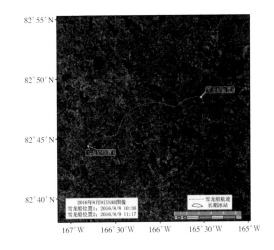

图 2-19 高分辨率浮冰信息

Fig. 2-19 Sea ice distributions obtained from remote sensing with a high resolution

（Data obtained from http://www.polarview.aq/arctic）

对此次海冰服务保障工作小结如下。

（1）及时了解"雪龙"船实时动态和航行、作业计划是做好预报服务的首要前提。由于科考队现场作业计划随时变化，如果不能及时了解"雪龙"船计划前往区域，则难以针对性地提供预报服务，因此现场预报员每日通过邮件提供现场信息和计划，并在船上邮件通信不畅时，及时通过电话告知现场状况和需求，与国内保障团队保持密切联系，为圆满完成此次预报服务工作起到关键作用。

（2）充分利用不同卫星遥感海冰产品的优势和作用，相互补充应用，提取多源信息以提供更有效的服务。AMSR2 数据可每天获取，能有效监测海冰的分布变化，但密集度数据分辨率较低；MODIS 可见光图像易于直观辨识浮冰，但受云的影响较大；SAR 遥感图分辨率较高可监测浮冰的细节变化，但观测区域有限。将这些数据融合使用可提供更为有效的服务。

（3）海冰数值预报产品有待丰富，产品空间分辨率和预报精度有待进一步提高。预报中心将于近期开展第七次北极科考的海冰数值预报结果检验评估，对存在的问题进行深入分析和改进。目前，我们仅提供了海冰密集度产品，今后将努力开发海冰厚度、海冰漂移等更多产品，提高模式水平分辨率，改进与完善海冰数值模式的资料同化技术和物理参数化方案，以提高预报精度，满足预报保障需求。

国家海洋环境预报中心将进一步做好极地海冰数值预报研发和海冰卫星遥感释用工作，努力提升极地海冰预报服务保障水平，为未来我国极地科考提供更加有效的海冰预报保障服务。

2.6.5 航次作业安全保障

为确保中国第七次北极科学考察各个专业组考察任务的顺利实施，在制定《中国第七次北极科学考察实施方案》时，同时制定了北极科学考察作业安全保障方案，其中包括：①"雪龙"船舯部甲板作业安全保障方案；②"雪龙"船艉部甲板作业安全保障方案；③冰站作业安全保障方案；④"雪龙"船甲板机械操作规程；⑤锚系作业安全保障方案；⑥"雪龙"船实验室危险化学品事故安全应急预案。2016 年 6 月 22—26 日实施了航前试航，对现场考察人员进行了 CTD 绞车和舯部生物绞车的培训。在试航中和备航协调会中，重申了危化品上船检查、登记和使用管理等规定。

在中国第七次北极科学考察期间，考察队有针对性地组织了多次安全专题授课，内容涉及极地考察安全特点、实用的安全应急措施等，通过分析各国南北极考察现场案例，结合本次考察的特点，着力提高队员的安全意识。总结安全管理经验教训。在健全安全管理制度上，根据本航次的安全工作特点，组织制定了《中国第七次北极考察安全监督检查办法》，科考队设立日常安全巡视值班制度，巡视范围包括气象室、艏部实验室区、多功能厅、表层海水泵舱、艏部甲板作业区、舱面冷冻箱及固定设备、直升机库、直升机库顶平台、艉部实验室区、艉部甲板作业区；科考队设立安全监督员制度，安全监督员的职责是对作业过程中的安全进行检查监督，如操作人员是否具备资格、操作是否符合规程、劳动保护措施是否到位、安全措施是否有效、通信联络是否通畅等。住舱和实验室严格执行控烟制度。

考察队在作业正式开展之前设置了试验站位，对艏甲板和艉甲板两个主要作业区的人员配合、大型科考装备的操作使用、数据管理等进行了培训和演练。船舷作业人员上岗时必须佩戴安全帽、安全绳和救生衣。航次开展期间严格执行危化品使用的登记制度，废液实行统一管理。

考察队制定了《中国第七次北极科学考察冰站作业实施方案》和《中国第七次北极科学考察防熊实施方案》，制定了直升机使用和上冰作业审批登记制度，上冰人员需得到许可并穿戴救生衣。为确保科考队员和设备安全，考察队组织冰上交通工具和防熊枪支等培训，只有考核合格后才获得操作资格。对有可能参加登机作业的科考队员进行登机前培训。利用装配有绞车的直升机实施了我国首次北极冰区的救援演练。

针对作业流程较复杂、参与作业人员较多和联动性较强的科考任务，如冰站作业、登机作业、锚碇潜标收放作业、地球物理多道地震作业和冰区声学测试作业等，考察队开展专题研讨，对作业环节进行分解，安全责任落实到人。在实施锚碇潜标和浮标收放作业，以及地球物理多道地震作业时对存在潜在危险的甲板区域进行了警戒管理，在开展地球物理测线作业时实行了 24 h 值班制度。

2.7 航次质量监督

根据"极地专项质量控制与监督管理办法"和"第七次北极考察航次质量控制与监督管理实施方案"，本航次任命了质量监督员和各学科质量保障员，配合工作机构开展质量控制与监督管理工作。中国第七次北极科学考察是我国北极科学考察中第二次设立随船质量监督员组织开展随船质量监督检查工作。质量监督员在航次期间对所有学科进行了质量检查工作。针对质量监督员定期反馈的问题和不足，考察队领导及各学科负责人积极配合整改工作，确保了本航次考察各项任务安全、高效、高质量地完成。

2.8 国际合作

中国第七次北极科学考察邀请了 2 名法国科学家和 1 名美国科学家参与了包括海洋化学和冰站考察等作业。他们分别来自法国巴黎第六大学、法国巴黎第七大学以及美国特拉华大学。

国家海洋局第二海洋研究所与法国科学家合作开展海冰和大陆冰川融化对北冰洋碳和硫循环的影响以及海洋酸化的生态效应研究。具体工作包括通过高精度 pH 传感器测定北冰洋表层 pH 的分布和机制；采集海水溶解态硫化物以及硫同位素来测定北冰洋天然和人为的硫化物来源；通过颗石藻采样研究海洋酸化对颗石藻钙化作用的影响机制。国家海洋局第三海洋研究所和美国科学家通过中国第七次北极科学考察，紧密结合项目对海洋化学与碳通量考察的需求，开展北冰洋太平洋扇区北冰洋酸化研究与 CO_2 体系研究。现场考察合作内容包括：采集 DIC、TA 和高精度测定 pH 样品；在 6 个短期冰站和 1 个长期冰站工作中，共同采集冰上融池、冰下水 CO_2 体系参数。

本航次国际合作主要聚焦于北冰洋海洋酸化的研究，包括监测北冰洋的海洋酸化进程，研究海洋酸化的生态效应以及北冰洋酸化的变化趋势及控制机理。在考察作业过程中，中外科考队员团结协作，圆满完成各项科考任务，为下一步研究打下了良好的基础。

物理海洋和海洋气象考察 第**3**章

物理海洋和海洋气象考察是中国第七次北极科学考察的重要组成部分。中国第七次北极科学考察通过对白令海、白令海峡、楚科奇海、楚科奇海台、门捷列夫海岭、加拿大海盆和高纬海区开展物理海洋和海洋气象考察，旨在了解北冰洋以及北太平洋边缘海重点海域海洋水文、海洋气象等基本环境信息，获取调查海域海洋环境变化和海—冰—气系统变化过程的关键要素信息。为深入研究太平洋入流水性质和变化规律、北冰洋陆架和陆坡水的相互作用、加拿大海盆海水结构的变化对海—冰—气耦合过程的影响等科学问题提供数据。为建立重点海区的环境基线，为全球气候变化研究、资源开发、北极航道利用和极地海洋数据库的完善等提供基础资料和保障。本航次物理海洋和海洋气象考察的主要调查内容依据"南北极专项"之专题"2016 年度北极海域物理海洋和海洋气象考察"（CHINARE2016–03–01）而确定。

3.1 考察内容

中国第七次北极科学考察，根据不同的调查介质类型和所在的不同层面，物理海洋和海洋气象考察可以分为水文、海洋气象、大气 3 个部分。具体考察内容如下。

3.1.1 重点海域断面调查

对北冰洋重点海域、北太平洋边缘海重点海域考察断面和站点全部进行同步 CTD/LADCP 下放，同时在部分站位进行湍流观测。

3.1.2 锚碇潜标长期观测

在白令海陆坡区和楚科奇海各布放锚碇潜标 1 套，进行北上航线（白令海）和北极航道起点（楚科奇海）海洋水动力环境特征定点长期连续观测。

3.1.3 锚碇浮标长期观测

在白令海海冰边缘区布放海气通量浮标 1 套，用于北上航线（白令海）定点近海面及海气界面要素长期连续观测。

3.1.4 走航观测

获取走航航迹断面上表层温度和盐度数据；获取风速、风向、气温、气压、相对湿度、能见度等海洋气象要素数据；获取云量、云状、天气现象、涌浪和海冰形态等人工观测数据；获取北极天气系统、云特征和冰情数据；获取黑碳气溶胶、一氧化碳、二氧化碳、甲烷和臭氧等温室气体数据。

3.1.5 抛弃式观测

表面漂流浮标 (Argos)、XCTD、XBT、探空气球等为主体，在定点和走航作业过程中，对典型现象和特征过程进行快速、即时追踪与观测。

3.1.6 冰下水文要素观测

开展冰下上层海洋水文要素观测；海冰光学性质观测；布放浅水 ITP 浮标；进行海雾辐射观测。

3.1.7 冰下通信与导航信号观测

在冰站上开展冰下通信与导航信号观测。

3.2 重点海域断面观测

物理海洋重点海域断面调查（CTD 和 LADCP）观测站位如图 3-1 所示。具体站位信息如表 3-1 所示。在这些站位同步进行海洋气象观测。整个航次期间，在白令海、楚科奇海（台）、加拿大海盆、门捷列夫海岭、高纬度海区共进行了 83 个站位的 CTD 观测，其中，白令海 25 个站位，楚科奇海（台）42 个站位，加拿大海盆 5 个站位，门捷列夫海岭 6 个站位，高纬度海区 5 个站位。另外，11 个站位进行二次采水作业，81 个站位进行流速剖面观测（LADCP），41 个站位进行 VMP 湍流观测。

3.2.1 考察站位及完成工作量

3.2.1.1 站位图

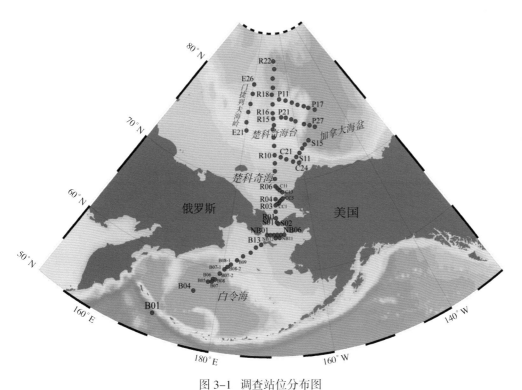

图 3-1 调查站位分布图
Fig. 3-1 Positions of investigation stations

3.2.1.2 站位信息

表3-1 中国第七次北极科学考察定点站位信息
Table 3-1 The 7th Arctic Scientific exploration station information

序号	站位	日期	时间（UTC）	纬度	经度	水深（m）	作业内容
1	B01	2016-07-18	05:24	52°48.10′N	169°31.18′E	5 706	★◆▲
2	B04	2016-07-19	09:05	56°52.08′N	175°19.32′E	3 713	★☆◆▲
3	B05	2016-07-19	20:39	58°18.58′N	177°38.60′E	3 663	★☆◆▲
4	B07	2016-07-22	07:34	58°42.70′N	178°54.90′E	3 628	★☆◆▲
5	B08	2016-07-22	15:19	58°24.38′N	178°21.17′E	3 663	★◆▲
6	B06	2016-07-23	02:18	58°43.60′N	178°29.07′E	3 631	★◆▲
7	P27	2016-07-27	20:18	75°02.17′N	152°28.98′W	3 775	★◆▲

序号	站位	日期	时间（UTC）	纬度	经度	水深（m）	作业内容
8	P26	2016-07-28	08:12	75°20.82′N	154°17.42′W	3 774	★☆◆▲
9	P25	2016-07-28	21:50	75°37.42′N	156°23.72′W	1 311	★◆
10	P24	2016-07-29	08:29	76°04.53′N	159°32.05′W	1 958	★◆▲
11	P23	2016-07-29	20:08	76°19.72′N	161°16.48′W	1 999	★◆▲
12	P22	2016-07-30	07:11	76°34.75′N	163°35.65′W	676	★◆▲
13	P21	2016-07-30	16:12	76°39.05′N	165°28.65′W	1 129	★◆▲
14	P17	2016-08-31	20:11	76°41.90′N	150°20.17′W	3 760	★☆◆▲
15	P16	2016-08-01	07:21	77°06.32′N	152°48.13′W	3 764	★◆▲
16	P15	2016-08-01	12:50	77°23.18′N	154°35.52′W	1 038	★◆▲
17	P14	2016-08-01	19:55	77°41.02′N	157°14.75′W	1 600	★◆▲
18	P13	2016-08-02	01:05	78°01.67′N	159°44.18′W	2 494	★☆◆▲
19	P12	2016-08-02	18:25	78°18.95′N	162°42.03′W	604	★◆▲
20	P11	2016-08-03	04:30	78°30.38′N	165°56.03′W	543	★◆▲
21	R18	2016-08-03	21:50	78°59.58′N	169°30.37′W	2 958	★☆◆▲
22	R19	2016-08-04	14:28	79°41.80′N	168°52.70′W	3 168	★◆
23	R20	2016-08-05	09:52	80°37.60′N	168°53.82′W	3 267	★◆▲
24	R21	2016-08-06	05:47	81°33.38′N	167°36.82′W	3 271	★◆▲
25	R22	2016-08-07	01:57	82°19.70′N	168°11.47′W	3 452	★☆◆
26	E26	2016-08-17	12:47	79°54.15′N	179°38.57′W	1 448	★◆▲
27	E25	2016-08-18	13:05	78°56.30′N	179°41.53′W	1 243	★◆▲
28	E24	2016-08-19	01:24	77°54.12′N	179°54.58′W	1 569	★☆◆▲
29	E23	2016-08-19	15:39	77°02.97′N	179°43.92′E	1 100	★◆▲
30	E22	2016-08-20	08:30	75°58.08′N	179°39.03′E	1 147	★◆▲
31	E21	2016-08-20	18:52	75°8.97′N	179°48.77′W	538	★◆▲
32	R17	2016-08-21	20:37	78°01.80′N	169°10.28′W	704	★◆▲
33	R16	2016-08-22	07:22	77°07.18′N	169°10.12′W	1 879	★☆◆▲
34	R15	2016-08-22	18:14	76°32.88′N	169°01.33′W	2 142	★◆▲
35	R14	2016-08-23	02:50	75°54.20′N	169°42.25′W	355	★◆▲
36	R13	2016-08-23	09:31	75°27.55′N	169°20.60′W	359	★◆▲
37	R12	2016-08-23	20:17	74°39.18′N	168°58.55′W	180	★◆
38	R11	2016-08-24	05:30	73°46.18′N	168°50.83′W	153	★▲
39	S15	2016-08-26	10:01	73°54.20′N	156°10.75′W	3 743	★☆◆▲
40	S14	2016-08-30	11:04	73°32.52′N	157°49.15′W	2 945	★◆▲
41	S13	2016-08-30	19:53	73°13.05′N	158°56.67′W	1 602	★◆▲
42	S12	2016-08-31	03:15	72°48.40′N	160°08.83′W	65	★◆
43	S11	2016-08-31	08:35	72°26.42″N	161°28.32′W	44	★◆
44	C24	2016-08-31	15:20	71°48.97′N	160°49.82′W	45	★◆
45	C23	2016-08-31	21:43	72°01.62′N	162°42.50′W	38	★
46	C22	2016-09-01	03:19	72°19.92′N	164°52.78′W	47	★◆

中国第七次北极科学考察报告

THE REPORT OF 2016 CHINESE NATIONAL ARCTIC RESEARCH EXPEDITION

序号	站位	日期	时间（UTC）	纬度	经度	水深（m）	作业内容
47	C21	2016-09-01	07:12	72°36.13′N	166°44.35′W	52	★◆
48	R10	2016-09-01	12:15	72°50.17′N	168°47.43′W	61	★◆
49	R09	2016-09-01	18:28	72°00.12′N	168°44.35′W	51	★◆
50	R08	2016-09-01	23:42	71°10.52′N	168°49.37′W	48	★◆
51	R07	2016-09-02	04:54	70°20.72′N	168°50.22′W	39	★◆
52	R06	2016-09-02	10:25	69°33.52′N	168°48.50′W	52	★◆
53	C11	2016-09-02	13:56	69°20.82′N	168°09.57′W	51	★◆
54	C12	2016-09-02	16:43	69°08.48′N	167°33.97′W	50	★◆
55	C13	2016-09-02	19:27	68°55.62′N	166°50.70′W	45	★◆
56	CC5	2016-09-03	06:00	68°14.62′N	166°50.47′W	35	★◆
57	CC4	2016-09-03	07:52	68°06.50′N	167°09.22′W	49	★◆
58	CC3	2016-09-03	10:46	67°58.57′N	167°37.22′W	51	★◆
59	CC2	2016-09-03	12:29	67°47.32′N	167°57.62′W	54	★◆
60	CC1	2016-09-03	15:05	67°40.00′N	168°25.00′W	49	★◆
61	R04	2016-09-03	18:54	68°12.50′N	168°48.40′W	57	★◆
62	R03	2016-09-04	00:08	67°32.02′N	168°51.12′W	49	★◆
63	R02	2016-09-04	04:46	66°52.08′N	168°52.50′W	45	★◆
64	R01	2016-09-04	09:19	66°10.27′N	168°49.28′W	56	★◆
65	S01	2016-09-04	14:01	65°41.60′N	168°39.40′W	50	★◆
66	S02	2016-09-04	16:30	65°32.20′N	168°15.35′W	42	★◆
67	NB12	2016-09-05	00:03	63°32.95′N	168°59.45′W	35	★◆
68	NB11	2016-09-05	03:48	63°00.45′N	168°01.62′W	36	★◆
69	NB06	2016-09-07	21:21	64°20.03′N	166°59.28′W	30	◆
70	NB05	2016-09-08	00:45	64°20′25″N	167°46.08′W	33	★◆
71	NB04	2016-09-08	03:34	64°20.13′N	168°34.87′W	41	★◆
72	NB03	2016-09-08	05:52	64°19.85′N	169°23.55′W	40	★◆
73	NB02	2016-09-08	09:16	64°20.10′N	170°11.25′W	41	★◆
74	NB01	2016-09-08	11:38	64°19.50′N	170°58.25′W	40	★◆
75	B13	2016-09-08	19:12	63°15.28′N	172°18.65′W	61	★◆
76	B12	2016-09-08	23:22	62°54.10′N	173°27.62′W	70	★◆
77	B11	2016-09-09	04:40	62°17.18′N	174°31.37′W	70	★◆
78	B10	2016-09-09	09:43	61°46.97′N	176°04.30′W	98	★◆
79	B09	2016-09-09	15:04	61°15.55′N	177°18.50′W	124	★◆▲
80	B08-1	2016-09-09	20:21	60°41.80′N	178°29.42′W	173	★◆▲
81	B08-2	2016-09-10	01:26	60°23.25′N	179°04.63′W	556	★◆▲
82	B07-1	2016-09-10	04:39	60°03.58′N	179°37.10′W	1 839	★◆▲
83	B07-2	2016-09-10	10:00	59°29.85′N	179°35.35′E	3 124	★◆▲

备注：（1）该数据以物理数据室站位信息记录表为基础，经纬度数据为驾驶台通知作业时船舶所处位置，时间为该时刻世界时。

（2）水深数据为船载测深仪数据加上 8 m 船体吃水深度。

（3）★ CTD 采水，☆ CTD 二次采水，◆ LADCP 观测，▲ VMP 湍流观测。

3.2.1.3 完成工作量

表3-2 CTD/LADCP/VMP完成工作量
Table 3-2 Workload statistics of CTD/LADCP/VMP

作业项目	CTD	LADCP	湍流
完成工作量（站位数）	83个	81个	41个

3.2.2 考察人员及考察仪器

3.2.2.1 考察人员

表3-3 CTD/LADCP观测人员分工
Table 3-3 Division of labor in CTD/LADCP observation

岗位	一班	二班
组长	李涛	马小兵
甲板	卫翀华，王明峰	刘一林，孔彬，刘高原
绞车	杨成浩	杨磊
CTD甲板单元	曹勇	孙超
物理实验室	王明峰	林龙
内业数据处理	曹勇	刘一林

表3-4 湍流观测人员分工
Table 3-4 Division of labor in optical and turbulence observation

岗位	一班	二班
组长	李涛	刘一林
甲板	王明峰	孔彬
绞车	卫翀华	刘高原
物理实验室	曹勇	林龙

3.2.2.2 考察仪器

1）海鸟911 Plus CTD（"雪龙"船保障）

重点海域断面观测的主要仪器之一为美国海鸟（SBE）公司生产的高精度温盐深测量系统——海鸟911 Plus CTD温盐深剖面仪。系统主要包括：双温双导探头，多种传感器探头的自容式主机系统、泵循环海水系统、专用通信电缆、固体存储器、RS232接口和电磁采水系统。系统安装了双温度、双电导、双溶解氧、压力、叶绿素和高度计9个传感器。主要技术参数如表3-5所示。

表3-5 海鸟911 Plus CTD温盐深系统技术指标
Table 3-5 Specification of the seabird 911 Plus CTD

观测变量	测量范围	精度	24 Hz 分辨率
温度（℃）	−5 ～ +35	0.001	0.000 2
电导率（S/m）	0 ～ 7	0.000 3	0.000 04
深度（m）	0 ～ 6 800	0.015% 全量程	0.001% 全量程

图 3-2　海鸟 911 Plus CTD 观测系统
Fig. 3-2　Seabird 911 Plus CTD system

图 3-3　CTD 作业工作照
Fig. 3-3　CTD operation

2）声学多普勒海流剖面仪（Lowed-ADCP，"雪龙"船保障）

海流观测设备是由美国 RDI 公司生产，型号是 WORKHORSE，SENTINEL，300 kHz，简称 LADCP，在本航次中，使用的观测方式是与 SBE 911 Plus CTD 捆绑一起下放（图 3-4），由"雪龙"船实验室提供。

声学多普勒海流剖面仪 ADCP 是 20 世纪 80 年代初发展起来的一种新型测流设备，它利用多普勒效应原理进行流速测量。

在作业中，LADCP 从船上施放，从海表面下到预定深度。在下降和上升期间连续采集相对仪器的流速剖面。如果下放到最低点时可以收到海底的反射回波，数据处理可以使用改进的底跟踪模式，使数据的反演精度大大提高。在实际作业中采用 LADCP 和 CTD 捆绑下放。

图 3-4　固定于 CTD 观测系统内的 LADCP
Fig. 3-4　LADCP tired on CTD observation system

LADCP 具有自容能力，数据存储于仪器内部记忆卡内，下放中由仪器内部电池提供工作电源，具体参数如表 3-6 所示。

表3-6　LADCP性能参数
Tabel 3-6　Specifications of LADCP

层厚	0.2 ~ 16 m
层数	1 ~ 128 层
工作频率	300 kHz
测量流速范围	±5 m/s（缺省）；±20 m/s（最大）
精度	±0.5% ±5 mm/s
速度分辨率	1 mm/s
最大倾角	15°
最大耐压深度	6 000 m

3）垂向微结构剖面仪 VMP-200

海洋湍流测量仪器 VMP-200（Vertical Micro-structure Profiler-200）由日本和加拿大公司联合生产制造。VMP-200 是一个用于测量海洋上层 500 m 以浅微尺度湍流的仪器，针对不同的作业条件，它有自容式（VMP-200-IR）和直读式（VMP-200-RT）两种型号，在此次调查工作中采用的为 VMP-200-RT，通过线缆将仪器直接连接到计算机设备上进行显示和数据的存储，下放过程通过绞车收放线缆（图 3-5）。VMP-200 的后端为方便拆卸的尾翼，可以通过调节尾翼的数目改变浮力大小使得仪器在测量时的下降速度达到预期速度，还可以稳定仪器在海洋中的姿态。VMP-200 设备的前端为探头，可以同时安装 4 个探头，探头种类可以包含温度、盐度、剪切、溶解氧等，在此次调查工作中我们采用 1 个温度探头、1 个盐度探头和 2 个水平剪切探头同时进行温、盐和水平剪切的测量，然后根据这些物理量进一步分析海洋上层的湍流运行。

图 3-5　VMP-200 现场布放

Fig.3-5　VMP-200 deployment

3.2.3　考察数据初步分析

3.2.3.1　重点海域温盐深观测（CTD）

B 断面自陆坡区延伸至圣劳伦斯岛西侧，自南向北水深逐渐变浅。断面表层以高温低盐为基本特征，且存在温度最低值，符合白令海夏季表层水的特征。表层以下温度降低盐度升高，在水深约 35 m 的位置出现明显的跃层，其中温跃层比盐跃层更加显著，盐度最低值出现在 B11 站附近，显著的盐跃层主要出现在断面中北部。跃层以下，温度明显降低，整体呈现南高北低的特征；盐度自 B11 站向外逐渐升高，最高可达 33。断面北部温跃层以下存在大面积温度低至 −1℃ 的冷水层，这主要是由于海水的对流引起的。冬季海表冷却降温使得海水垂向混合均匀，之后随温度升高，表层海水形成稳定层结，使得陆架底层海水保留冬季表层水的特征。有研究表明冬季在偏北风的作用下，圣劳伦斯岛南岸会产生白令海最大的冰间湖，冰间湖内强结冰析盐和冷却过程引起海水对流，产生大量低温高盐水。当偏北风较强时会在圣劳伦斯岛南部引起离岸流和沿岸流，进而将高盐水向西南方向运移，改变那里的陆架底层冷水的性质。

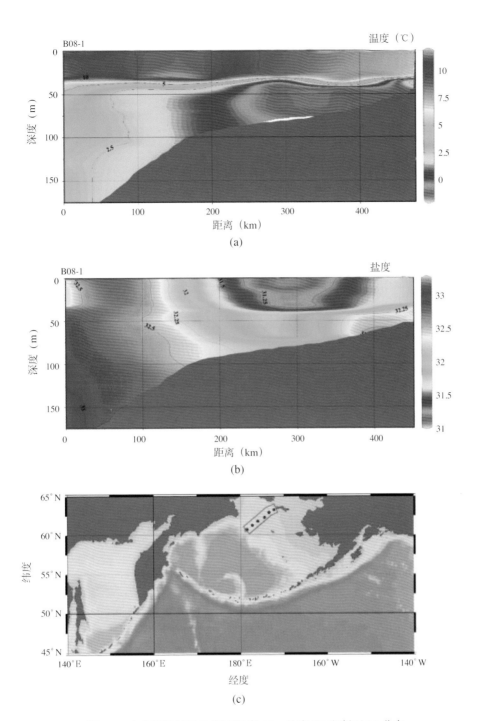

图 3-6 白令海陆坡区 B 断面温度 (a)、盐度 (b) 和断面 (c) 分布
Fig. 3-6 Distribution of temperature (a), salinity (b) and position (c) of section B in the Bering Sea Slope

图 3-7 展示了楚科奇海 R 断面的温盐垂向分布。从图中可以看出，水温从南至北整体呈逐渐降低的分布特征。最高温度出现在 R04 ~ R06 站之间，受太阳辐射加热和来自白令海的较高温度海水等因素的影响，核心温度可达 8℃ 以上。在 R 断面浅水区，25 m 深度附近存在温跃层，跃层下方是冬季或春季早期进入的白令海水，温度最低低至 0℃ 以下，从盐度特征来看属于白令海陆架水（$32.0 < S < 32.8$），但由于浅水区受到环境因素的影响较大，因此仅根据温盐分布特征难以判断其水团属性。R08 站以北表层海域受融冰等因素的影响存在一个明显的低盐水团，盐度低于 30。R09站以北，水深迅速增加，水温降低，基本在 1℃ 以下，25 m 以深海水均匀分布，整体呈现低温高盐的特征。

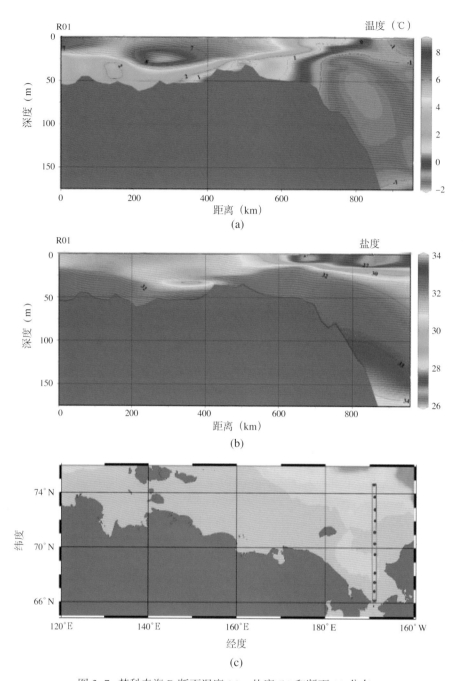

图 3-7 楚科奇海 R 断面温度 (a)、盐度 (b) 和断面 (c) 分布
Fig. 3-7 Distribution of temperature (a), salinity (b) and position (c) of section R in the Chukchi Sea

3.2.3.2 重点海域海流观测（LADCP）

2016 年 7 月 18 日，B01 站位数据出问题，matlab 数据处理软件包无法处理。

2016 年 7 月 18 日，B06 站位测完后更换 ADCP 电池。

2016 年 7 月 27 日，P27 站位采用新的配置文件 deepwater2.whp，3 000 m 深的数据文件只有 500 k，程序处理第一步读取 adcp 数据出错。

2016 年 7 月 28 日，P26 站位采用修改过的配置文件 deepwater2.whp，合样和 bin 都采用 1 s，处理出的流速超出逻辑值，为 10 的高次方。

2016 年 7 月 29 日，P24 站位第一次下水 ctd 链接出错，实时数据不显示，在 800 m 左右回收，换过 ctd 后重新下水，该站本身站位名为 P24，再次下水站位名为 P24b，P24b 的处理结果有一个流速分量在 8m/s 的量级。

2016 年 7 月 30 日，P22 站位水深为 700 m，应用浅水配置文件，但是误用深水配置文件，流速数据过大。

2016 年 8 月 24 日，R11 站位由于前期的海水腐蚀，ADCP 的一根针脚断掉，数据无法读出来，该站之后更换为极地中心的 ADCP，之前用的是中国海洋大学的 ADCP。

2016 年 8 月 30 日，S14 站位钢缆倾角约为 45°，处理程序也提示倾角过大。

2016 年 8 月 31 日，USB 转 232 数据线断掉一根针脚，ADCP 没有观测。

2016 年 9 月 2 日，R05 站位涌浪 4 ～ 5 m，航速 3.2 kn，放弃作业。

除以上记录的问题外，在作业过程和后期数据处理过程中发现，本航次 LADCP 数据存在 2 个主要问题：为了追求数据质量，本航次 LADCP 的采样频率设置得比以往都高，为 1 s 一次，这就导致两个问题，一个是深水站位读取数据时间过长，读取时间往往在 15 ～ 20 min，读取数据时正是化学和生物组的队员采水的时间，此时 CTD 间比较拥挤，比较容易出现 LADCP 数据线被踩到或被刮碰掉的情况。另外，高采样频率导致电池消耗过快，在低电量时 LADCP 的数据质量可能不可靠。本航次共使用 3 块 LADCP 电池，是以往航次的 2 倍。

此外，在数据的后续处理过程中，部分站位因为过多的数据不能通过质量控制而导致无法生成完整的速度剖面，或者得到的速度分量的标准差较大。有的站位逆方法处理的流速甚至会出现 10 的高次方这样的不符合逻辑的值，但是剪切法处理出的流速普遍比较合理。

LADCP 的配置文件使用的是传统极地考察应用的配置文件，分为浅水（深度小于 1 000 m）和深水（深度大于 1 000 m）两种模式。二者初始环境参数均设置为温度 5℃，盐度 35，浅水配置文件层厚为 4 m 共 25 层，合样时间间隔为 1 s，深水配置文件层厚为 8 m 共 14 层，合样时间间隔为 1 s。

LADCP 数据的后期处理采样的是哥伦比亚大学 Lamont－Doherty Earth 实验室 Martin Visbeek 教授编写的 matlab 软件包（逆方法）。图 3-8 是选取的一深一浅两个代表站位的流速结果。

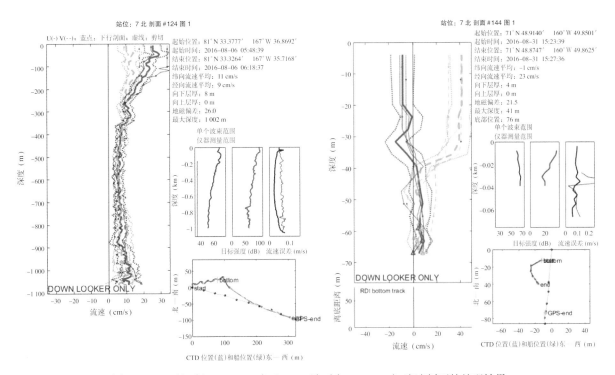

图 3-8　R21 站（左，cast 124）和 C24 站（右，cast144）流速剖面的处理结果
Fig. 3-8　Velocity profiles processed from the acquired current data at stations of R21 (left) and C24 (right)

在数据处理过程中需要利用处理软件对数据进行一系列的质量控制，比如仪器倾斜在22°以内倾角方差不大于4、水平速度和垂向速度在合理范围内、校正磁偏角与仪器系统固有问题等等，同时，利用 CTD 剖面数据与船载 GPS 数据辅助 LADCP 的后续数据处理。

LADCP 观测的流速剖面是短时间内海水综合运动的结果，除了定常流外还包含了周期性的潮流、惯性流以及涡流扰动等其他信号，所以需要与平均意义下的海流区分对待。R21 站位于 81°33.37′N，167°36.82′W，是本次北极科学考察最靠北的水文站，海水流速由表层至 350 m，v 分量流速由 13 cm/s 逐渐减弱到 7 cm/s，u 分量流速由 27 cm/s 逐渐减弱到 7 cm/s，表明在 350 m 以上有明显的剪切，可以结合湍流观测（VMP）数据做进一步分析，350 ~ 800 m 深度范围内 u、v 速度分量量级都在 8 cm/s 左右，且在垂向上相对均匀，变化不明显，直到 800 m 以下才有略微增大。C24 站位于楚科奇海台，从速度剖面上看，观测期间这里的海水流动在 35 m 以浅垂向分布比较均匀，以 v 分量为主，在 35 ~ 40 m 深度上存在速度的明显剪切，u 分量由 –10 cm/s 变化到 8 cm/s，而 v 分量由 40 cm/s 迅速减小到 5 cm/s，其原因需要进一步的分析。

3.2.3.3　湍流观测（VMP）

本次航次一共进行了 41 个站位的 VMP 观测，温度探头在第一次下水之后就不再变化，由于没有温度探头备用，本航次 VMP 数据中缺少温度数据。剪切探头在第 21 个站之后，由观测剪切数据计算出来的湍动能耗散率远低于合理范围。详细检查了剪切探头，未发现异常。后期需要送原厂标定，寻找剪切探头漂移的原因。在 VMP 下放过程中出现过数次缆绳吃力的情况。在 R13 站，VMP 与电脑通信出现故障。在实验室主任袁东方的帮助下，截断连接仪器头处的 30 m 缆绳之后，仪器连接恢复正常。

VMP 在白令海的观测两剪切探头的波数谱与黑线理论 Nasmyth 谱值拟合较好（图 3–9）。上层海洋的湍动能耗散率呈现出 e 指数衰减，在 50 m 之内湍动能耗散率由 10^{-4} W/kg 减少到 10^{-9} W/kg（图 3–10）。在表层海流不小的时候，表层之下的湍动能耗散率还是保持在 10^{-9} W/kg 左右的量级。风对海洋的输入是决定上层海洋湍动能耗散率的重要因素之一。

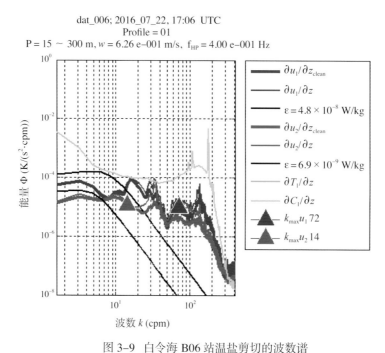

图 3–9　白令海 B06 站温盐剪切的波数谱

Fig.3–9　The spectrum of temperature, salinity and shear for station B06 in Bering Sea

中国第七次北极科学考察报告

THE REPORT OF 2016 CHINESE NATIONAL ARCTIC RESEARCH EXPEDITION

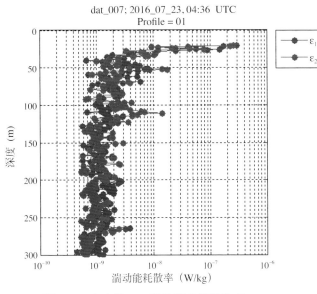

dat_007; 2016_07_23, 04:36 UTC
Profile = 01

图 3-10 白令海 B06 站的湍动能耗散率
Fig.3-10 The rate of dissipation of Turbulence Kinetic
Energy (TKE) for station B06 in Bering Sea

加拿大海盆 P1 断面站位的数据显示 100 m 以下的湍动能耗散率越向海盆中部靠近越弱，P1 断面的西边水深较浅站位湍动能耗散率从 10^{-9} ～ 10^{-8} 量级向深水区往 10^{-10} ～ 10^{-9} 量级过渡（图 3-11 和图 3-12）。

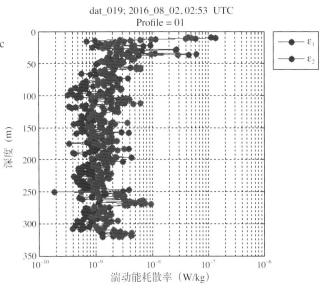

dat_019; 2016_08_02, 02:53 UTC
Profile = 01

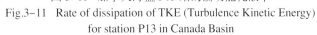

图 3-11 加拿大海盆 P13 站的湍动能耗散率
Fig.3-11 Rate of dissipation of TKE (Turbulence Kinetic Energy)
for station P13 in Canada Basin

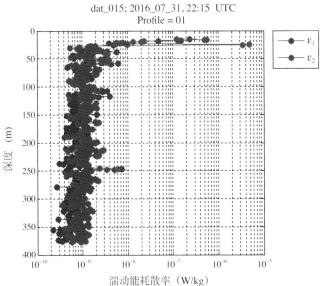

dat_015; 2016_07_31, 22:15 UTC
Profile = 01

图 3-12 加拿大海盆 P17 站的湍动能耗散率
Fig.3-12 Rate of dissipation of TKE for station P17 in Canada Basin

3.3 锚碇潜标长期观测

2016年7月23日，在白令海陆坡区成功布放锚碇潜标1套。这是我国首次在白令海陆坡区布放锚碇潜标。该潜标旨在对白令海陆坡流进行长期观测，获取白令海陆坡流的温、盐、流场等水文数据，分析白令海陆坡流的季节变化特征。

2016年9月2日，在楚科奇海成功布放锚碇潜标1套。楚科奇海潜标主要搭载仪器包括CT、CTD、TD、ADCP和单点海流计等，用于获取布放点温、盐、流场等水文要素的长期全深度剖面资料。并且该潜标位于北极航道起点处，能够提供该海域长期的水文基础数据。

3.3.1 考察站位及完成工作量

3.3.1.1 站位图

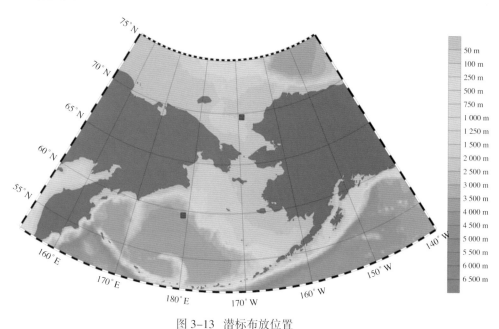

图 3-13　潜标布放位置
Fig. 3-13　The position of subsurface buoy

3.3.1.2 站位信息

白令海锚碇潜标的布放位置为 178°22.26′E，58°44.03′N，水深 3 650 m。

楚科奇海锚碇潜标的布放位置为 168°56.674′W，69°33.182′N，水深 52 m。

3.3.2 考察人员及考察仪器

3.3.2.1 考察人员

白令海锚碇潜标及楚科奇海锚碇潜标的布放均得到中国第七次北极科学考察队和"雪龙"船甲板部的大力支持和协助。航次领队夏立民担任总监督，首席科学家李院生担任总指挥。"雪龙"船船长赵炎平、首席科学家助理刘娜担任执行总指挥。领队助理曹建军与水手长马俊任甲板指挥。"雪龙"船大副朱利、机动驾驶员朱兵；甲板部徐浩、王强、潘礼峰、吴建生、夏寅月；大洋队雷瑞波、汪卫国、孔彬、刘高原、马小兵、杨成浩、徐全军、卫翀华、杨磊、孙超、黄元辉、房旭东、林学政、崔迎春、马通；综合队姜梅、杨扬；记者贾燕华、唐志坚、伍岳、高悦、陈壮苗、杨阳参加了锚碇潜标的具体布放。

3.3.2.2 考察仪器

白令海潜标总长约 3 500 m,距离水面 150 m。白令海锚碇潜标搭载的仪器包括 150 k ADCP 一台,浅水 CTD 两台,深水 CTD 一台,TD 两台,T 十五台,单点海流计一台,释放器两台,沉积物捕获器一台。

楚科奇海潜标总长约 32 m,距水面 20 m。楚科奇海锚碇潜标搭载的仪器包括 300 k ADCP 一台,浅水 CTD 一台,T 三台,释放器两台。

两套潜标的一些主要仪器的技术指标如下。

1）释放器

型号：IXSEA oceano 2500 universal；频率范围：8 ～ 16 kHz；声源级：191 dB ±4 dB；相应距离：10 km；释放器额定深度：6 000 m。

2）ADCP

型号：WHS-150；耐压深度：1 500 m；测量范围：宽带模式 270 m,大量程模式 270 m；流速测量精度：±0.5%V±0.5 cm/s（其中 V 为流速）；流速分辨率：1 mm/s；流速范围：±5 m/s（缺省值）,±20 m/s（最大值）；发射频率：1 Hz；内存：标准 256 MB 存储卡。

图 3-14 IXSEA oceano
2500 universal 型释放器
Fig. 3-14 Releaser of
IXSEA oceano 2500
universal

图 3-15 WHS-150 型 ADCP
Fig. 3-15 ADCP of WHS-150

3）CTD

型号：SBE37-SM；温度测量范围：-5 ～ 35℃；温度分辨率：0.000 1℃；盐度（电导率）测量范围：0 ～ 70 mS/cm；盐度（电导率）分辨率：0.000 1 mS/cm；压力测量范围：250 m（塑料壳体）；压力分辨率：0.002% 满量程。

图 3-16 SBE37-SM 型 CTD
Fig. 3-16 CTD of SBE37-SM

4）单点海流计

型号：Seaguard RCM9；耐压：350 m；流速测量范围：0 ～ 300 cm/s；分辨率：0.1 mm/s；平均精度：±0.15 cm/s；流向测量范围：0°～ 360°磁角；分辨率：0.01°；精确度：±5°在 0°～ 15°倾角，±7.5°在 15°～ 50°倾角。

图 3-17　Seaguard RCM9 型单点海流计
Fig. 3-17　Single point current meter of Seaguard RCM9

白令海锚碇潜标与楚科奇海锚碇潜标的布放过程大致相同，具体布放步骤如下。

（1）不断关注天气情况。

（2）提前通知驾驶台站位，到站停船。

（3）到驾驶台观察船体随着风流的移动状态，船舶稳定后，观察木架（海流示踪物）与船体的分离情况。

（4）检查人员和工具到位。所有参与人员到达后甲板指定工作位置。现场再次强调分工和注意事项。

（5）观测锚绳入水情况人员到位。

（6）布放 9 个浮球，以及第 1 段 100 m 绳子。

（7）布放单点海流计，第 2 段绳子 100 m，4 个浮球，转环。

（8）布放 ADCP。

（9）布放第 3 段绳子 200 m。

（10）布放沉积物捕获器。

（11）布放第 4 段至第 7 段共 4 根 500 m 绳子，前 3 段绳子前头各有一个小 T 和浮球，第 4 段绳子前头有一个小 T。

（12）布放第 8 段 500 m 绳子。

（13）布放第 9 段 300 m 以及第 10 段 200 m 绳子。

（14）布放释放器及重块。

图 3-18 白令海锚碇潜标布放现场作业
Fig. 3-18 In situ deployment of subsurface moored buoy in Bering Sea

3.4 锚碇浮标长期观测

2016 年 7 月 19 日，在北太平洋海域成功布放锚碇海气通量浮标观测一套，与我国第六次北极科学考察在北太平洋海域布放的锚碇观测浮标位置相同。该浮标旨在延续第六次北极科学考察浮标的观测，获取定点气温、湿度、风速、短波辐射、长波辐射、海表面温度等海气界面连续观测数据，分析白令海海盆区海气界面要素及海气通量变化特征。

3.4.1 考察站位及完成工作量

3.4.1.1 站位图

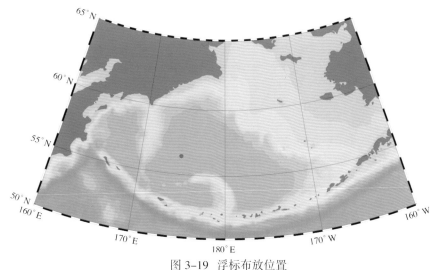

图 3-19 浮标布放位置
Fig. 3-19 The position of buoy

3.4.1.2 站位信息

锚碇浮标布放位置为 174°45.68′E，56°24.11′N（图 3-19），水深 3 800 m。

3.4.2 考察人员及考察仪器

3.4.2.1 考察人员

锚碇浮标布放得到中国第七次北极科学考察队和"雪龙"船甲板部的大力支持和协助。航次领队夏立民担任总监督，首席科学家李院生担任总指挥。"雪龙"船船长赵炎平、首席科学家助理刘娜担任执行总指挥。水手长马俊任甲板指挥。"雪龙"船大副朱利、机动驾驶员朱兵；甲板部徐浩、王强、潘礼峰、吴建生、夏寅月；大洋队雷瑞波、汪卫国、孔彬、刘高原、马小兵、杨成浩、徐全军、卫翀华、杨磊、孙超、黄元辉、房旭东、林学政、崔迎春、马通；综合队姜梅、杨扬、苗德惠、黄国圳、汪泉林、陈坤宏，记者贾燕华、唐志坚、伍岳、高悦、陈壮苗、杨阳参加了锚碇浮标的具体布放。

3.4.2.2 考察仪器

锚碇浮标系统由浮体和锚系系统组成。浮体示意图如图 3-20 所示。标体采用 CCSB 优质船用钢板，三角上支架材质为 304 不锈钢，单点系锚，型宽 3 m（含防护圈），型深 2.3 m，整体高度 5.3 m（最底端锚链挂钩至最顶端风速仪的高度），配置 14 块 75AH 免维护蓄电池，3 块 70 W 德国进口单晶硅太阳能电池板；总重 2 658 kg（含 13.5 m 长、320 kg 链径 32 配重锚链），总浮力 4 900 kg，储备浮力 2 242 kg，干舷高度 390 mm。

图 3-20 浮标锚系统组成
Fig.3-20 The system composition of buoy

浮标锚系系统自上而下由配重链、锦纶防扭绳、丙纶防扭绳、深水浮球、拖底锚链和水泥重块组成。其中配重链为直径 28 mm 的标准有档锚链，加连接附件总重 0.3 t，长度为 13.5 m。配重链下方为 1 000 m 沉水的锦纶防扭绳，每根长度 500 m，共 2 根。沉水锦纶防扭绳下方为浮水的丙纶防扭绳，每根长度也为 500 m，共 8 根，合计 4 000 m。锦纶防扭绳和丙纶防扭绳两端均加装耐磨护套，用重型专用套环连接，总长度 5 000 m。在最靠近海底的 500 m 丙纶防扭绳上端等间距固定 6 套耐压浮球（耐压 6 700 m），间距 2 m 左右。单套耐压浮球可提供 25.4 kg 浮力，总共可提供 152.4 kg 浮力。这些浮球可吊起 500 m 左右的缆绳，防止缆绳接头与海底摩擦。浮标拖底锚系由两条带档锚链和两块水泥块组成。2 条带档锚链，每条 27.5 m，合计长度 55 m。带档锚链直径 38 mm，每条 700 kg，共重 1 400 kg。每块水泥重块越重 1.2 ~ 1.5 t，两块共 2.4 ~ 3.0 t。水泥块和带档锚链之间通过 1 条 6 m 长的马鞍链连接。

表3-7 锚碇浮标主要传感器技术指标
Table 3-7 Specifications of the sensors on the buoy

项目	测量范围	准确度
风速	0 ~ 75 m/s	±0.3m/s
风向	0° ~ 360°	±0.25%
气温	–50 ~ 50℃	±0.5℃
气压	610 ~ 1 100 hPa	±0.5 hPa
湿度	0 ~ 100%	±1%
短波辐射	305 ~ 2 800 nm	±1%
长波辐射	4 500 ~ 50 000 nm	±1%
水温	–5 ~ 40℃	±0.1℃
盐度	0 ~ 40	±0.03

锚碇浮标布放具体步骤如下。图 3-21 给出了锚碇浮标布放现场作业图片。

（1）不断关注天气情况，确定作业点和作业时间。

（2）通知驾驶台到站停船，右舷受风。

（3）所有参与人员到达中部大仓盖指定工作位置。

（4）挂释放钩，穿止荡绳。

（6）浮标体起吊。

（7）浮标体向船舷外移。

（8）脱钩，浮标体入水。

（9）船舷解缆，船标分离。

（10）飞行甲板锚绳入水。

（11）动船，返回浮标标体附近。

（12）最末端缆绳及浮球下放。

（13）释放水泥块和锚链。

浮标起吊

标体入水

飞机坪缆绳

重块起吊

图 3-21　锚碇浮标布放现场作业

Fig. 3-21　In situ deployment of moored ocean-atmosphere flux buoy

3.4.3　考察数据初步分析

锚碇浮标自 7 月 19 日投放，至今锚泊系统非常稳定，如图 3-22 和图 3-23 所示。浮标的铱星发射系统安装在标体系统上，从铱星发回的数据来看，标体系统在投放点附近移动。

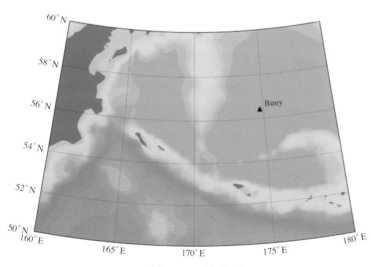
图 3-22　浮标位置 1

Fig. 3-22　Position of buoy 1

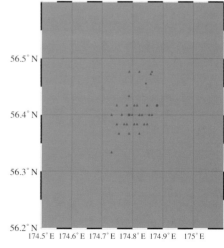
图 3-23　浮标位置 2

Fig. 3-23　Position of buoy 2

如图 3-24 ~ 图 3-27 所示海表空气温度、海表空气湿度和海表水温及海表电导率随着时间逐渐减少和降低。

图 3-24　海表空气温度

Fig. 3-24　Sea surface air temperature

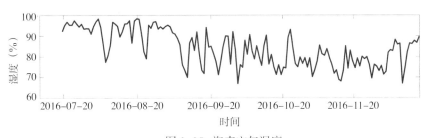

图 3-25　海表空气湿度

Fig. 3-25　Sea surface humiditye

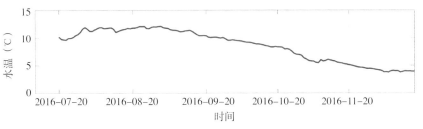

图 3-26　海表温度

Fig. 3-26　Sea surface temperature

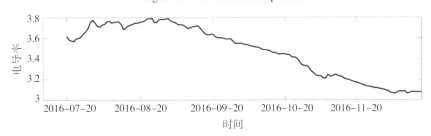

图 3-27　海表电导率

Fig. 3-27　Sea surface conductivity

海表面气压变化不大，但存在明显的周期性震荡。

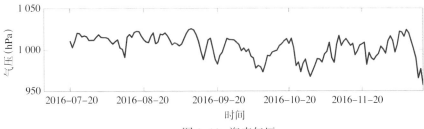

图 3-28　海表气压

Fig. 3-28　Sea surface air pressure

图 3-29 给出的是天平均的风速。从夏季到秋季，伴随有大风的天气过程越来越密集，平均风速秋季也明显高于夏季，说明白令海秋季的气旋比夏季明显增多。可以看出 9 月中旬有一个较明显的天气过程，"雪龙"船此时正经过附近海域，采取了避风措施。

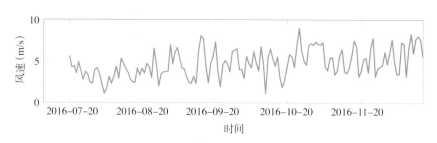

图 3-29　风速
Fig. 3-29　Wind speed

3.5　走航表层温盐观测

3.5.1　考察站位及完成工作量

3.5.1.1　站位图

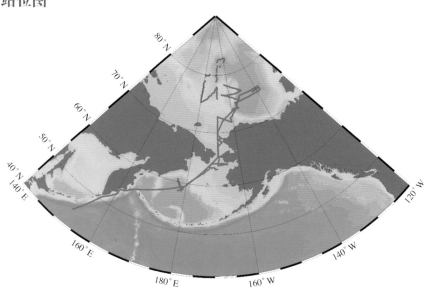

图 3-30　走航温盐轨迹
Fig.3-30　Tracks of the sailing data

3.5.1.2　站位信息

自 2016 年 7 月 11 日 "雪龙" 船从上海起航开始，全程进行连续走航表层温盐观测，观测海域包括白令海、白令海峡、楚科奇海、加拿大海盆等。

3.5.1.3　完成工作量

从 7 月 11 日至 9 月 15 日，共获取 66 d，约 17 M 有效观测数据。

3.5.2　考察人员及考察仪器

3.5.2.1　考察人员

本航次参与冰下上层水文要素观测作业人员及分工见表 3-8。

表3-8 走航温盐观测作业人员及分工
Tabel 3-8 Members of sailing data observation

考察人员	作业分工
夏寅月	走航温盐观测和数据采集
曹勇	走航温盐数据处理及图形绘制

3.5.2.2 考察仪器

走航表层海水温盐观测采用美国海鸟电子公司（Sea-Bird Electronics, Inc.）的SBE21 SEACAT温盐计，对走航期间海洋表层的温度、盐度和叶绿素等要素进行连续观测。

该设备接入"雪龙"船新安装的表层海水自动采集系统，自动观测温度、电导率和叶绿素参数。主要技术指标如表3-9所示。

表3-9 SBE21 SEA CAT 温盐计技术指标
Table 3-9 Main specifications of SBE21 SEA CAT

传感器	量程	分辨率	精度
电导率	0 ~ 7 S/m	0.000 1 S/m	0.001 S/m
温度	-5 ~ 35℃	0.001℃	0.01℃

3.5.3 考察数据初步分析

由于系统是采用SBE 21 SEACAT温盐计接入船上安装的表层海水自动采集系统进行观测，所以采集系统的工作状态直接影响数据的准确性。实验室工作人员每天定时检查系统，及时发现和排除障碍。

2016年7月11日，07:08（北京时间），启动表层温盐观测系统，进行测试，盐度数据异常，进行调试。

2016年7月13日，07:56，更改为世界时（UTC），开始观测。

2016年7月19日，07:45，重新启动表层温盐观测系统，开始观测。

2016年7月24日，22:06，水泵被冰堵住，重新启动，开始观测。

2016年7月26日，00:13，水泵被冰堵住，重新启动，开始观测。

2016年7月26日，01:06，水泵被冰堵住，重新启动，开始观测。

2016年8月4日，23:00，短期冰站02作业，关闭表层采水系统，2016-08-05，10:36，重新开始观测。

2016年8月6日，04:06，短期冰站03作业，关闭表层采水系统后重新启动，开始观测。

2016年8月6日，21:13，短期冰站04开始作业，关闭表层采水系统后重新启动，开始观测。

2016年8月9日，00:32，水泵被冰堵住，重新启动，开始观测。

2016年8月10日，23:52，水泵被冰堵住，重新启动，开始观测。

2016年8月16日，05:59，长期冰站结束作业，重新启动系统，开始观测。

2016年8月17日，03:33，水泵被冰堵住，重新启动，开始观测。

2016年8月17日，22:30，短期冰站05开始作业，关闭表层采水系统后重新启动，开始观测。

2016 年 8 月 18 日，13:42，水泵被冰堵住，重新启动，开始观测；2016 年 8 月 26 日，10:49，水泵被冰堵住，重新启动，开始观测。

2016 年 9 月 6 日，04:56，水泵被冰堵住，重新启动，开始观测。

走航表层温盐数据采样间隔为 3 s，自 7 月 11 日至 9 月 15 日共获取约 66 d 的有效观测数据。由于起航前叶绿素探头没有标定，需要对叶绿素探头标定之后再对数据进行进一步处理，本报告中没有对叶绿素进行分析。图 3-31、图 3-32 分别为走航期间海水表层盐度、温度的时间和空间变化曲线图。

自 7 月 11 日启程，在长江入海口和东海，表层海水盐度低于 20，判断为数据异常。7 月 13 日开始走航温盐正式观测。如图 3-31 和图 3-32 所示，在日本海，为黑潮流系，表层海水呈现出高温高盐的特性，温度值在 20℃左右，盐度值在 33 左右。出日本海后，温度和盐度明显降低，到达白令海后，海表温度低于 15℃，盐度降低到 33 左右。楚科奇海表层温度和盐度都有明显的降低，温度降幅达到 6 ～ 7℃，盐度降幅达到 5 ～ 8，表层温度达到 -1.5℃左右，盐度降低到 33 以下。楚科奇海表层的低温低盐水是夏太平洋扇区海冰融化的结果。加拿大海盆是北冰洋最大的淡水库，进行加拿大海盆断面考察时表层盐度值降低到 28 以下。返程的温盐变化与去程的温盐变化基本保持一致。

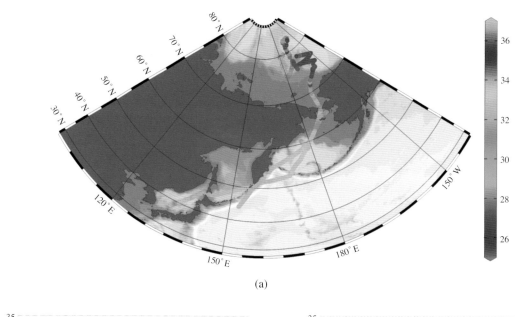

(a)

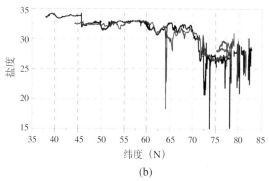

(b)

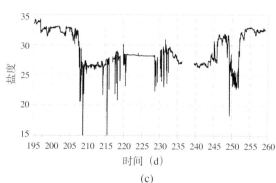

(c)

图 3-31 走航表层盐度变化

(a) 盐度空间变化；(b) 盐度随纬度变化，蓝色曲线为返程；(c) 盐度随时间变化

Fig.3-31 Surface salinity for sailing data

(a) Spatial variation of salinity; (b)Variation of salinity along latitude; (c)Time series of salinity

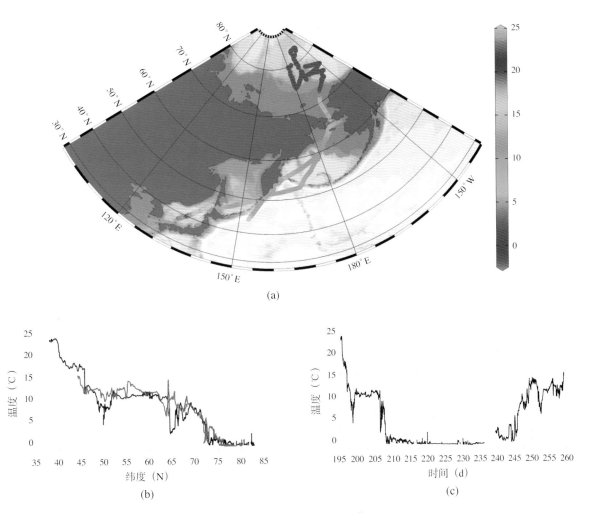

图 3-32　走航表层温度变化

(a) 温度空间变化；(b) 温度随纬度变化曲线，红色曲线为返程；(c) 温度随时间变化曲线

Fig.3-32　Surface salinity for sailing data

(a) Spatial variation of salinity; (b) Variation of salinity along latitude; (c) Time series of salinity

3.6　走航海洋气象观测

中国第七次北极科学考察走航气象观测包括走航期间海面气象观测以及探空 GPS 观测。"雪龙"船自 2016 年 7 月 11 日从上海港出发到 9 月 26 日返回上海港共计 78 d 航行和作业，随船气象观测人员每天严格按照世界时间（00UTC、06UTC、12UTC）进行海面气象观测，观测内容包括基本气象要素（能见度、云、风、温、湿、压等）、海浪要素（浪高、涌高）以及基本走航信息（船位、船向）等内容。

探空 GPS 观测严格按照世界时间进行，7 月 23 日，"雪龙"船已进入白令海，气象走航观测成功释放第一个 GPS 探空气球，科考期间"雪龙"船经白令海，过楚科奇海进入北冰洋，探空 GPS 的作业一直进行，如遇特殊天气，如气旋过程或者海雾天气，会酌情进行加密观测，但也严格按照世界时间，以便于日后资料的共享和对比分析。8 月 5 日探空设备出现故障，气象观测小组多次与厂家工程师联系沟通，并在"雪龙"船实验室主任和气科院专家的帮助下 17 日成功对设备进行了修复，8 月 18 日恢复探空气球观测。本次科学考察，GPS 探空观测的目标任务量为 30 个探空气球，实际该航次共获取 58 个探空 GPS 数据，在极为困难的局面下超额完成实施方案中规定的任务。

3.6.1 考察站位及完成工作量

3.6.1.1 站位图

图 3-33 为 GPS 探空观测点分布，空间分布范围为：57°～ 80.1°N，172.5°～ 136.1°W，时间自 7 月 23 日开始，截止到 9 月 11 日结束。

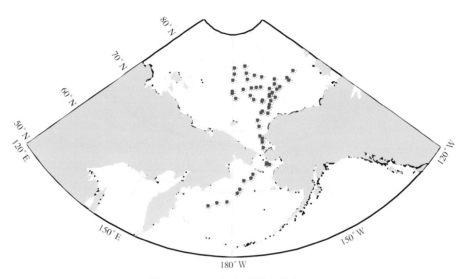

图 3-33 GPS 探空观测点分布
Fig.3-33 Stations of the GPS air balloon

3.6.1.2 站位信息

GPS 探空观测站位的信息如表 3-10 所示。

表3-10 GPS探空观测站位信息
Table 3-10 The information of GPS sounding stations

序号	施放时间（UTC）	施放位置	数据高度（m）
1	07-22 22:45	58°39.60′N，178°22.20′E	13 700
2	07-23 23:04	61°57.60′N，175°58.80′W	12 800
3	07-25 22:59	72°33.33′N，163°35.80′W	19 400
4	07-26 23:01	73°45.45′N，157°24.60′W	9 950
5	07-27 23:03	75°04.20′N，151°25.80′W	11 300
6	07-28 23:13	75°37.80′N，155°37.79′W	18 500
7	07-29 23:04	76°19.20′N，160°46.20′W	11 900
8	07-30 23:06	76°31.20′N，163°46.20′W	19 500
9	07-31 23:06	76°41.40′N，149°42.60′W	13 200
10	08-01 23:05	77°47.40′N，157°52.20′W	18 100
11	08-02 22:59	78°22.80′N，162°59.40′W	17 500
12	08-03 23:02	78°59.40′N，168°34.80′W	21 300
13	08-04 23:12	80°05.40′N，168°54.00′W	4 250
14	08-17 22:59	79°56.40′N，178°37.79′W	20 800
15	08-18 11:34	79°00.60′N，178°46.80′W	17 700
16	08-18 23:00	78°05.40′N，179°53.39′E	21 400

序号	施放时间（UTC）	施放位置	数据高度（m）
17	08-19 23:12	76°19.20′N，179°38.39′E	20 700
18	08-20 11:12	76°01.20′N，179°47.39′E	22 100
19	08-20 23:00	75°11.40′N，178°15.00′W	9 500
20	08-21 11:16	76°34.20′N，172°55.19′W	5 500
21	08-21 23:06	78°01.80′N，168°51.60′W	20 500
22	08-22 11:09	77°05.40′N，168°53.39′W	5 850
23	08-22 23:07	76°32.40′N，167°03.00′W	21 000
24	08-23 05:00	75°54.60′N，167°24.00′W	19 200
25	08-23 23:01	74°40.80′N，167°06.60′W	17 000
26	08-24 05:18	73°46.80′N，167°07.79′W	18 900
27	08-24 23:04	74°06.00′N，162°27.06′W	23 900
28	08-25 05:02	74°15.60′N，161°51.60′W	18 700
29	08-25 23:03	74°42.00′N，156°58.79′W	14 900
30	08-26 05:01	74°31.80′N，157°15.59′W	19 300
31	08-26 23:08	73°59.40′N，154°04.19′W	21 000
32	08-27 05:02	74°00.00′N，154°09.00′W	20 600
33	08-27 23:00	75°10.80′N，148°55.19′W	19 800
34	08-27 05:11	75°17.40′N，142°00.59′W	18 900
35	08-28 23:00	75°48.60′N，141°55.80′W	10 000
36	08-29 05:11	76°07.20′N，136°07.20′W	18 600
37	08-29 23:00	75°55.80′N，151°26.39′W	19 400
38	08-30 05:01	74°49.80′N，154°46.20′W	17 500
39	08-30 23:06	73°11.40′N，158°50.40′W	13 800
40	08-31 05:00	72°46.80′N，159°48.00′W	18 900
41	08-31 22:58	72°01.80′N，161°15.59′W	21 000
42	09-01 05:04	72°22.80′N，164°46.80′W	20 700
43	09-01 22:58	71°19.80′N，167°12.60′W	17 100
44	09-02 05:14	70°20.40′N，161°45.00′W	10 500
45	09-02 23:06	68°50.40′N，167°38.39′W	16 000
46	09-03 05:00	68°20.40′N，166°46.20′W	22 200
47	09-03 23:11	67°43.80′N，167°08.39′W	10 300
48	09-04 04:58	66°52.20′N，167°07.20′W	20 000
49	09-04 22:58	64°13.80′N，167°08.39′W	18 800
50	09-05 04:59	64°00.60′N，166°03.00′W	16 900
51	09-07 22:59	64°18.00′N，166°53.39′W	17 200
52	09-08 05:01	64°19.20′N，167°01.80′W	7 100
53	09-08 22:58	62°55.80′N，172°37.20′W	14 300
54	09-09 05:00	62°16.80′N，173°29.40′W	10 900
55	09-09 23:00	60°39.60′N，177°34.19′W	6 200
56	09-10 05:14	60°03.60′N，178°24.00′W	19 800
57	09-10 23:04	58°25.20′N，175°08.39′E	19 400
58	09-11 05:00	57°45.60′N，172°30.00′E	11 300

3.6.1.3 完成工作量

本次考察，气象观测人员严格按照实施方案的要求，每天 3 次进行正点海面气象观测，截至 9 月 20 日，共完成 216 次正点海面气象观测。共完成探空 GPS 走航探空观测 58 次，超额完成了 30 份的目标任务量，其中探空数据超过 10 000 m，且数据连续性较好的高质量观测数为 49 份，占总数的 84.4%。观测数据的物理量包括精确的 GPS 定位的经纬度信息、高度、气压、温度、相对湿度、风向、风速等。

3.6.2 考察人员及考察仪器

3.6.2.1 考察人员

本次走航观测的仪器运行和观测的校准由国家海洋环境预报中心的两名随船观测保障人员孙虎林、秦听承担。出发前，预报中心对两名考察队员进行了探空 GPS 相关业务的基本培训，培训内容包括仪器操作、软件的应用以及数据分析 3 部分工作。观测期间，感谢中国气象科学研究院的高级工程师彭浩、张通博士，"雪龙"船实验室主任袁东方以及多名船员，国家海洋预报中心海冰保障人员孙晓宇、沈辉给予的支持和帮助。

3.6.2.2 考察仪器

气象观测仪器包括一套船载自动气象站，见图 3–34。自动气象站是走航气象观测的主要仪器，自动气象站包含气温、气压、风向、风速、相对湿度和能见度等传感器。

走航探空观测的设备主要包括探空气球、GPS 探空设备以及船基 GPS 设备，见图 3–35。

图 3–34　自动气象观测站
Fig. 3–34　Automated weather station

图 3-35 GPS 探空观测实施现场
Fig. 3-35 Deployment of the GPS air balloon

3.6.3 考察数据初步分析

3.6.3.1 走航气象观测

以下是中国第七次北极科学考察期间"雪龙"船气压、气温、风速、海浪的时间序列分布图（图 3-36 ～图 3-40）。由图可以看出，本次考察航线气旋天气过程频繁，并且气旋的强度较强，最低气压值低至 970 hPa，对应造成较差海况，导致大的风浪过程。总体而言，7 级风以上过程达到 10 次，本航次世界时观测的整点最大风速达到 20 m/s（8 级风），该次过程是返航时于勘察加半岛东面海域遇到温带气旋后部强梯度风所导致，对应出现了 4 m 的大浪过程。气温从南向北降低趋势明显，最低温度接近 –5℃。航线上主要风力都低于 6 级，大风过程主要风力为 6 ～ 7 级，主要大风风向为西南风、东北风、偏西风和偏南风。

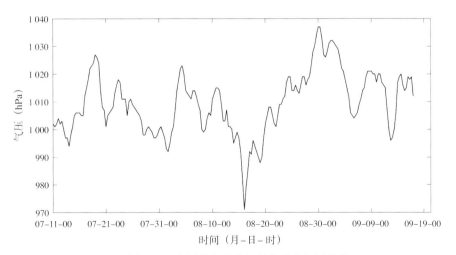

图 3-36 中国第七次北极科学考察气压分布
Fig. 3-36 Time series of air pressure during the 7th CHINARE

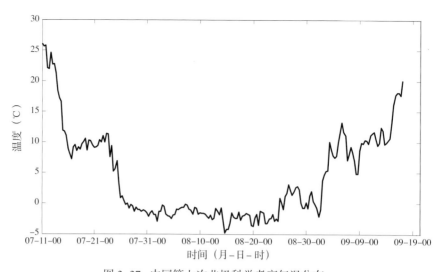

图 3-37　中国第七次北极科学考察气温分布

Fig. 3-37　Time series of air temperature during the 7th CHINARE

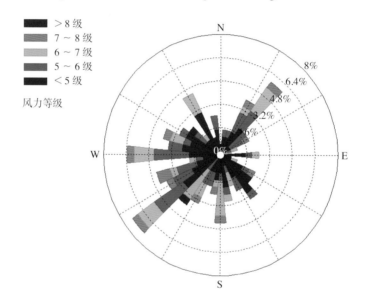

图 3-38　中国第七次北极科学考察风向玫瑰分布

Fig. 3-38　Wind direction distribution during the 7th CHINARE

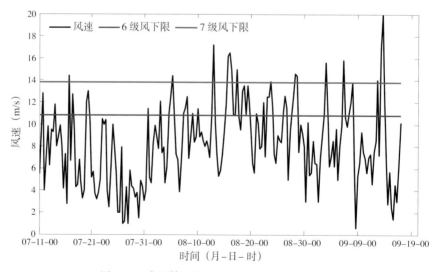

图 3-39　中国第七次北极科学考察风速分布

Fig. 3-39　Time series of wind speed during the 7th CHINARE

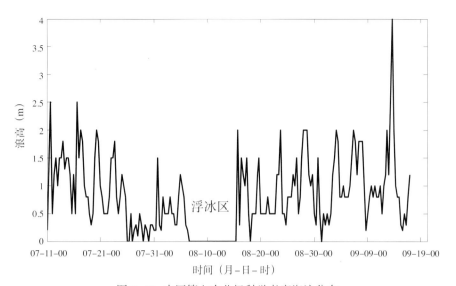

图 3-40 中国第七次北极科学考察海浪分布

Fig. 3-40 Time series of sea wave during the 7th CHINARE

3.6.3.2 走航探空观测

以下分别为白令海—白令海峡航段 7 月 23 日（图 3-41）和楚科奇海—北冰洋航段 9 月 7 日（图 3-42）的温度、气压和风速的垂直廓线图。

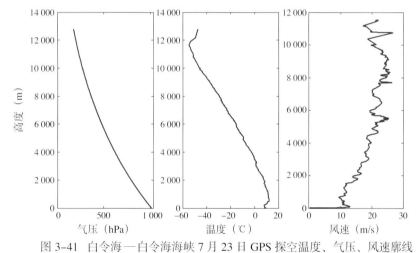

图 3-41 白令海—白令海峡 7 月 23 日 GPS 探空温度、气压、风速廓线

Fig. 3-41 Profiles of the air temperature, pressure and wind speed on 23 July in the Bering Sea

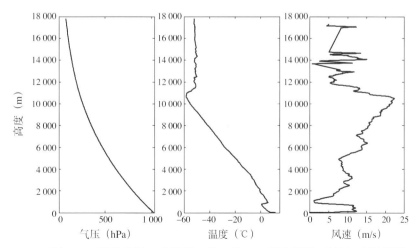

图 3-42 楚科奇海—北冰洋 9 月 7 日 GPS 探空温度、气压、风速廓线

Fig. 3-42 Profiles of the air temperature, pressure and wind speed on 7 September in the Chukchi Sea

3.7 走航大气成分观测

3.7.1 考察站位及完成工作量

3.7.1.1 站位图

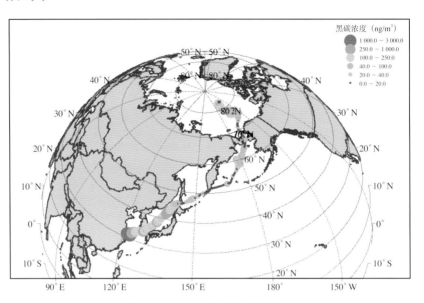

图 3-43 走航大气成分观测轨迹
Fig. 3-43 Tracks of the sailing atmospheric composition data

3.7.1.2 站位信息

自 2016 年 7 月 11 日 "雪龙" 船从上海起航开始，全程进行连续走航大气成分观测，观测海域包括白令海、白令海峡、楚科奇海、加拿大海盆等。

3.7.1.3 完成工作量

走航大气化学成分观测完成情况如表 3-11 所示。

表3-11 大气化学成分观测完成情况
Table 3-11 Summary of the air component measurements

任务计划	作业航段	数据量
走航地面臭氧浓度分布	上海—长期冰站—上海	有效记录约 8 万条
走航一氧化碳浓度分布	上海—长期冰站—上海	有效记录约 10 万条
走航黑碳气溶胶浓度分布	上海—长期冰站—上海	有效记录约 10 万条
走航温室气体浓度分布	上海—长期冰站—上海	有效记录约 60 万条

3.7.2 考察人员及考察仪器

3.7.2.1 考察人员

本航次走航大气成分观测负责人是中国气象科学研究院的张通。

3.7.2.2 考察仪器

图 3-44 所示为走航大气成分各观测仪器，包括一台温室气体监测仪，一台黑碳监测仪，一台一氧化碳监测仪和两台不同型号的地面臭氧观测仪。具体的仪器型号和技术性能指标见表 3-12。

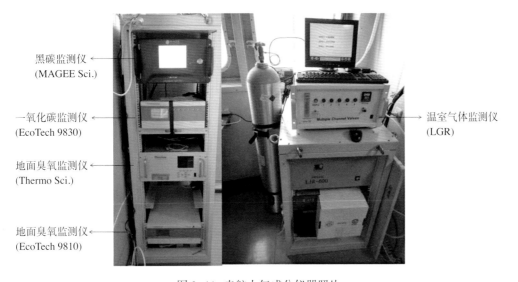

黑碳监测仪（MAGEE Sci.）

一氧化碳监测仪（EcoTech 9830）

地面臭氧监测仪（Thermo Sci.）

地面臭氧监测仪（EcoTech 9810）

温室气体监测仪（LGR）

图 3-44 走航大气成分仪器照片

Figure.3-44 The instruments for atmospheric composition measurement

表3-12 大气成分观测仪器技术指标

Table 3-12 Specifications of instruments for atmospheric composition measurement

设备名称	型号	参数	校准方法
地面臭氧监测仪	ECOTECH EC9810	原理：紫外光度法 流量：0.5 L/min 精度：0.2×10^{-9}	走航前于中国气象局大气探测中心校准；走航期间每 12 h 使用零气校准
地面臭氧监测仪	Thermo Scientific 49i	原理：紫外光度法 流量：0.5 L/min 精度：0.2×10^{-9}	走航前于中国气象局大气探测中心校准；走航期间每 12 h 使用零气校准
一氧化碳监测仪	ECOTECH EC9830	原理：气体相关透镜法 流量：1L/min 精度：0.2×10^{-9}	走航前于中国气象局大气探测中心校准；走航期间每 12 h 使用零气校准
黑碳气溶胶监测仪	Magee Scientific AE 33-7	原理：可见光衰减法 流量：8 ～ 9 L/min 精度：1×10^{-9}	走航前于中国气象局大气探测中心校准
温室气体光谱仪	LGR GGA-24r-EP	原理：离轴光腔 流量：0.5 L/min 精度：CH_4 0.25×10^{-9} CO_2 35×10^{-9}	于中国气象局大气探测中心校准；走航期间每 12 h 使用标准气体校准

3.7.3 考察数据初步分析

以走航观测得到的一氧化碳浓度为例。如图 3-45 所示，走航全程所测得的一氧化碳浓度小时平均值约为 115×10^{-9}，最高值约为 296×10^{-9}，最小值约为 12×10^{-9}。从其日均值变化可以明显地看出几个波动。从 7 月 11 日考察开始至 7 月 18 日进入白令海之前，一氧化碳浓度总体呈下降趋势，随后从白令海经白令海峡至楚科奇海，呈现一先上升后下降的趋势。在 8 月 8—18 日的长期冰站作业期间，观测到整个航次的最低值。而在返航过程中，一氧化碳浓度在总体上呈上升趋势。在 8 月 4 日出现的局部最高值，还需结合走航气象观测资料进一步分析，看是否受"雪龙"船尾气影响。

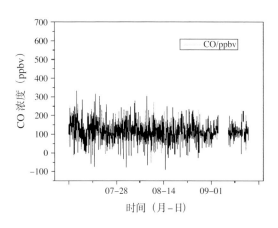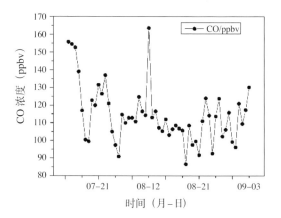

图 3-45　走航一氧化碳浓度的（左）小时平均和（右）日平均变化
Figure 3-45　The variation of hourly mean (left) and daily mean (right) CO concentration during the 7th CHINARE

3.8　抛弃式XBT/XCTD观测

3.8.1　考察站位及完成工作量

3.8.1.1　站位图

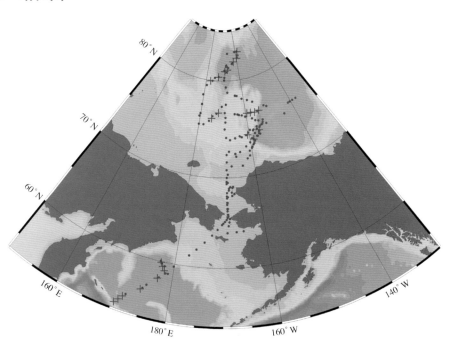

图 3-46　北冰洋 XBT/XCTD 站位（蓝色圆点：XBT；红色十字：XCTD）
Fig. 3-46　Observation stations of XBT/XCTD in Arctic Ocean (blue dots: XBT; red cross: XCTD)

3.8.1.2　站位信息

表3-13　XCTD站位信息
Table 3-13　XCTD station information

序号	探头序列号	日期（UTC）	时间（UTC）	纬度	经度
1	14057336	2016-07-18	13:10	53° 42.67′ N	170° 24.83′ E
2	14057333	2016-07-18	15:39	54° 13.85′ N	171° 01.38′ E
3	14057332	2016-07-18	18:03	54° 45.18′ N	171° 38.40′ E

序号	探头序列号	日期（UTC）	时间（UTC）	纬度	经度
4	14057331	2016-07-19	02:09	56°13.20′N	174°23.10′E
5	14057335	2016-07-19	18:38	57°57.97′N	177°03.30′E
6	14057334	2016-07-20	05:40	58°59.40′N	178°07.20′E
7	14057339	2016-07-20	07:30	59°25.43′N	177°37.20′E
8	14057338	2016-07-20	09:33	59°54.42′N	177°08.77′E
9	14057337	2016-07-26	23:09	73°44.82′N	158°34.80′W
10	14057340	2016-07-27	10:51	74°33.67′N	155°55.87′W
11	14057342	2016-07-31	07:09	76°29.93′N	159°28.93′W
12	14057341	2016-07-31	08:52	76°30.37′N	157°5.735′W
13	14057330	2016-07-31	11:22	76°27.48′N	156°00.07′W
14	14057327	2016-07-31	13:59	76°32.17′N	154°03.53′W
15	14057324	2016-08-05	20:55	80°57.53′N	168°43.80′W
16	14057326	2016-08-15	07:26	82°50.70′N	158°24.90′W
17	14057329	2016-08-15	21:12	82°11.63′N	159°45.67′W
18	14057323	2016-08-16	03:27	81°51.97′N	162°33.48′W
19	14057328	2016-08-16	12:05	81°06.00′N	166°59.58′W
20	14057319	2016-08-16	20:57	80°23.47′N	172°44.33′W
21	14057320	2016-08-17	07:34	79°56.70′N	177°21.67′W
22	14057325	2016-08-21	06:51	76°09.05′N	174°59.35′W
23	14057322	2016-08-21	12:24	76°44.28′N	172°02.58′W
24	14057321	2016-08-25	09:48	74°17.43′N	160°38.78′W

表3-14 XBT站位信息(55°N以北）
Table 3-14 XBT station information

序号	探头序列号	日期（UTC）	时间（UTC）	纬度	经度
1	1182226	2016-07-18	19:39	55°05.75′N	172°03.17′E
2	1182229	2016-07-19	06:33	56°24.18′N	174°43.17′E
3	1182230	2016-07-19	11:51	56°54.15′N	175°18.37′E
4	1182231	2016-07-19	19:22	58°05.70′N	177°17.15′E
5	1182235	2016-07-20	04:28	58°42.83′N	178°27.85′E
6	1182234	2016-07-20	09:06	59°47.75′N	177°14.98′E
7	1182233	2016-07-20	11:31	60°03.15′N	176°59.68′E
8	1182232	2016-07-22	02:10	59°30.48′N	177°59.60′E
9	1182212	2016-07-22	09:06	58°43.13′N	178°56.52′E
10	1182213	2016-07-23	11:32	59°41.20′N	179°53.33′E
11	1182214	2016-07-23	19:23	61°15.17′N	177°20.17′W
12	1182215	2016-07-23	23:14	62°00.00′N	175°56.08′W
13	1182216	2016-07-24	03:46	62°52.52′N	174°16.08′W
14	1182217	2016-07-24	08:02	63°42.68′N	172°37.87′W

序号	探头序列号	日期（UTC）	时间（UTC）	纬度	经度
15	1182218	2016-07-24	11:06	64°22.17′N	171°19.00′W
16	1182219	2016-07-24	13:39	64°53.33′N	170°14.47′W
17	1182220	2016-07-24	14:26	65°02.50′N	169°55.17′W
18	1182221	2016-07-24	15:25	65°13.78′N	169°31.45′W
19	1182222	2016-07-24	16:25	65°25.67′N	169°06.83′W
20	1182223	2016-07-24	17:23	65°38.70′N	168°50.20′W
21	1182344	2016-07-24	18:45	65°59.50′N	168°38.78′W
22	1182345	2016-07-24	21:05	66°38.50′N	168°41.83′W
23	1182346	2016-07-24	23:49	67°17.97′N	168°45.60′W
24	1182347	2016-07-25	04:01	68°22.38′N	168°50.98′W
25	1182348	2016-07-25	07:45	69°19.85′N	168°56.40′W
26	1182349	2016-07-25	11:48	70°19.92′N	168°31.83′W
27	1182350	2016-07-25	15:30	71°11.40′N	167°16.18′W
28	1182351	2016-07-25	19:55	72°09.47′N	165°34.05′W
29	1182352	2016-07-25	23:57	72°37.11′N	164°09.80′W
30	1182353	2016-07-26	08:27	73°07.75′N	161°49.55′W
31	1182354	2016-07-26	12:04	73°29.45′N	160°11.55′W
32	1182355	2016-07-26	21:07	73°44.73′N	158°34.63′W
33	1182368	2016-07-27	01:07	73°52.85′N	159°10.67′W
34	1182369	2016-07-27	05:05	73°59.88′N	157°09.20′W
35	1182370	2016-07-27	08:39	74°12.75′N	156°13.62′W
36	1182371	2016-07-27	12:34	74°49.93′N	155°31.95′W
37	1182372	2016-07-27	17:14	75°05.75′N	154°04.02′W
38	1182373	2016-07-27	21:45	75°02.68′N	152°29.50′W
39	1182374	2016-07-28	06:58	75°16.73′N	153°45.33′W
40	1182375	2016-07-28	18:18	75°31.00′N	155°17.53′W
41	1182376	2016-07-29	03:28	75°37.72′N	156°34.50′W
42	1182377	2016-07-29	05:40	75°52.45′N	157°45.35′W
43	1182378	2016-07-29	16:40	76°11.20′N	160°32.83′W
44	1182379	2016-07-30	03:12	76°22.10′N	161°51.58′W
45	1182272	2016-07-30	05:07	76°27.00′N	163°02.00′W
46	1182273	2016-07-30	14:25	76°35.08′N	164°50.38′W
47	1182274	2016-07-30	23:51	76°31.53′N	163°41.00′W
48	1182275	2016-07-31	04:12	76°30.30′N	163°32.38′W
49	1182276	2016-07-31	09:08	76°30.07′N	157°44.28′W
50	1182277	2016-07-31	13:02	76°31.28′N	154°48.82′W
51	1182278	2016-07-31	20:50	76°41.60′N	150°19.87′W
52	1182279	2016-08-01	03:13	76°51.90′N	151°27.18′W

序号	探头序列号	日期（UTC）	时间（UTC）	纬度	经度
53	1182280	2016-08-01	18:12	77°31.13′N	155°51.97′W
54	1182281	2016-08-01	18:16	77°32.67′N	156°03.33′W
55	1182282	2016-08-01	23:13	77°49.65′N	158°19.22′W
56	1182283	2016-08-02	10:39	78°04.22′N	160°52.60′W
57	1182392	2016-08-02	23:01	78°24.35′N	163°08.17′W
58	1182393	2016-08-03	00:49	78°27.18′N	163°58.32′W
59	1182394	2016-08-03	17:23	78°48.58′N	167°41.33′W
60	1182395	2016-08-04	10:11	79°21.08′N	168°22.42′W
61	1182396	2016-08-04	20:57	80°04.17′N	169°16.50′W
62	1182397	2016-08-05	07:09	80°20.00′N	169°09.00′W
63	1182398	2016-08-05	21:33	81°02.00′N	168°58.67′W
64	1182399	2016-08-06	01:17	81°25.50′N	167°57.50′W
65	1182400	2016-08-06	04:25	81°33.37′N	167°42.10′W
66	1182401	2016-08-08	03:41	82°44.88′N	166°42.80′W
67	1182402	2016-08-13	07:07	82°50.42′N	160°39.08′W
68	1182403	2016-08-15	04:58	82°50.88′N	158°55.02′W
69	1179944	2016-08-15	04:59	82°27.70′N	158°39.83′W
70	1179945	2016-08-15	19:13	82°13.48′N	159°21.98′W
71	1179946	2016-08-16	04:36	81°43.92′N	163°18.11′W
72	1179947	2016-08-16	05:03	81°41.33′N	163°41.62′W
73	1179948	2016-08-16	05:12	81°40.43′N	163°44.70′W
74	1179949	2016-08-16	10:14	81°17.70′N	166°21.83′W
75	1179950	2016-08-16	14:21	80°50.93′N	168°08.03′W
76	1179951	2016-08-16	20:49	80°23.77′N	172°42.30′W
77	1179952	2016-08-17	02:27	80°16.87′N	175°04.62′W
78	1179953	2016-08-17	05:29	79°58.62′N	176°18.53′W
79	1179954	2016-08-18	07:07	79°28.02′N	179°18.42′W
80	1179955	2016-08-18	19:37	78°28.43′N	179°36.18′E
81	1182356	2016-08-19	08:22	77°28.62′N	179°52.43′E
82	1182357	2016-08-19	19:50	76°32.28′N	179°53.17′E
83	1182358	2016-08-20	00:13	76°16.20′N	179°35.47′E
84	1182359	2016-08-20	16:30	75°26.17′N	179°57.23′E
85	1182360	2016-08-21	01:41	75°28.20′N	178°13.73′W
86	1182361	2016-08-21	04:54	75°52.35′N	176°01.98′W
87	1182362	2016-08-21	08:31	76°22.62′N	174°44.93′W
88	1182363	2016-08-21	12:00	76°40.38′N	172°57.90′W
89	1182364	2016-08-21	16:30	77°23.28′N	170°32.63′W
90	1182365	2016-08-22	04:47	77°35.28′N	168°35.82′W

序号	探头序列号	日期（UTC）	时间（UTC）	纬度	经度
91	1182366	2016-08-22	16:09	76°45.00′N	169°10.08′W
92	1182367	2016-08-23	00:41	76°15.67′N	168°53.82′W
93	1182464	2016-08-23	07:23	75°46.62′N	168°59.17′W
94	1182465	2016-08-23	17:06	75°03.30′N	169°20.63′W
95	1182466	2016-08-24	03:37	74°09.72′N	168°48.67′W
96	1182467	2016-08-24	11:36	73°55.50′N	167°20.88′W
97	1182468	2016-08-24	13:59	74°05.12′N	165°28.98′W
98	1182469	2016-08-24	20:48	74°15.12′N	163°43.27′W
99	1182470	2016-08-25	00:38	74°07.57′N	163°03.67′W
100	1182471	2016-08-25	00:49	74°08.03′N	163°01.13′W
101	1182472	2016-08-25	07:50	74°16.87′N	161°16.92′W
102	1182473	2016-08-25	11:54	74°29.22′N	160°19.02′W
103	1182474	2016-08-25	18:26	74°39.18′N	158°17.93′W
104	1182375	2016-08-26	00:47	74°42.72′N	158°03.42′W
105	1182416	2016-08-26	03:43	74°45.00′N	159°30.07′W
106	1182417	2016-08-26	06:34	74°19.27′N	157°47.03′W
107	1182418	2016-08-27	07:35	74°09.00′N	155°51.07′W
108	1182419	2016-08-27	09:02	74°26.17′N	156°05.40′W
109	1182420	2016-08-27	11:08	74°44.77′N	156°39.30′W
110	1182421	2016-08-27	12:54	74°59.10′N	156°34.20′W
111	1182422	2016-08-27	13:02	74°59.11′N	156°34.22′W
112	1182423	2016-08-27	15:07	74°58.13′N	155°15.90′W
113	1182424	2016-08-28	04:33	75°16.50′N	144°30.90′W
114	1182425	2016-08-29	04:24	76°06.48′N	137°35.77′W
115	1182426	2016-08-29	06:37	76°06.42′N	139°10.62′W
116	1182427	2016-08-29	07:58	76°06.00′N	140°22.87′W
117	1182236	2016-08-29	08:58	76°05.58′N	141°14.93′W
118	1182237	2016-08-30	01:47	75°30.07′N	153°31.57′W
119	1182238	2016-08-30	03:54	75°03.72′N	154°29.47′W
120	1182239	2016-08-30	06:35	74°28.08′N	155°57.42′W
121	1182240	2016-08-30	08:45	73°59.03′N	156°55.80′W
122	1182241	2016-08-30	18:08	73°33.00′N	158°16.20′W
123	1182242	2016-08-30	19:10	73°19.87′N	158°43.02′W
124	1182243	2016-08-30	22:58	73°12.78′N	159°06.53′W
125	1182244	2016-08-31	00:01	72°59.63′N	159°37.57′W
126	1182245	2016-08-31	01:36	72°53.17′N	159°50.63′W
127	1182246	2016-08-31	07:13	72°37.92′N	160°48.97′W
128	1182247	2016-08-31	12:24	72°08.63′N	160°57.83′W

序号	探头序列号	日期（UTC）	时间（UTC）	纬度	经度
129	1182248	2016-09-01	05:57	71°51.97′N	161°52.87′W
130	1182441	2016-09-01	01:34	71°10.02′N	163°42.97′W
131	1182442	2016-09-01	05:51	72°27.83′N	165°48.97′W
132	1182443	2016-09-01	10:59	72°44.22′N	167°55.62′W
133	1182444	2016-09-01	16:46	72°23.82′N	168°45.78′W
134	1182445	2016-09-01	21:50	71°37.68′N	168°46.13′W
135	1182446	2016-09-02	02:57	70°48.42′N	168°52.02′W
136	1182447	2016-09-02	08:35	69°59.10′N	168°50.63′W
137	1182448	2016-09-02	12:05	69°33.23′N	168°57.18′W
138	1182449	2016-09-02	12:58	69°27.48′N	168°33.97′W
139	1182450	2016-09-02	15:55	69°14.70′N	167°54.42′W
140	1182451	2016-09-02	18:45	69°00.00′N	167°07.08′W
141	1182316	2016-09-02	21:45	68°53.77′N	167°20.47′W
142	1182317	2016-09-02	23:30	68°50.77′N	168°15.45′W
143	1182318	2016-09-03	02:58	68°37.98′N	168°19.57′W
144	1182319	2016-09-03	04:26	68°24.60′N	167°32.33′W
145	1182312	2016-09-03	06:14	68°14.63′N	166°51.37′W
146	1182313	2016-09-03	10:15	68°02.70′N	167°28.27′W
147	1182314	2016-09-03	17:29	67°55.27′N	168°38.82′W
148	1182308	2016-09-03	22:10	68°00.12′N	168°54.97′W
149	1182309	2016-09-03	23:01	67°46.13′N	168°52.27′W
150	1182310	2016-09-04	02:51	67°19.35′N	168°53.28′W
151	1182311	2016-09-04	03:43	67°05.63′N	168°52.13′W
152	1182315	2016-09-04	07:15	66°38.70′N	168°52.80′W
153	1182232	2016-09-04	08:17	66°22.62′N	168°49.68′W
154	1182233	2016-09-04	11:46	65°59.25′N	168°47.68′W
155	1182234	2016-09-04	13:23	65°48.23′N	168°38.17′W
156	1182235	2016-09-04	16:44	65°32.40′N	168°16.27′W
157	1182236	2016-09-04	19:14	65°09.90′N	168°25.62′W
158	1182237	2016-09-04	20:53	64°45.37′N	168°37.68′W
159	1182338	2016-09-05	01:34	63°59.03′N	168°57.30′W
160	1182339	2016-09-05	06:58	64°04.38′N	166°49.50′W
161	1182340	2016-09-05	10:45	64°06.78′N	165°11.88′W

3.8.1.3　完成工作量

本航次共投放 24 个 XCTD，300 个 XBT(其中 161 个位于 55°N 以北)，其中由于受到海冰或地球物理测线作业影响，6 个站位的 XBT 观测数据不可用，共计约 22 M。

3.8.2 考察人员及考察仪器

3.8.2.1 考察人员

本航次参与冰下上层水文要素观测作业人员及分工见表3-15。

表3-15 抛弃式XBT/XCTD观测作业人员及分工
Tabel 3-15 Members of XBT/XCTD observation

考察人员	作业分工
徐全军、王庆凯、左广宇、雷瑞波	XBT/XCTD 观测和数据采集
曹勇	XBT/XCTD 数据预处理及图形绘制

3.8.2.2 考察仪器

走航 XBT/XCTD 观测在"雪龙"船后甲板作业，数据采集器为新购置的日本 TSK 公司的 TS-MK-150n 型、国家海洋技术中心的 7JNPC-III 型。前者能采集 XBT/XCTD 传感器观测数据，后者只能采集 XBT 传感器观测数据。

XBT 传感器为 TSK（Tsurumi-Seiki Co.,LTD）公司、Lockheed Martin Sippican 公司生产的 T-7型（产地为分别为日本、墨西哥），船速为 15 kn 时，可以观测到 760 m 深度。主要技术指标如表 3-16 所示。

表3-16 XBT传感器主要技术指标
Table 3-16 Main specifications of XBT

传感器	量程	精度
温度	-2 ~ 35℃	±0.1℃
深度	1 000 m	2%或5 m

XCTD 探头为日本 TSK 公司（Tsurumi-Seiki Co.,LTD）生产的 XCTD-1 型，船速为 12 kn 时，可以观测到 1 000 m 深度，主要技术指标如表 3-17 所示。

表3-17 XCTD传感器主要技术指标
Table 3-17 Main specifications of XCTD

传感器	量程	分辨率	精度	响应时间
电导率	0 ~ 7 S/m	0.001 7 S/m	±0.003 S/m	0.04 s
温度	-2 ~ 35℃	0.01℃	±0.02℃	0.1 s
深度	1 000 m	0.17 m	2%	—

3.8.3 考察数据初步分析

选取最北部的一条断面（如图 3-47 中黄色直线标记），观察该断面的温盐分布，及温盐的垂向分布结构特征。温度和盐度剖面图（图 3-49）显示，该断面的温度和盐度垂向分布有较好的一致性。盐度存在两个跃层，分别在 50 m 和 200 m 左右，在盐跃层之下，分别对应了两个温度极大值水层。

结合温盐断面图（图3-48）和温盐剖面图（图3-49）可以看出，50 m以浅为表层混合层，具有低温、低盐特征，温度普遍低于-1℃，盐度普遍低于30。50 m附近存在一个温度极大层，温度为-0.5～0℃，盐度在31左右。50～200 m为冬季残留的冷水团，100 m附近存在温度极小值，温度小于-1.2℃。在200～800 m的深度内为高温、高盐的水层，水团核心温度接近1℃；盐度介于34.5～35，随着纬度的增加，温度略有降低。该水层为北冰洋中层水，来源于北大西洋，通常亦称其为大西洋水层。800 m深度以下，温度降至0℃左右，盐度介于34.8～35，无明显变化。

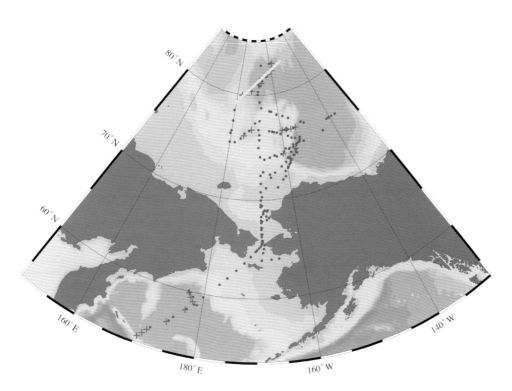

图3-47 断面位置
Fig.3-47 Sections of XBT/XCTD

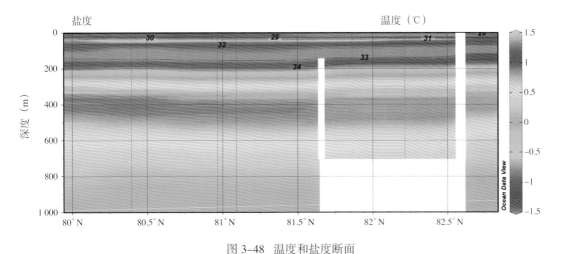

图3-48 温度和盐度断面
Fig.3-48 Section of temperature and salinity

第 3 章 物理海洋和海洋气象考察

中国第七次北极科学考察报告

65

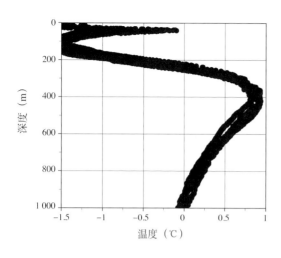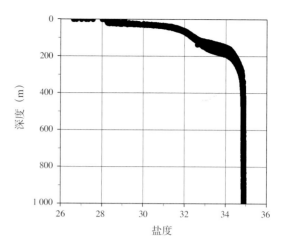

图 3-49　温度和盐度剖面
Fig.3-49　Profiles of temperature and salinity

3.9　Argos表层漂流浮标观测

3.9.1　考察站位及完成工作量

本考察航次共投放了 18 个漂流浮标。其中，在北冰洋海域投放 1 个冰基漂流浮标，8 个海表漂流浮标。在白令海投放了 9 个海表漂流浮标。具体投放站位如图 3-50 和表 3-18 所示。

计划将 10 套 Argos 漂流浮标投放在西北航道波弗特海（Beaufort Sea）附近海域，另将 9～10 套 Argos 漂流浮标投放在白令海陆坡区。考察执行中在北冰洋和白令海分别投放了 9 套漂流浮标，工作完成率超过 90%，数据接收全部正常。

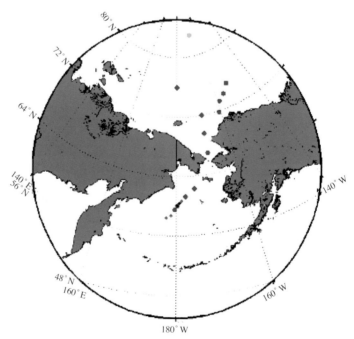

图 3-50　漂流浮标投放站位
绿色圆点代表冰基站位，蓝色圆点代表国产铱星漂流浮标站位，红色菱形点代表进口浮标站位，
黑色菱形点代表国产浮标站位

Fig. 3-50　Deploying stations of the surface drifts in the Arctic Ocean and Bering Sea
(green dot：ice-tethered station，blue dot：domestic iridium drifting buoy stations，red rhombus：entrance buoy stations，
black rhombus：domestic buoy stations)

表3-18 北冰洋表层漂流浮标调查站位信息
Table 3-18 The deploying records of surface drifts in the Arctic Ocean

测站名	浮标编号	纬度	经度	水深（m）	投放时间	备注
B07	NP09	75°03.87′N	152°33.18′W	3 775	2016-07-28 07:55	少量大块浮冰
长期冰站	907	82°45.27′N	166°33.20′W	3 000	2016-08-08 14:00	布于浮冰上
E22	NP10	75°58.65′N	179°41.37′E	1 150	2016-08-20 17:06	大块浮冰
M01	NP19	73°58.43′N	155°57.28′W	3 900	2016-08-26 08:41	无冰
S13	NP20	73°13.90′N	158°57.15′W	1 586	2016-08-31 04:40	无冰
C24	NP17	71°48.62′N	160°50.08′W	45	2016-08-31 23:40	60%碎浮冰
R09	NP18	71°59.92′N	168°44.52′W	51	2016-09-02 03:00	无冰
R06	NP15	69°33.35′N	168°52.42′W	51	2016-09-02 19:05	无冰
R02	NP16	66°52.07′N	168°54.17′W	44	2016-09-04 13:26	无冰

表3-19 白令海表层漂流浮标调查站位信息
Table 3-19 The deploying records of surface drifts in the Bering Sea

测站名	浮标编号	纬度	经度	水深（m）	投放时间	备注
B11	NP12	62°16.83′N	174°30.87′W	70	2016-09-09 12:55	无冰
B09	NP11	61°14.70′N	177°17.08′W	123	2016-09-09 23:50	无冰
B07-1	NP13	60°02.90′N	179°33.50′W	1 650	2016-09-10 14:08	无冰
B07-2	NP14	59°29.13′N	179°38.18′W	3 130	2016-09-10 19:20	无冰
无	145904	58°22.45′N	177°24.13′E	3 651.38	2016-07-20 12:41	进口
无	145915	58°41.93′N	178°39.97′E	3 631.98	2016-07-23 17:10	进口
B08-1	145909	60°40.83′N	178°27.13′W	170	2016-09-10 08:30	进口
B08-2	109265	60°23.05′N	179°04.12′W	559.7	2016-09-10 12:38	国产
B07-1	127125	60°03.37′N	179°36.28′W	2 000.2	2016-09-10 16:00	国产

3.9.2 考察人员及考察仪器

3.9.2.1 考察人员

投放者：卫翀华、李涛、孔彬、刘高原、杨成浩
记录者：刘高原、杨成浩
数据校对与处理：杨成浩

3.9.2.2 考察仪器

本考察航次共使用了3种漂流浮标：两种国产；一种进口。在中国第六次北极科学考察的基础上，国家海洋局第二海洋研究所为本考察重新设计并生产了DOF-Ⅱ型漂流浮标，在仪器水中姿态控制、电池使用寿命、低温环境适应性方面均做了显著改进。

国产漂流浮标主要技术指标如下。

（1）测量参数及指标见表3-20。

表3-20 Argos主要技术指标
Table 3-20 Specifications of Argos

测量参数	测量范围	测量准确度
水温	2 ~ 35℃	±0.3℃
海流	拉格朗日法计算	

（2）数据存储与传输：利用Argos卫星进行系统定位、数据实时传输；用户根据浮标定位数据计算表层流速和跟踪海流走向。

（3）数据更新速度：Argos（1次/h）；

（4）环境要求：水深 > 25 m；

（5）工作寿命：3 ~ 6个月；

（6）维护周期：抛弃型仪器，不可维护。

国家海洋局第二海洋研究所漂流浮标主要技术指标：

（1）定位与传输系统

GPS定位，定位误差 ≤ 15 m；

铱星传输，最大可传输340 Byte/次，传送间隔 ≥ 20 s；

最小定位间隔：10 min；

定位间隔可修改设定。

（2）设计工作时长和数据接收率

以1 h采样频率，浮标可持续工作3个月以上，数据接收成功率维持在95%以上。

（3）可扩展性

浮标预留标准232接口，可安装不同的传感器。

图 3-51 投放国产铱星漂流浮标
Fig. 3-51 Deployment of domestic surface iridium drifts

（4）工作环境

工作电压：10 ～ 32 V；

工作温度：-30 ～ 85℃。

（5）耐压和抗冲击性

浮标主体可抗压达 2 MPa。

图 3-52 投放进口铱星漂流浮标

Fig. 3-52 Deployment of import surface iridium drifts

图 3-53 冰基漂流浮标

Fig. 3-53 Domestic irid drift on the ice

3.9.3 考察数据初步分析

3.9.3.1 北冰洋表层漂流浮标数据分析

根据前人的研究结果，楚科奇海以三支北向流为主，最右侧一支进入波弗特海，波弗特海的流场则以东西方向两支海流为主。波弗特海是我国今后的西北航道的主要通道，这里的海流的观测和研究对认识我国未来的贸易通道的动力环境有重要意义。

根据本航次投放的浮标轨迹和流速结果图（图3-54），我们可以看到，浮标轨迹很好地反映了楚科奇海域的海流情况，个别区域海流速度达到60 cm/s。值得关注的是 2014 年航次的浮标反映的一个中心在 71°N，167°W 的反气旋涡（R05、R06、C06 的轨迹）在本航次中没有出现。

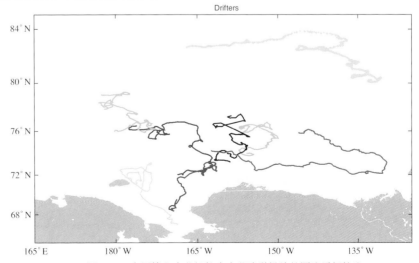

图 3-54 中国第七次北极航次在北冰洋投放的漂流浮标轨迹

Fig.3-54 Track of the surface drifts in the Arctic Ocean

NP17（黄色）和NP9（粉红色）轨迹反映了波弗特海的强烈的水平剪切。最北面的轨迹是在浮冰上的漂流浮标，反映了浮冰一直在向东漂移，移动速度较小（小于40 cm/s）。

3.9.3.2 白令海表层漂流浮标数据分析

图3-55为中国第七次北极航次在白令海陆坡投放的NP11～NP14号漂流浮标轨迹，白令海陆坡区漂流轨迹基本上向西运动，伴随着多次的涡旋（NP13）。

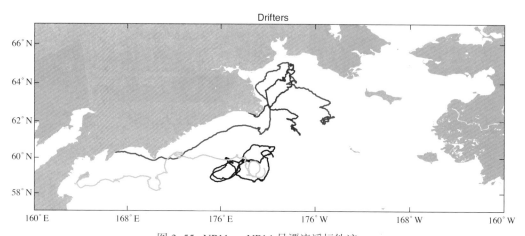

图3-55 NP11～NP14号漂流浮标轨迹
（红色：NP12；蓝色：NP11；黑色NP13；青色：NP14）
Fig.3-55 Track of the No.NP11～14 surface drifts in the Bering Sea
(red：NP12，blue：NP11，black：NP13，cyan：NP14)

图3-56为截至2016年12月23日表层漂流浮标的运动轨迹，因浮标已漂离出白令海区域，因此不再截取。原计划为了让表层漂流浮标在白令海尽可能多地获取观测数据，以便分别研究白令海陆架区和海盆区表层环流，布放点在白令海陆坡南北两侧各布放一套Argos表层漂流浮标，见图3-57中蓝色三角的站点位置。在考察期间，由于船只无法达到预定海域，基于现场条件，两套表层漂流浮标被布放在靠近俄罗斯沿岸一侧的白令海陆坡区。109265号和127125号两套浮标投放点距离相差仅47 km，见图3-57中红点位置。

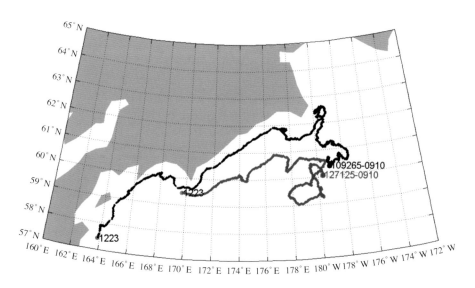

图3-56 109265号和127125号表层漂流浮标轨迹
Fig.3-56 Track of the No.109265 and 127125 surface drifts in the Bering Sea

图 3-57 中，两套表漂在起始阶段存在截然不同的运动轨迹。从 9 月 10 日到 10 月 8 日，Argos 109265 向北运动，而 Argos 127125 发生向南运动。之后，两者同时发生向北再向南的运动，最后进入勘察加沿岸流。

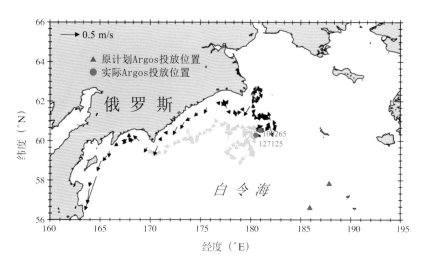

图 3-57　利用 109265 号和 127125 号 Argos 运行路径数据获取的白令海表层流
（蓝色三角为 Argos 预计布放站点；红色圆点为 Argos 实际布放点）

Fig.3-57　The Bering Sea surface currents based on the track of the No.109265 and 127125 surface drifts
(blue triangle：Argos deployment stations in plan，red dot：Argos deployment stations in fact)

利用它们的运移路径，计算可得白令海表层流场，如图 3-57 所示。总体上看，在布放站点存在西向流，而在俄罗斯沿岸存在向南的勘察加沿岸流，且流速较快。在这里，我们利用数值模式获取的数据给出了 11 月白令海表层流场，如图 3-58 所示。对比发现，利用 Argos 表层漂流浮标计算获取的表层流场能很好地刻画沿白令海坡的西向流和沿俄罗斯沿岸的南向勘察加沿岸流。

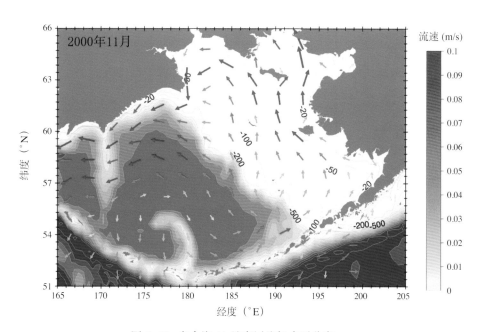

图 3-58　白令海 11 月表层流场水平分布
（数据出处：Zhang, J. L., Woodgate, R., & Moritz, R. (2010). Sea Ice Response to Atmospheric and Oceanic Forcing in the Bering Sea. Journal of Physical Oceanography, 40(8), 1729–1747. https://doi.org/Doi 10.1175/2010jpo4323.1）

Fig.3-58　Distribution of the Bering Sea surface currents in November

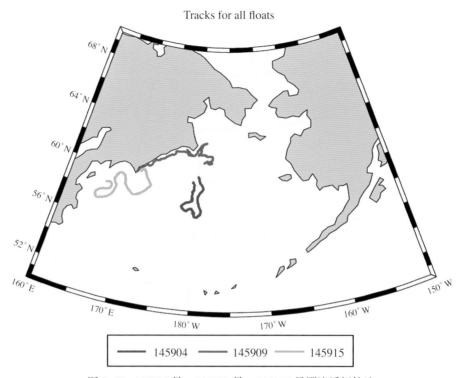

Tracks for all floats

| —— 145904 | —— 145909 | —— 145915 |

图 3-59 145904 号、145909 号、145915 号漂流浮标轨迹
Fig.3-59 Track of the No.145904,145909 and 145915 surface drifts in the Bering Sea

　　由 3 套 Argos 漂流浮标的运动轨迹可见，145904 号浮标在白令海中部的陆坡区作逆时针运动，这与之前研究结果中白令海陆架区气旋式环流的流态相对应；145909 号浮标沿着白令海西侧、西伯利亚东岸由北向南运动；145915 号浮标在卡拉金湾附近海域由南向北运动，这与沿西伯利亚东岸南下的阿纳德尔海流（来自阿纳德尔湾）的流态保持一致。

　　根据统计得到 6 h 平均表层海流的流速流向，3 个浮标平均流速在 0.05 ～ 1.14 m/s，最大、最小流速均出现在 145909 号浮标。挑出实测最大流速情况看，如表 3-21 所示，最大流速为 1.14 m/s。从地理位置来看，最大流速处于 60.75°N，172.5°E，也就是处于白令海西岸、西伯利亚东岸。

表3-21 各浮标最大流速时刻与位置
Table 3-21 The time and positions of Argos'maximum velocity

浮标编号	时间（UTC）	纬度	经度	流速（m/s）	流向（°）
145904	2016-10-06 18:00	58.67°N	179.42°E	0.91	149.99
145909	2016-11-30 06:00	60.75°N	172.49°E	1.14	250.44
145915	2016-10-12 08:00	58.41°N	171.23°E	0.59	254.93

　　另外，我们画出流速大于 1 m/s 的大流速分布区域图，如图 3-60 所示。由图可知，大于 1 m/s 大流速区主要集中在白令海西侧、西伯利亚东岸沿岸区，这可能与此处的地形、风以及潮汐影响有密切关系。

中国第七次北极科学考察报告

THE REPORT OF 2016 CHINESE NATIONAL ARCTIC RESEARCH EXPEDITION

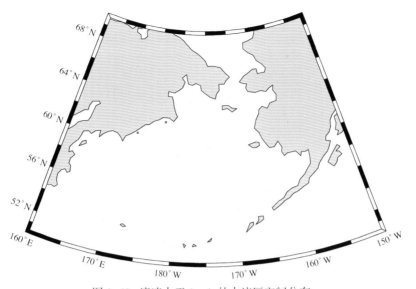

图 3-60 流速大于 1 m/s 的大流区空间分布

Fig.3-60 Distribution of the currents with velocity more than 1 m/s

根据统计得到逐日表层海流的平均流速流向,我们可以得到日平均流速特征值(表 3-22),3 个浮标日平均流速在 0.51 ~ 0.73 m/s,最大值出现在 145909 号浮标;日平均流速在 0.07 ~ 0.16 m/s,最小值出现在 145909 号浮标;日平均流速在 0.28 ~ 0.36 m/s,最大值出现在 145904 号浮标,最小值出现在 145915 号浮标。

表3-22 日平均流速特征值(单位:m/s)

Table 3-22 Daily average velocity characteristic value(units:m/s)

浮标编号	最大	最小	平均
145904	0.56	0.08	0.36
145909	0.73	0.07	0.34
145915	0.51	0.16	0.28

同时,我们根据逐日平均流速以及日平均位置信息,给出日平均流速流向的流矢图,如图 3-61 ~图 3-63 所示。

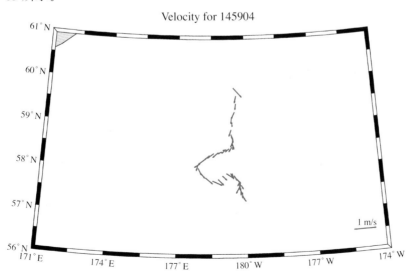

图 3-61 145904 号漂流浮标观测的表面流速分布

Fig.3-61 Distribution of the surface currents based on No. 145904 surface drifts

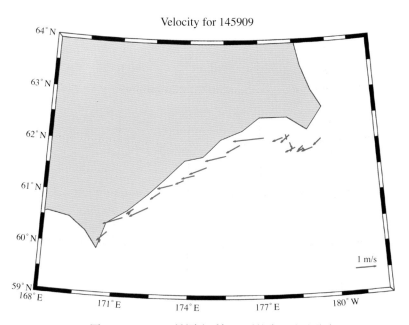

图 3-62　145909 号漂流浮标观测的表面流速分布
Fig.3-62　Distribution of the surface currents based on No. 145909 surface drifts

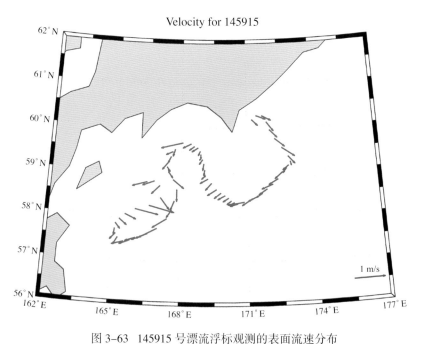

图 3-63　145915 号漂流浮标观测的表面流速分布
Fig.3-63　Distribution of the surface currents based on No. 145915 surface drifts

3.10　冰下上层水文要素观测

3.10.1　考察站位及完成工作量

3.10.1.1　站位图

长期冰站和短期冰站站位图。

3.10.1.2 站位信息

长期冰站冰下温盐剖面连续观测：2016 年 8 月 9 日 23:22:00 至 2016 年 8 月 10 日 06:10:00，共 9 个剖面，以及 2016 年 8 月 11 日 22:45:00 一个剖面（图 3-64）。

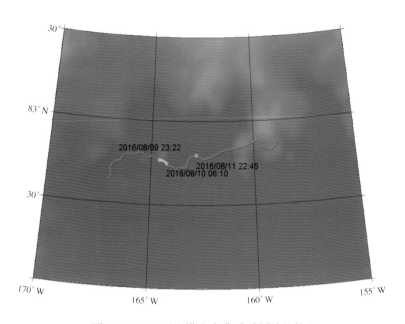

图 3-64　RBR 观测期间长期冰站漂移的轨迹

Fig.3-64　Track of the ice camp during the RBR measurements

长期冰站冰下流速剖面连续观测：冰下表层海水流速观测是将仪器通过双股尼龙绳悬挂于冰洞内部，换能器位于冰底以下 30 cm 处（图 3-65）。观测设置为 54 层，每层厚 2 m，合样的时间间隔为 2 min。

图 3-65　冰下海洋流速 ADCP 观测

Fig. 3-65　In situ deployment with ADCP for current velocity under the bottom of sea ice

3.10.1.3 完成工作量

本航次在长期冰站获得收集到 10 个温盐剖面数据。

长期冰站作业期间共获得为期 6 d（8 月 9 日 5:00 至 8 月 14 日 22:00）的冰下海流连续剖面资料，数据总大小 5.17 M，有效的流速观测范围为冰底 3 ～ 70 m。

第6个短期冰站（179°36′W，76°19′N），通过手动下放RBR方式一共获得3个冰下温盐剖面，离水道的距离分别是10 m、30 m、15 m。

3.10.2　考察人员及考察仪器

3.10.2.1　考察人员

本航次参与冰下上层水文要素观测作业人员及分工见表3-23。

表3-23　冰下上层水文要素观测作业人员及分工
Tabel 3-23　Members of upper ocean observation

考察人员	作业分工
林龙、李涛	仪器布放及数据收集
林龙	数据处理

3.10.2.2　考察仪器

RBR温盐深剖面仪（图3-66）是进行冰下海水温盐观测的主要仪器，在进行海洋观测时具有便携、自容等优点。本次考察所用RBR校正日期为2016年7月，RBR的相关技术指标见表3-24。

表3-24　RBR参数
Table 3-24　Specification of the RBR

硬件					传感器					
					温度		电导率		深度	
内存	电池	耐压深度	直径	长度	范围	精度	范围	精度	范围	精度
128 M	8节	500 m	635 mm	320 mm	5～35℃	0.002	0.85 mS/cm	0.003 mS/cm	500 m	0.05%

图 3-66　RBR 仪器图示
Fig.3-66　Photo of the RBR

冰站水文观测所使用声学多普勒海流剖面仪LADCP型号为Work Horse 300K，和本航次重点海域断面观测使用的LADCP系同一台仪器。布放之前对仪器的观测模式重新进行了配置，采用相对仪器自身（换能器）的坐标系统记录 x 和 y 两个方向的流速，在后续处理过程中需要根据同期船舶的船艏向资料以及GPS数据对流向和流速进行订正。仪器布放如图3-65所示。

表3-25　WHS300K主要技术指标
Table 3-25　Main specifications of WHS300K

技术指标	测量范围	精确度
流速观测范围	±10 m/s	±0.1 cm/s
倾斜传感器	—	±1°
罗经（磁通门型）	0°～360°	±0.1°
回波强度动态范围	80 dB	±1.5 dB
波束角	20°	—
最大量程	160 m	—
最大入水深度	6 000 m	—

3.10.3　考察数据初步分析

3.10.3.1　长期冰站冰下温盐剖面连续观测

获得的 10 个温盐剖面数据质量好，但是未能完成连续观测。10 个温盐剖面都可以清晰地看到加拿大海盆上层水温盐的典型结构，上层海洋低温低盐特性，主体呈现两个温度极值，34 db 处的温度极大值为夏季太平洋水，对应的盐度为 31.2；一个温度极小值（–1.58℃）对应冬季太平洋水。而 200 m 之下为大西洋水，相对高温高盐。图 3–67 分别选取了第 1 个、第 9 个和第 10 个剖面。

前 9 个连续剖面显示混合层温度逐渐升高，盐度也有下降，海水温度升高使得海洋有更多的热量提供给冰底，融化海冰，产生淡水，降低了混合层盐度。第 10 个剖面与第 9 个剖面相差 40.5 h，与前 9 个剖面相比，第 10 个剖面的混合层盐度更低，降低了约 0.1，混合层温度也更低。夏季太平洋水的温度极大值对应的深度也从 34 db 升高到 31 db，因此可以判断这种温盐性质的变化是由平流引起的。根据船载 GPS 数据发现冰站位置从 164.25°W，82.75°N 飘至 162.80°W，82.80°N，共漂移了 21 km，引起了温盐剖面的变化。

本次长期冰站由于绞车两次出现故障（第一次故障是因为绞车排缆问题而绷断了皮带；第二次故障是绞车排缆问题烧坏了电路），另外冰站的其他考察项目耽误了绞车的维修，因此，并未能取得理想的冰下温盐连续剖面。

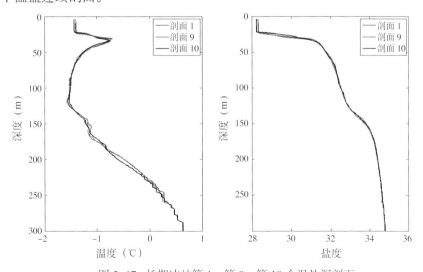

图 3–67　长期冰站第 1、第 9、第 10 个温盐深剖面
Fig.3–67　The first, ninth and tenth CTD profile on long term ice station

3.10.3.2 长期冰站冰下流速剖面连续观测

长期冰站冰下流速观测数据连续性好，观测时间完整，数据质量好。从8月9日到8月14日整个冰下流速观测时间段内，流速和流向均存在一个半日的周期变化（图3-68～图3-71），表明观测海域的上层存在较明显的半日潮信号。而流速大小在30 m的深度位置存在一个明显的极大值，这一深度与海水的温度极大值（太平洋夏季水）深度相当，最大流速可达0.35 m/s，流速极大值随着时间逐渐减小。在50～60 m深度上仍然有0.25～0.3 m/s的流速，在8月12日甚至达到0.4 m/s以上，这主要是夏季太平洋水与冬季太平洋水之间的剪切。

以上分析是基于原始的ADCP观测记录，并未剔除掉仪器自身随海冰的旋转（角度误差）和漂移（速度误差）。但是这些误差对于流速的垂向剪切并不会产生影响。而观测期间，速度的剪切主要存在于30 m深度（混合层底）和60 m深度（夏季太平洋水下界面），对应着不同水团的界面。这种速度剪切可能引起的层流不稳定对于不同深度上水团温盐性质，尤其是温度特征的维持值得更多的关注。

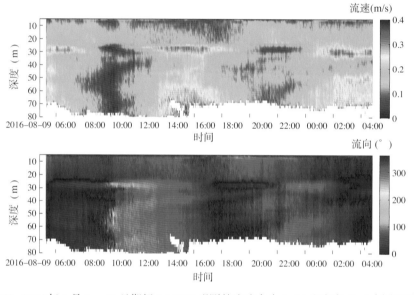

图3-68 2016年8月9—10日期间LADCP观测的流速大小(m/s)和方向(°)（未订正）变化
Fig. 3-68　Current speed and direction during August 9–10 measured by LADCP

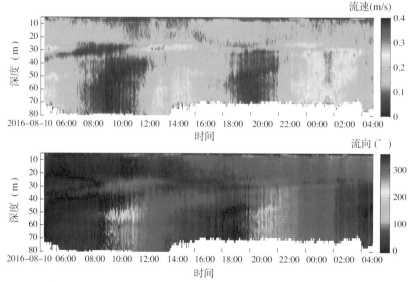

图3-69 2016年8月10—11日期间LADCP观测的流速大小(m/s)和方向(°)（未订正）变化
Fig. 3-69　Current speed and direction during August10–11 measured by LADCP

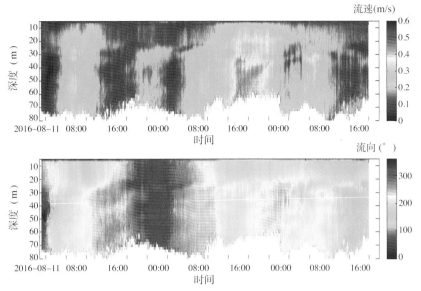

图 3–70 2016 年 8 月 11—13 日期间 LADCP 观测的流速大小 (m/s) 和方向 (°)（未订正）变化

Fig. 3–70 Current speed and direction during August 11–13 measured by LADCP

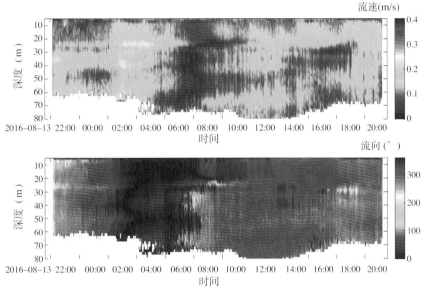

图 3–71 2016 年 8 月 13—14 日期间 LADCP 观测的流速大小 (m/s) 和方向 (°)（未订正）变化

Fig. 3–71 Current speed and direction during August 13–14 measured by LADCP

3.10.3.3 短期冰站冰下温盐观测

第 6 个短期冰站做了 3 个表层温盐剖面，分别为剖面 1、剖面 2、剖面 3（图 3–72），3 个剖面分别距离冰间水道 10 m、30 m、15 m，数据质量好。3 个剖面显示在 40 m 深度处存在温度极大值，对应的盐度约为 31.3，根据水团性质划分属于夏季太平洋水中的白令海水。3 个剖面混合层深度一致，为 22 m。3 个剖面的混合层温度都高于冰点值，其中剖面 1 和剖面 2 的混合层温度几乎一致，高于冰点 0.13℃，而剖面 3 则显示明显的表层海水增温，冰下水温高于冰点 0.16℃。盐度剖面上也显示剖面 3 的盐度要略低于剖面 1 和剖面 2。可见在剖面 3 位置被太阳短波辐射加热后的冰下海洋融化海冰之后产生的淡水降低了表层盐度；并且，这部分热量并未充分混合，因此温度剖面上演示的混合层温度不均匀。

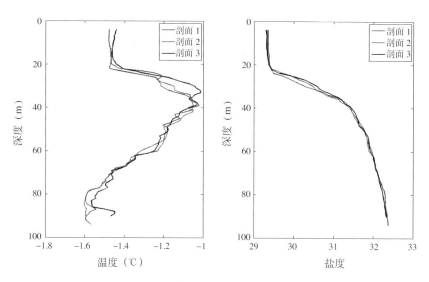

图 3-72 第 6 个短期冰站温盐深剖面
Fig. 3-72 CTD profiles on SICE06

3.11 冰下通信与导航信号观测

3.11.1 考察站位及完成工作量

3.11.1.1 站位信息

共进行了两次试验，分别在 2016 年 8 月 14 日的长期冰站与 2016 年 8 月 20 日的短期冰站进行，收发端站点位置信息如表 3-26 所示。

表3-26 实验站位信息
Table 3-26 The experiment station information

时间（UTC）	发射端（"雪龙"船）	接收端（冰站）
2016-08-14 00:10	82°52.98′N 159°46.38′W	距发射端约 500 m
2016-08-20 00:45	76°15.75′N 179°36.23′W	76°18.61′N 179°35.85′E
2016-08-20 04:00	76°17.95′N 179°37.47′E	76°19.49′N 179°35.56′E

3.11.1.2 完成工作量

表3-27 冰下通信与导航信号观测工作量统计
Table 3-27 Under ice Navigation and Communications observation

作业项目	0814 长期冰站观测	0820 短期冰站观测
完成工作量	共 4 个小时	共 7 个小时

3.11.2 考察人员及考察仪器

3.11.2.1 考察人员

表3-28 冰下通信与导航信号观测作业人员及分工
Tabel 3-28 Members of under ice Navigation and Communications observation

时间（UTC）	发射端（"雪龙"船）	接收端（冰站）
2016-08-14	杨成浩、孔彬、刘高原	卫翀华、徐全军、雷瑞波、左广宇
2016-08-20	杨成浩、孔彬、徐全军、汪卫国、李院生等	卫翀华、刘高原、雷瑞波、左广宇、李涛、刘一林

3.11.2.2 考察仪器

考察仪器由发射端设备和接收端设备组成。

表3-29 发射端设备
Table 3-29 The equipment of transmitting end

序号	名称	台数	重量（kg）	备注
1	发射信号源	1	2	
2	发射机	1	4	
3	低频发射换能器	1	10（含60 m电缆）	
4	中频发射换能器	1	10	
5	便携计算机	1	2	
6	绳子	1	4	

表3-30 接收端设备
Table 3-30 The equipment of receiving end

序号	名称	台数	重量（kg）	备注
1	接收水听器基阵	1（由6个水听器单元组成）	15	
2	便携计算机	1	2	
3	深度计	2	2	
4	标准水听器	1	1	
5	重物及线缆	1	10	

3.11.3 考察数据初步分析

3.11.3.1 0814长期冰站实验数据初步分析

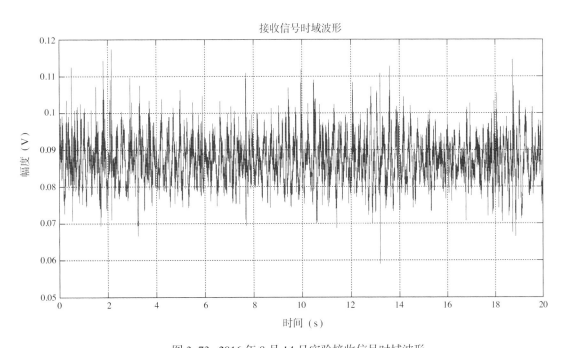

图3-73 2016年8月14日实验接收信号时域波形
Fig. 3-73 The time series acquired by a standard hydrophone on August 14, 2016

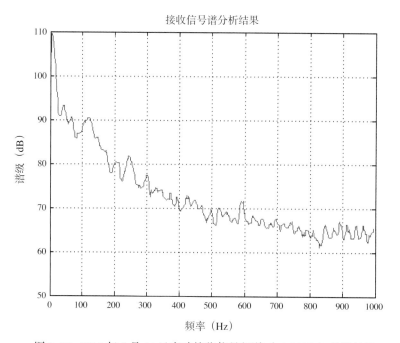

图 3-74 2016 年 8 月 14 日实验接收信号频谱（≤ 1 kHz）分析结果

Fig. 3-74 The spectral level （≤ 1 kHz） of under ice noise acquired by a standard hydrophone on August 14, 2016

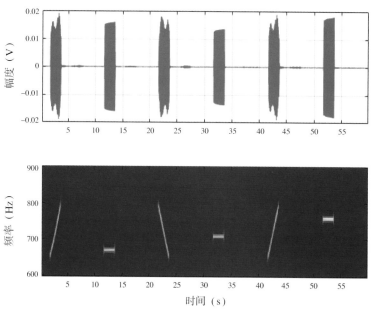

图 3-75 2016 年 8 月 14 日实验接收信号时频分析结果

Fig. 3-75 The result of time-frequency analysis on August 14, 2016

图中横坐标为接收信号相对时间，单位为 s，图中上部为时域接收信号图，纵坐标为电压幅度，单位为 V；图中下部为接收信号的时频图，纵坐标为频率，单位为 Hz。图中接收信号依次说明如下：2 s 650 ~ 800 Hz 双曲调频信号，占空比 1∶4；2 s 670 Hz 单频信号，占空比 1∶4；2 s 650 ~ 800 Hz 降调频信号，占空比 1∶4；2 s 710 Hz 单频信号，占空比 1∶4；2 s 650 ~ 800 Hz 升调频信号，占空比 1∶4；2 s 760 Hz 单频信号，占空比 1∶4

8 月 14 日的实验是在全冰面覆盖的条件下进行的，收发端距离约 500 m，另外利用未发射信号的时间段，还进行了冰下海洋噪声的获取实验，从实验初步处理结果看，冰下的海洋噪声要远远小于南海地区的 0 级海况条件下获取的海洋噪声。

3.11.3.2 0820短期冰站实验数据初步分析

图 3-76 是实验过程中的时间距离路径示意图，其中红色表示远距离实验的距离方位，实验开始时刻是 2016 年 8 月 20 日 02：00（UTC 时间）；蓝色是短距离实验的距离方位，开始时刻是 2016 年 8 月 20 日 04：00。由于冰站的浮动，可以看出在 2 h 的时间间隔内，冰站向北移动了约 1 n mile。

图 3-77 是冰下垂直阵接收信号时域波形图，可以看出距离冰层越近，接收噪声越大，说明冰层对冰下的水声传播与背景噪声的影响是显著的。

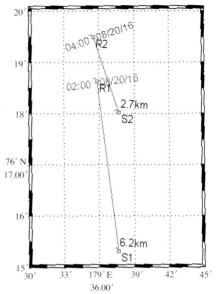

图 3-76 实验过程时间距离路径示意图
Fig. 3-76 The distance between receiving end and transmitting end

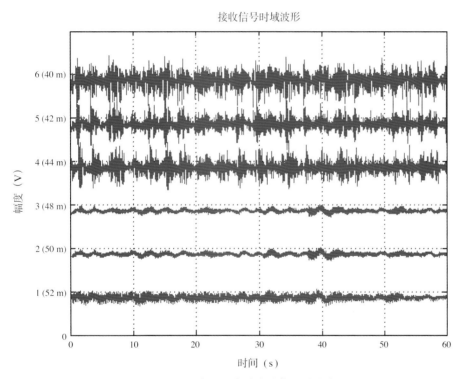

图 3-77 冰下垂直阵接收信号时域波形
Fig. 3-77 The time series acquired by vertical array

图 3-78 和图 3-79 是在不同距离时对发射信号做的信道冲激响应，可以看出在远距离发射接收试验时除了冰面带来的反射外，还有 3 条明显的传播路径；而近距离的试验结果则表明了在全冰覆盖的条件下，信道的传播路径要更加复杂。

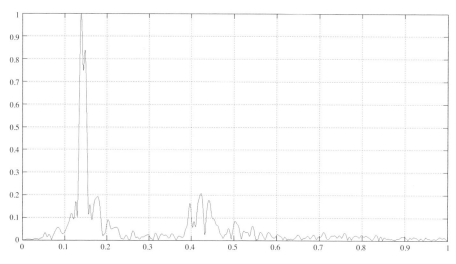

图 3-78　冰下信道冲激响应（6.2 km）

Fig. 3-78　Normalized impulse response function obtained from acoustic communications testing (6.2 km)

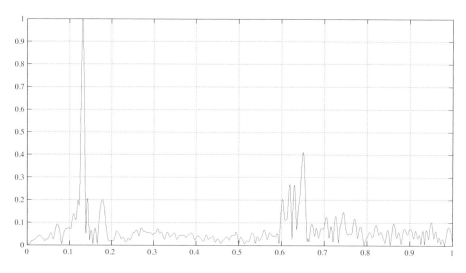

图 3-79　冰下信道冲激响应（2.7 km）

Fig. 3-79　Normalized impulse response function obtained from acoustic communications testing (2.7 km)

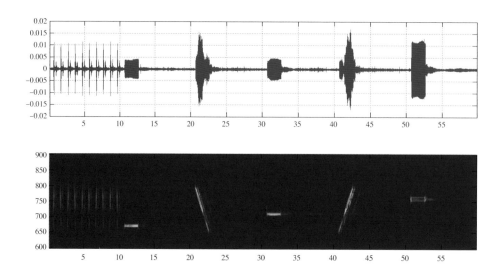

图 3-80　2016 年 8 月 20 日 6.2 km 试验时接收信号时频

Fig 3-80　The result of time-frequency analysis on August 20, 2016 (6.2 km)

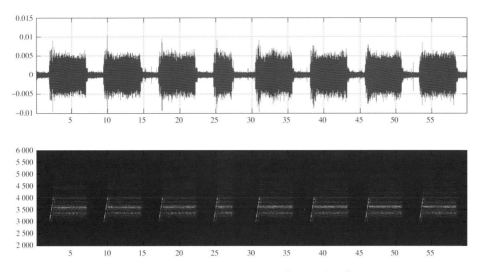

图 3-81　2016 年 8 月 20 日水声通信试验接收信号时频

Fig. 3-81　The result of time-frequency analysis of acoustic communications testing on August 20, 2016

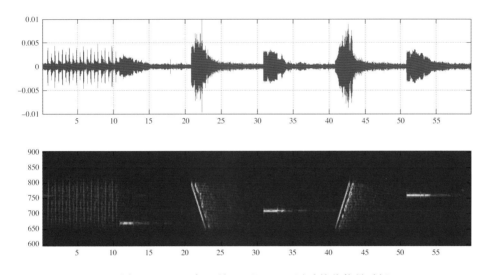

图 3-82　2016 年 8 月 20 日 2.7 km 试验接收信号时频

Fig. 3-82　The result of time-frequency analysis on August 20, 2016 (2.7 km)

通过接收信号的时频分析，可以更清晰地看出冰下强烈的多途干扰对导航和通信信号的影响，这对解码和数据传输带来了不利影响。

通过对实验数据初步分析给出如下结果。

（1）冰下海洋噪声低，并且由于全球变暖，冰层的持续融化，北冰洋逐步开放，在融冰区的水声传播条件的改变，使得应用更高频率的信号进行较远距离的导航与定位应用成为可能。

（2）海冰覆盖的区域、厚度、形态变化对水声传播和噪声特性有影响。从不同距离及海冰覆盖条件下的信道冲激响应结果来看，由于海冰的存在，海冰与海底相互作用，对海冰下的近距离（不大于 3 km）的通信导航是不利的，这给在该区域的通信、导航和机动无人观测平台应用带来了一定的影响。

3.12 走航海雾辐射观测

3.12.1 考察站位及完成工作量

3.12.1.1 走航站位图

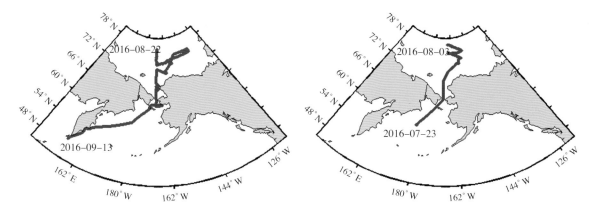

图 3-83 走航海雾观测轨迹
Fig.3-83 Tracks of the sea fog observation

3.12.1.2 站位信息

走航海雾辐射观测分为两个阶段：第一阶段为 2016 年 7 月 23 日—8 月 3 日；第二阶段为 2016 年 8 月 20 日—9 月 3 日，如图 3-83 所示。

3.12.1.3 完成工作量

走航海雾辐射观测分为两个阶段，共获得 1.24 G 雾滴谱仪数据和 4.48 G 辐射强度数据。

3.12.2 考察人员及考察仪器

3.12.2.1 考察人员

本航次参与走航海雾辐射观测作业人员及分工见表 3-31。

表3-31 走航海雾观测作业人员及分工
Tabel 3-31 Members of sea fog observation

工作内容	负责人	协助人员
仪器布放	刘一林	李涛、曹勇、林龙、王明锋
仪器维护及数据收集	刘一林	林龙、王明锋
数据处理	刘一林	无

3.12.2.2 考察仪器

走航海雾观测使用的仪器为 Trios 高光谱余弦辐照度传感器及 FM-120 型雾滴谱仪。

图 3-84 为仪器布放现场照片，红圈处为 Trios 探头，黄圈处为雾滴谱仪。

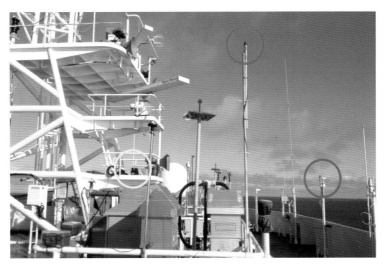

图 3-84　Trios 走航海雾观测仪器布放现场
Fig. 3-84　Sea fog monitoring system onboard

图 3-85　Trios 传感器探头
Fig. 3-85　Photo of Trios

Trios 的观测波长范围是 320 ～ 950 nm，共 256 个通道，具体参数如表 3-32 所示。

表3-32　Trios 高光谱余弦辐射计相关技术指标
Table 3-32　Specifications of Trios

波长	320 ～ 950 nm
检测器	256 通道硅光电检测器
光谱采样	3.3 nm/pixel
光谱精度	0.3 nm
实际使用通道	190 个
典型饱和度 (4 ms integration time)	10 W/(m²·nm) (at 400 nm); 8 W/(m²·nm) (at 500 nm); 14 W/(m²·nm) (at 700 nm)

FM-120 型雾滴谱仪（图 3-86）由美国 DROPLET MEASUREMENT TECHNOLOGIES 公司生产，该仪器能够观测周围大气的粒径谱和液态水含量数据，我们主要使用其液态水含量数据，用其配合海雾光学观测数据来评估海雾光学辐射特性。仪器的具体参数见表 3-33。

图 3-86 FM-120 型雾滴谱仪

Fig. 3-86 Droplet measurement equipment FM-120

表3-33 FM-120型雾滴谱仪技术参数

Tabel 3-33 Specifications of Droplet measurement equipment FM-120

观测粒径范围	2 ~ 50 μm
采样频率	0.04 ~ 20 s
功率	200 W（观测设备），400 W（气泵）
重量	13 kg（观测设备），5 kg（气泵）
仪器尺寸	37 cm（长），28 cm（高），23 cm（高）
使用温度条件	-20 ~ 40℃
使用湿度条件	0 ~ 100%
使用海拔条件	0 ~ 4 000 m

3.12.3 考察数据初步分析

走航海雾辐射观测第一阶段（2016 年 7 月 23 日—8 月 3 日）仪器运转良好，无特殊情况出现。第二阶段（2016 年 8 月 20 日—9 月 13 日）仪器频繁出现问题自动中断观测，记录如下。

UTC 时间 2016 年 8 月 25 日雾滴谱仪发生中断，原因未知，中断时间未知，可从数据中看出。

UTC 时间 2016 年 8 月 26 日雾滴谱仪因检测不到电子狗，发生中断，从数据上看，雾滴谱仪只运行了 10 min。Trios 返回数据报错后不再运行，推测大风使仪器接头接触不良。

UTC 时间 2016 年 8 月 27 日滴谱仪发生中断，原因未知，中断时间未知，可从数据中看出。

UTC 时间 2016 年 8 月 28 日雾滴谱仪和 Trios 因电脑无故重启发生中断，中断时间未知，可从数据中看出。

UTC 时间 2016 年 8 月 29 日雾滴谱仪因检测不到电子狗，发生中断，中断时间未知，可从数据中看出。

UTC 时间 2016 年 8 月 30 日低处 Trios 因一直于 busy 状态无法返回数据而发生中断，中断时间未知，可从数据中看出。

UTC 时间 2016 年 8 月 31 日雾滴谱仪因其专用笔记本侧面 USB 接口接触不良，导致其观测发生中断，中断时间未知，可从数据中看出。放弃使用侧面 USB 接口，用 USB 扩展口从其他 USB 口接出。

UTC 时间 2016 年 9 月 1 日凌晨做 C24 站后，电脑无故黑屏，估计持续时间 4 ～ 5 h，从数据估计，观测到了白天持续性的大雾。

UTC 时间 2016 年 9 月 3 日受前一夜大风浪的关系，电脑自动重启，调试好 30 min 后再次查看，电脑再次蓝屏重启。

UTC 时间 2016 年 9 月 3 日再次查看雾滴谱仪，发生中断，原因未知，中断时间未知，可从数据中看出。

UTC 时间 2016 年 9 月 6 日雾滴谱仪，发生中断，原因未知，中断时间未知，可从数据中看出。同时发现晚上会有船上的灯光对 Trios 产生光污染。

UTC 时间 2016 年 9 月 7 日雾滴谱仪和 Trios 因电脑无故重启发生中断，中断时间未知，可从数据中看出。

UTC 时间 2016 年 9 月 7 日再次查看，估计由于风大，雾滴谱仪因检测不到电子狗，发生中断，中断时间未知，晚饭后再次查看，雾滴谱仪和 Trios 因电脑无故重启发生中断，原因未知，中断时间未知，两次中断时间都可从数据中看出。

UTC 时间 2016 年 9 月 8 日雾滴谱仪因检测不到电子狗，发生中断，中断时间未知，可从数据中看出。后用布基胶带固定 USB 接口。

UTC 时间 2016 年 9 月 12 日涌浪很大，白天没有查看仪器，夜间查看仪器时发现有小雨，仪器所处环境潮湿，电脑正常运转，但是雾滴谱仪运转出现问题，没有排查原因，直接关闭所有电源，等待天气情况好转再开始观测。

除以上记录的问题外，走航海雾观测数据有以下 3 个问题。

（1）船的动力系统会使船身产生明显的抖动，在停船和备车过程中尤其明显，这个抖动会使两个 Trios 探头随之产生高频低幅的摆动，其姿态不再垂直向上，这样在有直射光的天气情况下，如晴天或者是轻雾天气，两个 Trios 探头背向光源或朝向光源的姿态会使计算出的消光作用产生偏差。

（2）在涌浪较大时，船体会带动固定在其上的 Trios 探头产生低频高幅摆动，其结果和（1）中所描述的一样，会使计算出的消光作用产生偏差。

（3）两个 Trios 固定位置为驾驶台顶部平台上，其位置离雷达支架较近，在特定航向和太阳高度角及太阳方位角的情况下，雷达支架会遮挡照射到 Trios 探头上的直射光，使其观测结果失真。

走航海雾辐射观测方式为，在一高一低处各固定 1 个 Trios 探头，高度差为 130 cm，探头竖直向上，用以观测在有雾期间，两个 Trios 探头高度差内海雾对光的消光作用。在走航观测的两个时间段中（第一阶段 2016 年 7 月 23 日—8 月 3 日，第二阶段 2016 年 8 月 20 日—9 月 13 日），第一个时间段的观测不仅仪器的工作状态稳定，而且碰到的雾天较多，这一时间段的观测较有价值，现对该阶段结果做初步分析。图 3-87 为 FM-120 型雾滴谱仪观测的液态水含量的时间序列，图 3-88 为通过高低两个 Trios 探头的观测数据计算出的辐照度相对变化率时间序列。首先辐照相对变化率不应该出现小于 0 的情况，图中的小于 0 的情况很可能是高处 Trios 探头被驾驶台顶部平台的雷达支架遮挡而导致的，另外，从图中可以看出，给出的 4 个谱段的辐照相对变化率和液态水含量除在 2016 年 7 月 26—27 日时段内对应得不好，在其余时段的对应关系尚可，尤其在 2016 年 7 月 24 日和 2016 年 7 月 29 日两个时间段内辐照度相对变化率由低到高的变化和液态水含量由低到高的变化对应得很好。但从整个观测时间段的整体结果来看，辐照度相对变化率虽然和液态水含量有一定程度的对应关系，但是当液态水含量高于 0.01 g/m³ 时，对应液态水含量的大幅变化，4 个谱段的辐照度相对变化率的改变并不明显，其原因还要结合船载能见度仪数据和气象站数据做进一步分析。

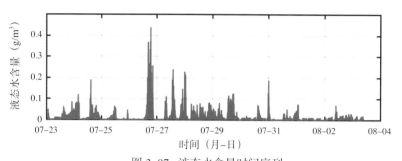

图 3–87　液态水含量时间序列
Fig. 3–87　Time series of liquid water content

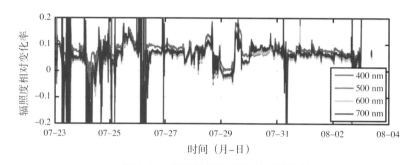

图 3–88　辐照度相对变化率时间序列
Fig. 3–88　Time series of relative variation of downwelling irradiance

3.13　拖曳式海洋剖面浮标观测

3.13.1　考察站位及完成工作量

3.13.1.1　站位图

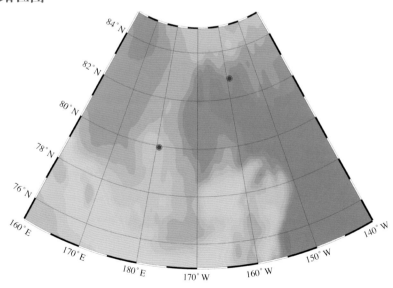

图 3–89　拖曳式海洋剖面浮标位置
Fig. 3–89　Stations of Drift Towing Oceanic Profiler（DTOP）

3.13.1.2　站位信息

表3-34　DTOP站位信息
Table 3-34　DTOP station information

序号	布放日期	纬度	经度
1	2016-08-14	82°49.65′N	159°17.22′W
2	2016-08-18	79°56.23′N	179°23.02′W

3.13.1.3　完成工作量

本次考察在北极高纬地区共投放 2 枚拖曳式海洋剖面测量浮标，其中长期冰站 1 枚，短期冰站 1 枚。

3.13.2　考察人员及考察仪器

3.13.2.1　考察人员

本航次参与拖曳式海洋剖面浮标布放作业人员及分工见表 3-35。

表3-35　拖曳式海洋剖面浮标布放作业人员
Table 3-35　Members of DTOP deployment

工作内容	负责人	协助人员
仪器连接	林龙、刘一林	李涛、曹勇、王明锋
仪器调试	林龙	无
仪器布放	李涛	曹勇、林龙、刘一林、王明锋、徐全军

3.13.2.2　考察仪器

拖曳式海洋剖面浮标直径约 88 cm，空气中总重约 130 kg，通过内置 Argos 卫星通信模块发送数据，可持续工作一年。

图 3-90　拖曳式海洋剖面测量浮标布放现场（左）及其 CTD 部分（右）
Fig. 3-90　In site deployment of DTOP (left) and the photo of CTD (right)

拖曳式海洋剖面浮标主要相关技术参数如表3-36所示。

表3-36 拖曳式海洋剖面测量浮标各部件技术参数
Tabel 3-36 Specifications of DTOP

参数	测量范围	测量精确度	分辨率	生产厂家
海水温度	0 ~ 35 ℃	0.002 ℃	0.000 2 ℃	美国海鸟公司 –SEB41
电导率	0 ~ 9 S/m	0.000 3 S/m	0.000 3 S/m	
海水压力	0 ~ 100 mbar	0.1%	0.05%	
大气压力	800 ~ 1 100 hPa	±1 hPa	0.1 hPa	挪威 Vaisala 41005–5
气温	–80 ~ 60 ℃	±0.17℃	0.1℃	
相对湿度	0 ~ 100 %	0 ~ 90 % 时为 ±1% 90% ~ 100% 时为 ±1.7%	1%	挪威 Vaisala PTB110
浮标姿态	X 和 Y 两轴倾角 ±90°	±1%	0.002 5°	芬兰 Murata Electronics Oy SCA100T–D02

表3-37 拖曳式海洋剖面测量浮标总体技术参数
Tabel 3-37 Specifications of DTOP

系统设计寿命	1 年
数据通信方式	Argos 卫星通信系统。采用 GPS 辅助定位
系统工作模式	冰基浮标气象数据采集周期：1 次 /1 h 水下剖面测量浮标水文数据采集周期：1 次 /12 h
水下剖面测量浮标深度范围	0 ~ 125 m
系统供电电源	非自容冰基浮标：电压 9 ~ 14.4 V，锂电池容量 208 Ah 水下剖面测量浮标：电压 20 ~ 28.8 V，锂电池容量，39 Ah + 10 Ah 充电电池组
系统工作温度	冰基浮标温度范围：–40 ~ 60℃ 水下剖面测量浮标温度范围：–3 ~ 35℃
储存温度	–50 ~ 80℃
相对湿度	0 ~ 100%

3.13.3 考察数据初步分析

　　两台 DTOP 自 2016 年 8 月中旬成功布放到北冰洋中央区之后，DTOP1601 浮标系统正常工作了 2 个月，自 10 月 11 日之后，该浮标的水下传感器无法正常采集数据，但可以采集冰浮标表面的气象数据；而 DTOP1602 浮标始终处于正常工作状态。DTOP1601 于 2016 年 8 月 14 日在长期冰站布放完毕，经历几次检修，待离开冰站时已经正常工作。在之后的 2 个月中，浮标以平均 0.20 m/s 的速度向东漂移，从加拿大海盆西北部向中北部运动，如图 3-91 所示。随着季节的变化，海冰从 8 月的融化期逐渐进入冻结期，海冰冻结时的结冰析盐过程导致上混合层深度不断加深，表层盐度不断增加，如图 3-92 所示。结冰析盐过程所引起的上层海水对流过程，也导致太平洋夏季水的热量不断散失，太平洋夏季水水核心层的深度增加，从 8 月中旬的 40 m 加深到 10 月中旬的 60 m 左右。DTOP1602 浮标位置比较偏西南，布放地点是门捷列夫海岭。自 8 月中旬布放之后，浮标向东漂移，截至 10 月下旬，已经到达楚科奇海台北部，平均的运动速度是 0.21 m/s。由于地理位置偏南，海冰融化时间较长，即使到了 10 月下旬仍然未进入冻结期，因此，海水的温度和盐度时空变化并不明显，太平洋夏季水的核心层深度变化很小，始终维持在 50 m 左右。从门捷列夫海岭到楚科奇海台断面上，冰下表层海水的盐度从 8 月中旬到 9 月中旬不断增加，主要原因是海冰的融化过程，而进入 9 月下旬，海冰开始缓慢冻结，冰下表层海水盐度略有增加。与 DTOP1601 浮标相比，位置更加靠南的 DTOP1602 观测到的冰下海水热含量更高，海冰融化期时间更长，可以到达 9 月下旬，冻结开始的时间相应延后。

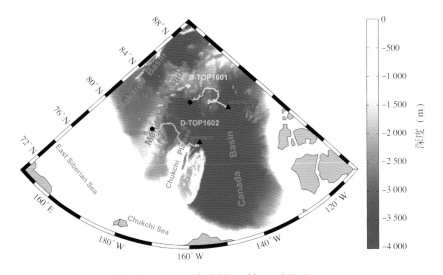

图 3-91 拖曳式海洋剖面浮标运动轨迹

Fig. 3-91 Trajectories of Drift-Towing Oceanic Profilers deployed in CHINARE2016

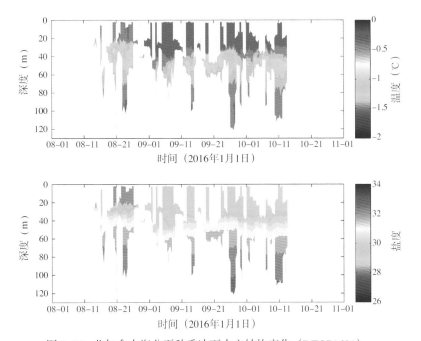

图 3-92 北加拿大海盆夏秋季冰下水文结构变化（DTOP1601）

Fig. 3-92 Hydrographic features of the under-ice upper ocean in the northern Canada Basin in summer and autumn of 2016 (DTOP1601)

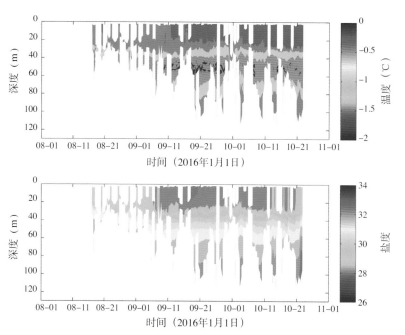

图 3-93 门捷列夫海脊—楚科奇海台夏秋季冰下水文结构变化（DTOP1602）

Fig. 3-93 Hydrographic features of the under-ice upper ocean in the Mendeleev Ridge-Chukchi Plateau in summer and autumn of 2016 (DTOP1602)

3.14 本章小结

中国第七次北极科学考察共完成 83 个站位的温盐深剖面（CTD）观测，81 个站位的流速剖面（LADCP）观测，以及 41 个站位的湍流观测，XBT 300 枚和 XCTD 24 枚观测，两个阶段的海雾辐射观测。在白令海海盆区布放锚碇浮标 1 套。首次在白令海陆坡区布放锚碇潜标 1 套。在楚科奇海布放锚碇潜标 1 套，布放 Argos 漂流浮标 18 套。在长期冰站获得冰下上层海水的温盐剖面 10 个，冰下表层流速完整记录 6 d，并在长期冰站与短期冰站上各布放 1 套海冰拖曳式浮标系统，用来观测冰下海洋（0 ~ 700 m）温盐结构的长期变化。

初步研究发现，白令海陆架区温度和盐度都呈南高北低的分布态势，存在显著的温盐跃层。温跃层以下存在大面积温度低至 -1℃ 的冷水团，这主要是由于海水的对流引起的，冬季海表冷却降温使得海水垂向混合均匀，之后随温度升高，表层海水形成稳定层结，使得陆架底层海水保留冬季表层水的特征。与 2014 年相比，范围明显增大。楚科奇海水温从南至北整体呈逐渐降低的分布特征。受太阳辐射加热和来自白令海的较高温度海水等因素的影响，核心温度可达 8℃ 以上。在浅水区，25 m 深度附近存在温跃层，北部高纬区受融冰等因素的影响存在明显的低盐水团。

本次北极科学考察最靠北的水文站 R21 站海水流速由表层至 350 m，v 分量流速由 13 cm/s 逐渐减弱到 7 cm/s，u 分量流速由 27 cm/s 逐渐减弱到 7 cm/s，表明在 350 m 以上有明显的剪切，可以结合湍流观测（VMP）数据做进一步分析，350 ~ 800 m 深度范围内 u、v 速度分量量级都在 8 cm/s 左右，且在垂向上相对均匀，变化不明显，直到 800 m 以深才有略微增大。C24 站位于楚科奇海台，从速度剖面上看，观测期间这里的海水流动在 35 m 以浅垂向分布比较均匀，以 v 分量为主，在 35 ~ 40 m 深度上存在速度的明显剪切，u 分量由 -10 cm/s 变化到 8 cm/s，而 v 分量由 40 cm/s 迅速减小到 5 cm/s，其原因需要进一步分析。

VMP 在白令海的观测两剪切探头的波数谱与黑线理论 Nasmyth 谱值拟合较好。上层海洋的湍动能耗散率呈现出 e 指数衰减，在 50 m 之内湍动能耗散率 10^{-4} W/kg 减少到 10^{-9} W/kg。在表层海流不小的时候，表层之下的湍动能耗散率还是保持在 10^{-9} W/kg 左右的量级。风对海洋的输入是决定上层海洋湍动能耗散率的重要因素之一。加拿大海盆 P1 断面站位的数据显示 100 m 以下的湍动能耗散率越向海盆中部靠近越弱，P1 断面的西边水深较浅站位湍动能耗散率从 10-8-10-9 量级向深水区往 10-9-10-10 量级过渡。

走航海雾观测中辐照度相对变化率虽然与液态水含量有一定程度的对应关系，但是当液态水含量高于 0.01 g/m³ 时，对应液态水含量的大幅变化，4 个谱段的辐照度相对变化率的改变并不明显，其原因还要结合船载能见度仪数据和气象站数据做进一步分析。

本次考察航线气旋天气过程频繁，并且气旋的强度较强，最低气压值低至 970 hPa，对应造成较差海况，导致大的风浪过程。总体而言，7 级风以上过程达到 10 次，本航次世界时观测的整点最大风速达到 20 m/s（8 级风），该次过程是返航时于勘察加半岛东面海域遇到温带气旋后部强梯度风所导致，对应出现了 4 m 的大浪过程。气温从南向北降低趋势明显，最低温度接近 –5℃。航线上主要风力都低于 6 级，大风过程主要风力为 6 ～ 7 级，主要大风风向为西南风、东北风、偏西风和偏南风。

走航全程所测得的一氧化碳浓度小时平均值约为 115×10^{-9}，最高值约为 296×10^{-9}，最小值约为 12×10^{-9}。从 7 月 11 日考察开始至 7 月 18 日进入白令海之前，一氧化碳浓度总体呈下降趋势，随后从白令海经白令海峡至楚科奇海，呈现一先上升后下降的趋势。在 8 月 8 —18 日的长期冰站作业期间，观测到整个航次的最低值。而在返航过程中，一氧化碳浓度在总体上呈上升趋势。

冰下流速观测时间段内，流速和流向均存在一个半日的周期变化，表明观测海域的上层存在较明显的半日潮信号。而流速大小在 30 m 的深度位置存在一个明显的极大值，这一深度与海水的温度极大值（太平洋夏季水）深度相当，最大流速可达 0.35 m/s，流速极大值随着时间逐渐减小。

本航次水文观测项目中遇到的问题有：为了追求数据质量，本航次 LADCP 的采样频率设置得比以往都高，为 1 s 一次，这就导致两个问题。一个是深水站位读取数据时间过长，读取时间往往在 15 ～ 20 min，读取数据时正是化学和生物组的队员采水的时间，此时 CTD 间比较拥挤，比较容易出现 LADCP 数据线被踩到或被刮碰掉的情况。另外高采样频率导致电池消耗过快，在低电量时 LADCP 的数据质量可能不可靠。本航次共使用 3 块 LADCP 电池，是以往航次的 2 倍。

海冰和冰面气象考察 第4章

最近 30 年北冰洋海冰发生了快速变化，2005 年以来夏季北冰洋海冰的范围屡创新低。最近10 年，尽管全球气候变暖有变缓的趋势，然而北极地区气候变暖是全球水平的约 2 倍，并且没有变缓的趋势。海冰—反照率正反馈机制使得北极海冰减少与气候变暖互相促进。海冰的快速减少一方面使得北极航道的商业开发成为可能；另一方面会对极地的天气气候过程、海洋物理环境以及生态和人文环境产生诸多的影响，例如海洋次表层增暖、海岸侵蚀加重和海洋生物物种北迁等。海盆尺度的海冰时空变化主要依赖于卫星遥感反演和数值模拟。目前开展这两方面研究的主要挑战在于对海冰物理性质及其与低层大气和上层海洋相互作用过程的认识不足，后者制约了卫星遥感反演算法和数值模式参数化方案的优化。为揭示北极海冰发生快速变化的机制，定量刻画夏季融冰条件下海冰的物理性质以及气—冰—海相互作用过程，本航次依托"雪龙"船在冰区开展了全航程的海冰走航观测，观测数据有利于支持考察区域海冰长期变化趋势的研究，支持验证不同卫星遥感产品和算法反演得到的海冰密集度。在 R 断面和 E 断面分别选择了 6 个作业点开展了短期冰站作业；并于 8 月 7 日在 82°42′N、166°54′W 选择了直径约 8 km 的浮冰建立了长期冰站，开展了为期 8 d 的长期冰站作业。短期冰站侧重于冰雪空间变化的观测研究；长期冰站侧重于气—冰—海相互作用的过程研究。结合直升机作业本航次共布放了 40 枚冰基浮标，为历次北极考察之最，并且围绕长期冰站构建了最为规则的浮标阵列，阵列范围跨度达 50 km×50 km。观测数据有利于支持研究海冰运动和冰场变形及其对天气过程的响应规律，支持研究气—冰—海相互作用的季节变化过程。

4.1 考察内容

4.1.1 海冰空间分布走航观测

4.1.1.1 海冰表面形态特征观测

"雪龙"号考察船进入冰区后，根据《极地海洋水文气象、生物和化学调查技术规程》将海冰分三类进行记录，分别记录海冰的类型和密集度，融池 / 冰脊 / 富含沉积物脏冰所占冰面的比例，海冰厚度通过对比标志物和船侧翻冰的厚度得到，浮冰大小通过比较浮冰与船体的大小得到，观测在驾驶台实施，范围控制在视野半径 1 km 内。每隔 0.5 h 观测 1 次。同时，通过在驾驶台两侧安装自动摄影的相机对左 / 右舷冰情进行连续记录。相机每隔 1 min 拍摄 1 次。观测结果将与相同区域、相同时间的卫星遥感产品进行比较。比较船舶向北航段和向南航段的观测结果，分析从 7 月底至8 月底 30 多天里海冰的消融过程及其伴随的其他参数的变化过程。

4.1.1.2 走航海冰厚度和表面温度观测

利用电磁感应方法和可视化监控系统连续观测沿航线海冰厚度的变化。利用声呐观测冰舷高度的变化。两者结合得到冰表面粗糙度和冰厚。利用红外辐射计观测沿航线海冰或海水表面温度。比较低纬度和高纬度，以及向北航段和向南航段的海表温度，分析冰表面的消融状态。

4.1.2 冰基积雪和海冰观测

4.1.2.1 积雪和海冰结构与力学性质观测

在短期和长期冰站，基于《极地冰冻圈观测技术指南》和《极地海洋水文气象、化学和生物调查技术过程》等规程规范，利用雪特性分析仪、便携电子显微镜、多光谱辐射仪等仪器设备对海冰表面积雪深度、积雪表面及雪坑剖面的雪密度、含水量、雪粒径、多光谱反射特征进行观测和调查，获取北冰洋重点海域海冰表面积雪的重要物理参数，为开展大尺度冰雪遥感反演研究提供模型构建和验证的数据，为全面准确获取北冰洋海冰冰情信息提供依据和参考。

在短期和长期冰站，钻取完整厚度的冰芯样品，并沿厚度剖面观测海冰的温度、盐度、密度和晶体结构，从而得到海冰物理结构的垂向层化和孔隙率的垂向分布，分析海冰内部融化的状态。基于海冰晶体结构的观测结果，推测海冰生消的热力学过程，并定性分析考察区域一年冰和多年冰的分布。部分冰样在低温实验室经加工处理后，测定其在不同温度环境下的单轴压缩强度，考察其加载过程的应力—应变关系及其力学破坏行为，分析海冰力学强度和破坏过程与海冰物理结构的关系。

4.1.2.2 海冰厚度观测

冰基海冰厚度观测的目的在于利用观测结果进一步验证走航人工观测冰厚结果，分析走航人工观测的精度。同时基于冰站作业采用分辨较高的优势，利用观测数据分析海冰底面的粗糙度。

在短期冰站，利用电磁感应方法，选择一条 50 ~ 200 m 的代表剖面进行海冰厚度观测。在观测断面上同时采用钻孔的方式选择 10 ~ 20 个测点进行冰 / 雪厚度的测量。两者进行对比，利用钻孔观测数据对电磁感应观测数据进行校正。同时，选择一个面积 400 ~ 600 m² 区域利用地质雷达测量海冰厚度并定性识别冰内层理。

在长期冰站，选择一个面积约 100 m² 的观测区域利用电磁感应和地质雷达等技术进行海冰厚度观测，得到海冰厚度和冰底形态的三维空间分布。同时在观测区域选择代表测点进行钻孔观测，以验证电磁感应方法和地质雷达方法的观测结果。长期冰站冰厚的观测还可以帮助选择具有代表性的测点作为海冰物质平衡浮标的布放点，使得后者的观测数据对观测区域海冰的物质平衡过程更具有代表性。

4.1.2.3 海冰光学观测

通过观测融池表面的辐射得到融池的反照率，量化融池在反照率正反馈机制中的贡献。通过观测冰底的辐照度，得到积雪—海冰层辐射透射性及其与物理结构的关系。通过观测积雪表面反照率和积雪透射率，结合积雪的层理结构，分析积雪光学特性与物理特性之间的关系。

4.1.3 冰基大气边界层观测

在北冰洋中心区安装自动漂流气象站和涡动气象站，获取包括冰面温度、雪厚变化、总辐射、反射辐射、大气长波辐射、冰面长波辐射资料，北极中心区冰面不同高度的气温、相对湿度、风速、风向和不同深度的冰温资料；利用 GPS 探空在冰区观测大气温度、湿度、风向、风速等随高度的变化。

4.1.4 冰基浮标布放

（1）以长期冰站为中心，利用直升机建立一个由 13 个浮标组成的面积约 50 km × 50 km 的浮标阵列，测量海冰的漂移速度和冰场辐聚 / 辐散度、剪切和旋转的形变特性，海冰运动和冰场形变对大气强迫，尤其是对气旋活动的响应规律。

（2）在长期冰站和短期冰站，布放海冰漂移浮标，得到波弗特环流区不同纬度海冰运动特性的差异。

（3）在长期冰站和短期冰站，布放海冰物质平衡浮标或者温度链浮标，得到不同纬度不同初始冰雪厚度测点的积雪和海冰物质平衡过程；在长期冰站，选择平整冰和冰脊冰，布放海冰物质平衡或温度链浮标，比较平整冰和冰脊冰冬季的降温和生长过程。

4.2 海冰空间分布走航观测

4.2.1 考察站位及完成工作量

如图 4-1 所示，走航海冰观测沿考察航线进行，除海洋站位和冰站作业停船期间，每隔 0.5 h 记录一次冰情。观测从 7 月 25 日进入冰区（72.3°N，165.09°W）开始，至 8 月 7 日至长期冰站作业点（82.7°N，166.9°W）结束向北航段观测，8 月 15 日长期冰站结束后开始向南航行。共获得 729 组观测数据。船舶航行的转折点主要由海洋断面确定，如海洋站 P27、P21、P17、R18、E26、E21、R17 和 R11。进入冰区后，向东北航行至 P27 站，做完 P2 断面后再向东北航行至 P17 站，完成 P1 断面后进入 R 断面，也随之进入密集冰区；沿 R 断面向北完成了 4 个（SICE01～04）短期冰站的冰上考察工作，8 月 7—15 日进入长期冰站工作阶段，期间长期冰站主要向东偏北方向漂移（图 4-2）；结束长期冰站作业后，向西南航行至 E26 站，E 断面逐渐进入海冰边缘区，做完 E 断面后从 E21 向东北驶向 R17 站，然后沿 R 断面向南至 R11 站；之后再向东北驶向沉积捕获器释放点和地球物理测线，沿测线只有零星的浮冰，因此没有开展走航海冰观测；最后向西南，沿 S 断面存在较密集的浮冰带，经过浮冰带后（72.7°N，160.4°W），考察船进入完全无冰区域。

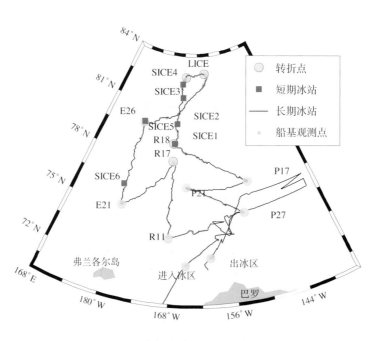

图 4-1 走航海冰观测点和冰站位置

Fig.4-1 Locations of ship-based sea ice observations and sea ice stations

红外海表温度测量从 7 月 24 日开始至 9 月 10 日结束，共获得 83.7 M 的观测数据，涵盖白令海峡以北的所有航段。电磁感应海冰厚度观测从 7 月 26 日开始至 8 月 25 日结束，共获得 191 M 的观测数据，涵盖所有海冰密集段大于 30% 的航段。基于可视化监控系统的海冰厚度观测从 7 月 26 日开始至 8 月 23 日结束，共获得 1.3 T 的观测数据。船侧海冰监测摄影从 7 月 26 日开始，至 8 月 25 日结束，共获得 53 200 帧照片。

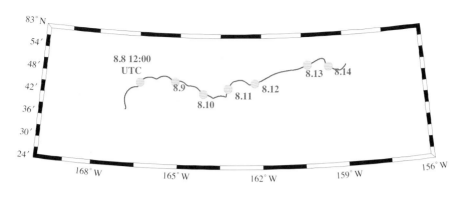

图 4-2 长期冰站的漂移轨迹
Fig. 4-2 Track of long-term sea ice station

表4-1 走航海冰观测工作量统计
Table 4-1 Ship-based sea ice observations

作业项目	人工观测	EM31 海冰厚度	红外皮温	摄影自动观测
完成工作量	36 d/729 组	31 d/191 M	48 d/83.7 M	31 d/53 200 帧

4.2.2 考察人员及考察仪器

4.2.2.1 考察人员

表4-2 走航海冰观测作业分工
Table 4-2 Working group for the ship-based sea ice observations

考察人员	作业分工
雷瑞波	走航观测协调、EM31 海冰厚度观测、红外皮温观测
沈辉、孙晓宇、左广宇、王庆凯、季青	走航海冰观测值班
王庆凯、左广宇	海冰摄影自动观测

4.2.2.2 考察仪器

观测海洋/海冰表面温度所使用的设备为德国 Heitronics 公司生产的 KT19.82IIP 红外辐射计，该仪器接收测量物体发射的红外辐射，可实现对海洋/海冰表面温度值的观测。测温度范围为 −20 ~ 70℃，测量精度为：±0.5℃ + 0.7% × 测量装置与被测物体温度差。红外辐射计的采样间隔为 1 s。仪器架设在驾驶台顶部，垂直向下，镜头轴线离开船体最外边缘 40 cm，镜头离水面 40 m。观测视场直径约 20 cm，能保证不受船体的影响。

可视化冰厚监测方法为通过一层甲板的左舷离水面 7 m，垂直向下的索尼录像机记录破冰船撞翻浮冰的厚度断面。通过比较海冰厚度断面与参照物的像数比例来确定海冰厚度。考察船破冰时对冰脊会一定的破坏作用，侧翻厚度断面难以保持完整，因此，该技术记录的主要是平整冰的海冰厚度。

电磁感应海冰厚度测量所采用的设备为加拿大 Geonics 公司生产的 EM31-ICE 型电磁感应海冰厚度探测仪，其发射和接收天线线圈间距为 3.66 m，工作频率为 9.8 kHz。电磁感应方法探测海冰厚度的依据是海冰电导率与海水电导率之间存在明显的差异。海冰电导率的变化范围在 0 ~ 30 mS/m，而海水电导率 2 000 ~ 3 000 mS/m。因此与海水相比，海冰电导率可以忽略不计。工作时，EM-31 发射线圈产生一个低频电磁场（初级场），初级场在冰下的海水中感应出涡流电场，由此涡流产生一个次级磁场并被接收线圈检测和记录，从而对冰底面作出判断。船载电磁感应海冰厚度监测系统在 EM-31 的基础上，集成了激光测距仪、声呐测距仪、倾角仪等，通过现场信号网络传输方式传输数据（图 4-3 和图 4-4）。其中，激光测距仪和声呐测距仪测量仪器与冰面之间的距离，EM-31 测量仪器与冰底之间的距离，后者减去前者就可得到海冰加积雪层的厚度。倾角仪用于监测仪器姿态。

图 4-3　船载电磁感应海冰厚度测量仪
Fig. 4-3　Sea-ice monitoring instrument based on an electromagnetic induction device

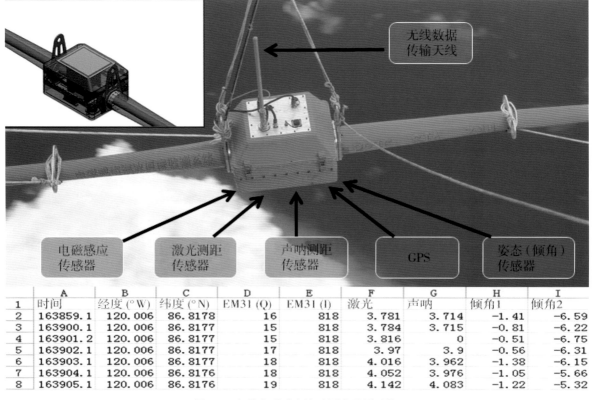

	A	B	C	D	E	F	G	H	I
1	时间	经度 (°W)	纬度 (°N)	EM31 (Q)	EM31 (I)	激光	声呐	倾角1	倾角2
2	163859.1	120.006	86.8178	16	818	3.781	3.714	-1.41	-6.59
3	163900.1	120.006	86.8177	15	818	3.784	3.715	-0.81	-6.22
4	163901.2	120.006	86.8177	15	818	3.816	0	-0.51	-6.75
5	163902.1	120.006	86.8177	17	818	3.97	3.9	-0.56	-6.31
6	163903.1	120.006	86.8177	18	818	4.016	3.962	-1.38	-6.15
7	163904.1	120.006	86.8176	18	818	4.052	3.976	-1.05	-5.66
8	163905.1	120.006	86.8176	19	818	4.142	4.083	-1.22	-5.32

图 4-4　船载电磁感应海冰厚度监测系统
Fig. 4-4　Sea-ice monitoring system based on an electromagnetic induction device

4.2.3 考察数据初步分析

EM-31 海冰厚度观测系统由于数据采集程序需要同时高频率采集多个通道的观测数据，因此数据通信链路经常会发生中断，仪器需要重新启动，这导致中断的数据累计约达 10 h。鉴于此，建议以后对设备进行改进过程中要充分考虑这个问题，采用高性能的工作站或者改变数据采集的技术方案。

如图 4-5 所示，沿向北的航线，随着进入冰区和向高纬地区行驶，海冰和海水表面的温度逐渐降低。7 月 28 日，随着进入 P2 断面，表面温度稳定在 −1.5 ～ 5℃，表面温度的日变化十分明显。8 月 3 日进入 R 断面向北航行后，由于海冰密集度加大，表面温度日变化逐渐降低。这种情况维持到 8 月 25 日，之后随着进入几乎无冰的海区，尽管季节逐渐进入夏末，表面温度依然随向南航段逐渐增大。这说明至 9 月初在海冰边缘区，海洋表面尚处于热饱和状态，远未达到冻结温度。

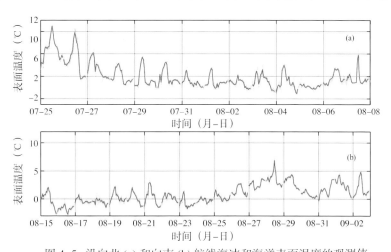

图 4-5 沿向北 (a) 和向南 (b) 航线海冰和海洋表面温度的观测值

Fig. 4-5 Sea ice and ocean surface temperature along the northward (a) and southward (b) tracks

如图 4-6 所示，2016 年夏季北冰洋海冰偏少，至 8 月 20 日，东西伯利亚海和加拿大海盆北侧开阔水区域分别延伸至 85°N 和 80°N，极点附近的东北极海冰密集度也只有约 60%，这是以往从来未出现过的。与此同时，在 165°E 至 165°W 之间存在一条向低纬延伸的冰带，该区域海冰一直延伸至约 72°N，较高的密集度一直维持至 8 月底。

图 4-7 给出了船侧海冰监测摄影的海冰冰情变化。去程途中，随着纬度增加，海冰范围变大，完整性增加，但仍然存在大片冰间水域；返程途中，所遇到的海冰多为破碎的小块浮冰。

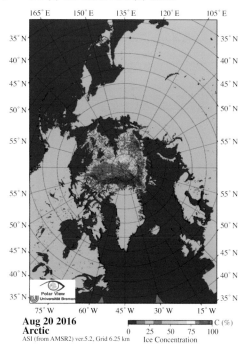

图 4-6 2016 年 8 月 20 日北冰洋海冰密集度分布（数据来自不来梅大学）

Fig. 4-6 Arctic sea ice concentration distribution on 20 August 2016 (Data from Bremen University)

74° 9.43′ N, 156° 11.57′ W

80° 50.42′ N, 168° 12.28′ W

76° 14.7′ N, 160° 57.53′ W

79° 37.19′ N, 179° 21.93′ W

78° 3.34′ N, 160° 24.24′ W

77° 51.11′ N, 179° 44.11′ W

79° 44.89′ N, 168° 55.55′ W

76° 8.36′ N, 179° 59.53′ E

82° 18.79′ N, 168° 14.87′ W

76° 6.75′ N, 175° 8.22′ W

图 4-7 浮冰冰情变化（左向北航线，右向南航线）

Fig.4-7 Variations of sea ice condition (left for northward navigation, right for southward navigation)

如图 4-8 所示，7 月 25 日进入冰区后，在巴罗东北角分布有较为密集的海冰，该区域海冰的特点是冰脊覆盖率较大，海冰表面和内部沉积物比例较大，因此多为从阿拉斯加或者加拿大北侧海域形成的固定冰在海流的作用下漂流至观测区域。经过该冰区后在 P1 和 P2 断面均为海冰边缘区，海冰密集度大多在 60% 以下。直至驶入 R 断面，海冰密集度有所增大，冰脊的覆盖率也有所增大。至 81°N 以北海冰密集度增大至 80% 以上，个别区域冰脊在海冰上的覆盖率达 50% 以上。沿向南航线，8 月 20 日，考察船逐渐驶离密集冰区，之后在海冰边缘区行驶。在海冰边缘地区，尽管海冰密集度很低，但冰脊的比例较大，主要为残留冰脊。如图 4-9 所示，浮冰的大小随纬度会发生明显的变化，无论是向北航线和向南航线，纬度高的区域浮冰大小明显较大。78°N 以北的密集冰区，浮冰大小的尺度大多在千米以上。沿向南航线与沿向北航线相比，浮冰大小明显变小，这与 8 月中旬和下旬进入北冰洋区域的两个强气旋有关。这个两个强气旋的中心气压分别达到 968 hPa 和 970 hPa，强气旋过程导致涌浪加大，海冰发生破碎，促进了海冰的进一步融化。被动微波卫星遥感的观测结果表明 2016 年 8 月北冰洋海冰范围每天会减少 75 000 km^2，这与我们考察区域向南延伸冰带的逐渐破碎融化关系密切。

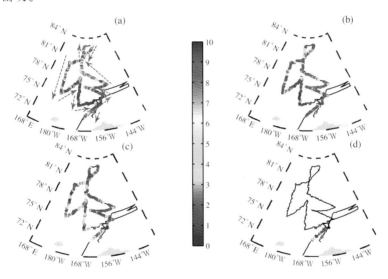

图 4-8　沿航线海冰密集度 (a)、融池覆盖率 (b)、冰脊覆盖率 (c) 和脏冰覆盖率 (d) 的空间分布
Fig.4-8　Spatial distributions of sea ice concentration (a), melt pond coverage (b), ice ridge (c) and dirty ice coverage (d)

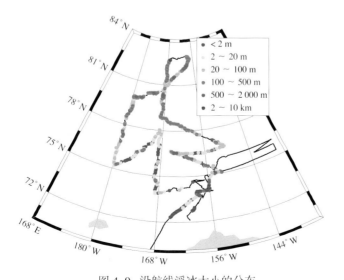

图 4-9　沿航线浮冰大小的分布
Fig. 4-9　Distribution of floe size along the track

图 4-10 给出了海冰厚度沿航线的分布，在边缘的冰脊区，由于多为残留的冰脊，冰厚加大，在 8 月底的向南航线上甚至还在 2.0 m 以上。除了冰脊区，在海冰边缘区，海冰厚度大多在 1.0 m。在 81°N 以北的密集冰区，1.5 m 以上的海冰逐渐增多。长期冰站平整冰的厚度为 1.2 ～ 1.5 m，因此所在浮冰具有较大的区域代表性。比较 EM31 和人工观测的结果发现，EM31 观测由于采样频率较高，所能观测到的海冰厚度范围较大，包括水道里冻结的薄冰，也包括冰脊冰，厚度在 10 cm ～ 4 m 变化（图 4-11）。人工观测主要体现平整冰的厚度，然而 EM31 小时平均值的变化趋势则与人工观测的结果较为吻合，这说明冰脊富集的海冰平整冰厚度也比较大。

中国第七次北极科学考察报告
THE REPORT OF 2016 CHINESE NATIONAL ARCTIC RESEARCH EXPEDITION

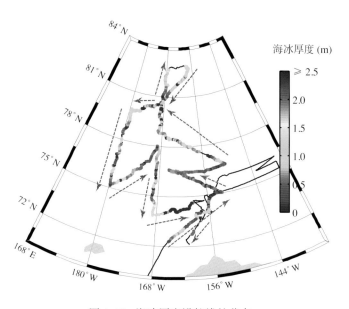

图 4-10　海冰厚度沿航线的分布
Fig.4-10　Distribution of sea ice thickness along the track

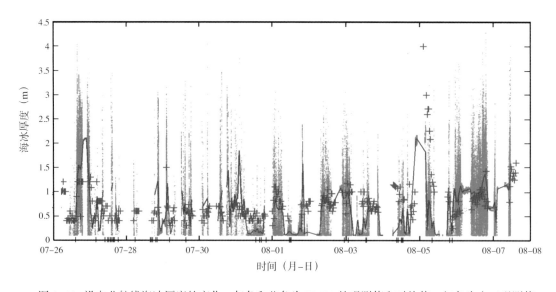

图 4-11　沿向北航线海冰厚度的变化：灰色和蓝色为 EM31 的观测值和时均值，红色为人工观测值
Fig. 4-11　Variations in sea ice thickness measured by EM31 (grey for secondly measurement and blue for hourly average) and ice watch from the bridge

4.3 积雪和海冰结构与力学性质观测

4.3.1 考察站位及完成工作量

表 4-3 给出了冰站作业时积雪测量的雪坑位置，依托短期和长期冰站的雪坑，实施积雪垂向物理参数和层理结构的观测。在长期冰站选取了 1 个面积约 150 m×80 m 的区域剖线用于积雪深度、积雪密度与含水量的观测，具体范围见图 4-12。

表4-3 冰站积雪测量相关信息
Table 4-3 Information for snow measurements over sea ice in ice stations

站位	时间（UTC）	雪坑位置		积雪观测参数 / 样本数		
		纬度	经度	深度（mm）	粒径 (mm)	反射率 (%)
SICE01	2016-08-04 02:00—06:00	78°58.27′N	169°13.57′W	3	2	—
SICE02	2016-08-04 21:30—2016-08-05 01:30	80°06.16′N	168°59.28′W	3	14	—
SICE03	2016-08-05 04:30—07:30	81°33.10′N	167°40.73′W	4	13	—
SICE04	2016-08-06 21:30—2016-08-07 00:30	82°17.20′N	168°09.15′W	10	6	—
LICE01	2016 8月7~15日	82°46.78′N	162°47.15′W	111	35	39
SICE05	2016-08-17 21:30—2016-08-18 00:30	79°56.43′N	179°21.25′W	20	6	21
SICE06	2014-08-19 22:30—2016-08-20 05:30	76°18.68′N	179°35.79′E	20	5	27

在冰站上共进行了 171 次（短期冰站 60 次，长期冰站 111 次）积雪深度的测量；获得积雪密度 / 含水量数据 422 组，其中，短期冰站 125 组，长期冰站 297 组，雪表层密度 / 含水量 165 组，剖面分层密度 / 含水量 237 组；进行了 48 次雪粒径的现场观测，获得 81 个有效样本数据，同时进行了 7 种冰雪表面类型共 87 个样本点的多光谱反射率的测量。数据质量良好。表 4-4 总结了本航次海冰表面积雪各观测参数的完成情况。

图 4-12　长期冰站积雪观测区域

(a) 积雪深度与表层雪密度的观测范围；(b) 长期冰站雪坑 SP1 所在区域的放大图；(c) 长期冰站雪坑 SP1

Fig.4-12　Areas for snow measurements in long-term sea-ice station

(a) profiles of snow depth and snow density measurements; (b) details for snow pit measurements area; (c) snow pit of SP1

表4-4　海冰表面积雪和冰芯观测完成情况

Table 4-4　Circumstantiality of snow and ice core observations

考察内容	完成情况
积雪深度	按实施计划完成
积雪密度与含水量	短期冰站 125 个测点，长期冰站 297 个测点，按实施计划超额完成
积雪粒径与层理结构	短期冰站按实施计划完成，长期冰站进行了两个雪坑的剖面观测
积雪多光谱反射特性	长期冰站按实施计划完成，短期冰站实施两次测量，按实施计划超额完成
冰芯采集	59 支，按实施计划完成

　　在短期冰站和长期冰站共钻取 59 支冰芯，对冰芯的温度、盐度、密度、晶体结构和力学性质进行了测定。其中密度、晶体结构和单轴压缩强度测试在低温实验室内完成。冰站采集冰芯的具体信息见表 4-5。

表4-5 冰站采样信息
Table 4-5 Information for ice coring in short-term and long-term ice camps

站位	日期（UTC）	采集冰芯数（根）	冰芯数（根）				
			温度	盐度	密度	晶体结构	力学性质
SICE01	2016-08-04	4	1	1	1	1	—
SICE02	2016-08-05	4	1	1	1	1	—
SICE03	2016-08-06	4	1	1	1	1	—
SICE04	2016-08-07	4	1	1	1	1	—
LICE01	2016-08-07—08-15	35	1	1	1	1	31
SICE06	2016-08-18	4	1	1	1	1	—
SICE07	2016-08-20	4	1	1	1	1	—

4.3.2 考察人员及考察仪器

4.3.2.1 考察人员

本航次参与海冰表面积雪和海冰冰芯观测的作业人员及其分工见表 4-6。

表4-6 积雪和冰芯观测作业人员
Table 4-6 Members of snow and ice core observations

考察人员	作业分工
王庆凯	冰芯采集、海冰温度 / 盐度 / 密度 / 力学强度观测
于乐江	冰芯采集
季青	积雪深度 / 密度 / 含水量 / 颗粒 / 层理结构 / 反射特性观测
雷瑞波	海冰晶体结构观测
左广宇	海冰力学强度观测

4.3.2.2 考察仪器

短期和长期冰站积雪物理特征的观测参数包括积雪深度、密度及含水量、雪粒径及层理特征、多光谱反射率。各参数观测使用仪器如下。

积雪深度的测量主要是利用钢尺进行冰站随机多点测量和雪坑垂直测量（图 4-13a），同时适时利用经过标定后带刻度的雪筒插至冰底进行测定，结果进行比较和验证。

积雪密度与含水量测量所使用的仪器是芬兰 Toikka 公司生产的雪特性分析仪 LK1604（图 4-13b），该仪器通过叉型的低频微波共振器测定表层积雪或雪坑层雪的介电常数，精确计算积雪的密度和含水量。LK1604 具有便携、快速准确测量的特点，适用于极地环境，测量温度范围为 –40 ～ 25℃，防水等级为 IP65，测定的介电常数实部 ε' 范围为 1 ～ 2.9，精度达到 0.02，虚部 ε'' 范围为 0 ～ 0.15，精度达到 0.002。

雪粒径与层理结构的观测主要使用 Anyty 公司生产的便携电子显微镜 3R-WM461（图 4-13c），显微镜放大倍率范围为 10 ～ 600 倍，并配有 8 个亮度可调 LED 对弱光环境进行补光。3R-WM461 通过 USB 接口同计算机连接，由计算机控制显微相机的工作状态和取景，对放置在方格纸上不同层的积雪颗粒进行拍照，记录层雪的形态特征和积雪类型，并在室内通过 3R Anyty 软件对拍照记录测定积雪颗粒的粒径大小。

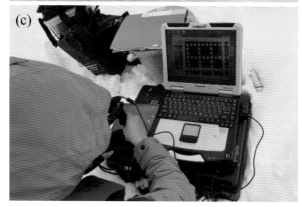

图 4-13 冰表积雪观测仪器
(a) 积雪深度测量钢尺；(b) 雪特性分析仪 LK1604；(c) 便携电子显微镜 3R-WM461；(d) 多光谱辐射仪 MSR16R
Fig.4-13 Instruments of snow measurements over sea ice
(a) ruler for snow depth measurements; (b) LK1604; (c) 3R-WM461; (d) MSR16R

积雪表面反射率的测量仪器是 Cropscan 公司生产的多光谱辐射仪 MSR16R，测量波长范围为 460 ~ 1 480 nm（图 4-13d）。MSR16R 采用垂直测量方式，32 个集成探测器分为朝上、朝下两组各 16 个探测器，每上下两个探测元件对应同一个波段（460 nm，550 nm，577 nm，600 nm，630 nm，650 nm，660 nm，670 nm，690 nm，720 nm，740 nm，770 nm，800 nm，900 nm，1 000 nm，1 480 nm），朝上的探测器接受来自太阳和天空的下行辐照，朝下的探测器接受来自地面的反射辐射。由二者即可计算出地表物体的反射率。

冰芯温度的测量是在冰芯钻取出来之后，用 3 mm 手电钻每隔 10 cm 在冰芯上钻取小孔，之后用热电偶温度计插入孔中，并用冰屑将小孔封住，待示数稳定后读取冰芯温度；海冰盐度测量是用手锯每隔 10 cm 将冰芯锯成小段并装入密封容器中，融化之后用 WTW 盐度计测量其盐度；冰芯密度测量是将冰芯切割成长度为 10 cm 的冰芯段，并用锯骨机将冰芯段上下两面整平，在天平上测量冰芯段质量，之后将冰芯段再切割成 2 块边长为 4 cm 的立方块，再用天平测量立方块的质量，两次测量计算平均值得到密度（图 4-15）。

海冰晶体结构观测是将冰芯每隔 10 cm 分割成段，之后在锯骨机下将冰芯段切割成 10 cm×9 cm×1 cm 的毛冰片。将毛冰片冻在玻璃片上，用刨刀切削毛冰片至其厚度小于 1 mm 并将薄冰片表面打磨平整（图 4-16）。将薄冰片放置在费氏台上，分别以白炽灯光源和正交偏振光源为背景观测晶体结构并拍照记录。

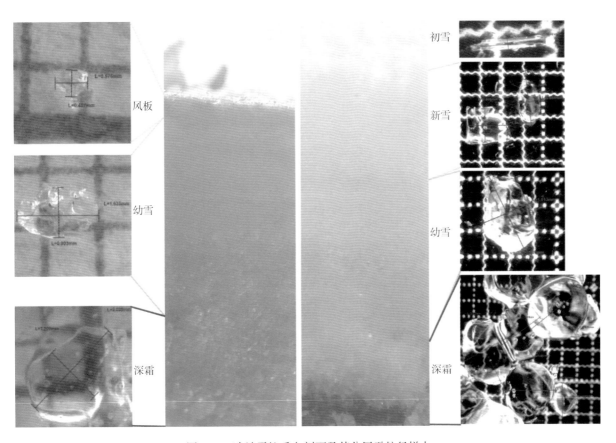

图 4-14 冰站雪坑垂向剖面及其分层雪粒径样本

Fig.4-14 Profiles of snow pit and snow gain size sample on different layer over sea-ice stations

图 4-15 冰芯密度测量

Fig. 4-15 Sea ice density measurement

图 4-16 冰芯晶体结构观测

Fig. 4-16 Sea ice crystal texture observation

　　对长期冰站所钻取的 31 根冰芯进行单轴压缩强度的测试。首先制作标准单轴压缩试样，即直径为 7 cm，长为 17.5 cm 的圆柱体。操作方法如下：用锯骨机将冰芯切成长度为 20 cm 的冰芯段，之后用小型冰用车床将冰芯段直径加工至 7 cm，最后再用锯骨机将冰芯段长度切割至 17.5 cm。

　　如图 4-17 所示，单轴压缩试验采用高压油泵压力机，通过调速电机调节加载速率，力传感器和激光位移传感器同步采集力和位移信号，通过采集卡，记录在笔记本终端。本航次单轴压缩试验共完成 5 组，计 122 次有效测试，考虑温度、晶体、应变速率等影响因素，试验具体信息见表 4-7。每组试验之前，先将压缩试样放入低温恒温箱恒温至试验温度 12 h。

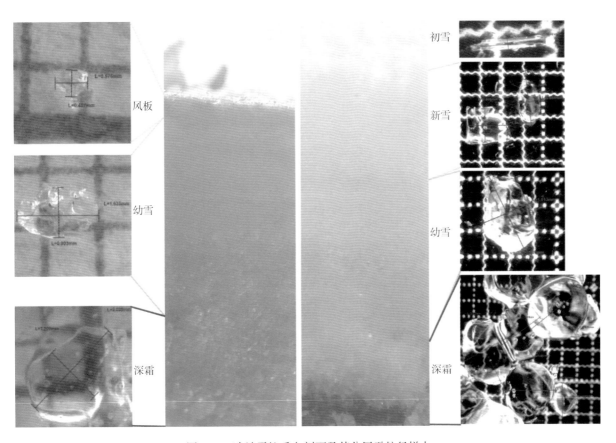

表4-7　单轴压缩试验信息
Table 4-7　The details of uniaxial compression test

组次	试验温度（℃）	晶体	考虑因素	试样数量（根）
1	-9	柱状	应变速率	23
2	-9	粒状	应变速率	26
3	-6	柱状	应变速率	22
4	-6	粒状	应变速率	27
5	-3	柱状	应变速率	24

图 4-17　海冰单轴压缩试验
Fig. 4-17　The sea ice uniaxial compression test

4.3.3　考察数据初步分析

本航次对短期和长期冰站的积雪观测严格按照相关调查和测量的规程和规范进行作业，所有积雪物理参数的观测均采用同测点多次测量的方式以减小观测结果的误差。对积雪深度和积雪密度的观测，适时采用雪筒称重法和雪特性分析仪（微波法）两种方法进行观测，对雪特性分析仪的测量结果进行标定和检核；对积雪粒径的测量，每次作业前均使用专用测微校正尺进行长度测量的标定；在使用多光谱辐射仪进行冰站作业前，采用标准白板进行校准后再对不同冰雪表面的反射特性进行测量。此外，还对所有参数观测的明显异常值进行剔除处理。总体而言，观测数据质量良好。

从各个冰站的积雪观测结果综合来看，积雪深度在 19 ~ 241 mm，短期冰站所有测点平均积雪深度为 101 mm，长期冰站的平均积雪深度为 103 mm，与中国第四次北极科学考察数据比较，积雪深度相当。从积雪含水量和密度的观测结果来看，短期冰站积雪表层平均含水量和密度分别为 2.011% 和 0.271 6 g/cm³，长期冰站则为 1.220% 和 0.306 4 g/cm³，短期冰站的雪坑垂直剖面平均含水量和密度分别为 2.455% 和 0.375 2 g/cm³，长期冰站则分别为 2.668% 和 0.374 6 g/cm³，雪坑剖面的平均含水量和密度均高于表层观测的含水量和密度，主要是因为积雪底部存在湿雪层或湿雪冻结层，同时雪盖底层雪颗粒通常较大，形状圆滑，湿雪冻结层则硬度较大，接近雪冰（表 4-8）。在 3 号冰站 SICE03 及长期冰站 LICE01 雪盖底部湿雪层较为明显，观测点铲除积雪层后，冰面会出现渗水现象。由于观测点冰舷高度为正值，可以推断湿雪层是由冰雪界面积雪融化形成。

表4-8　短期冰站积雪观测结果

Table 4-8　Snow physical properties over short-term sea-ice station

冰站编号	平均雪深（mm）	平均含水量（%）	平均密度（g/cm³）	层理与雪粒径描述
SICE01	103	3.607	0.366 5	底层重冻结层上为 2 cm 的深霜（粗颗粒雪），粒径长半轴 767 μm，短半轴 505 μm；中层 6 cm 为幼雪（圆粒雪），粒径长半轴 378 μm，短半轴 328 μm；表层有 2 cm 的风板（变质雪壳）
SICE02	130	2.093	0.367 8	底层重冻结层上为 5 cm 的深霜（粗颗粒雪），粒径长半轴 566 μm，短半轴 409 μm；表层 8 cm 为幼雪（粒雪），粒径长半轴 341 μm，短半轴 264 μm
SICE03	136	4.117	0.384 9	底层湿雪层上为 6 cm 的深霜（粗颗粒雪），粒径长半轴 1 216 μm，短半轴 862 μm；表层 7 cm 为幼雪（粒雪），粒径长半轴 755 μm，短半轴 562 μm
SICE04	70	4.307	0.306 4	底层湿雪层上为 3 cm 的深霜（粗颗粒雪），粒径长半轴 759 μm，短半轴 522 μm；表层 4 cm 为幼雪（粒雪），粒径长半轴 731 μm，短半轴 471 μm
SICE05	74	1.764	0.295 4	底层湿雪层上为 6 cm 的深霜（粗颗粒雪），粒径长半轴 1 819 μm，短半轴 1 425 μm；表层有 1 cm 的风板（变质雪壳）
SICE06	90	1.901	0.388 0	底层重冻结层上为 2 cm 的深霜（粗颗粒雪），粒径长半轴 919 μm，短半轴 742 μm；中层 6 cm 为幼雪（圆粒雪），粒径长半轴 471 μm，短半轴 328 μm；表层有 1 cm 的风板（变质雪壳）

长期冰站作业期间发生过几次降雪和一次冻雨过程。降雪过程导致 8 月 10 日、11 日和 13 日（UTC）冰站雪面出现新雪层，新雪层密度较低，颗粒直径较小，内部空气含量较大，因此具有更低的热传导系数，从而阻碍海冰的消融。8 月 8 日（UTC）的冻雨过程使得 8 月 9 日积雪表面粗糙度增大，积雪含水量明显增大。降雪过程使得长期冰站平均积雪深度具有明显增加的趋势，由 8 月 9 日的 109 mm 累积至 8 月 13 日的 138 mm。

对不同地物光谱特征进行调查可以更好地应用遥感技术识别地物，准确识别和获取目标地物的信息。从 7 种表面类型（冰脊雪、平坦雪、融池覆雪、融池覆冰、雪坑冰、融池及海水）的多光谱反射辐射的初步测量结果（图 4-18）可以看出，冰雪光谱曲线在 600 nm、670 nm 和 700 nm 处具有明显的反射峰，在 630 nm、690 nm 和 820 nm 处处于光谱吸收态。雪的反射率要高于冰和水的反射率，冰脊雪的反射率要高于平坦冰，说明地形和表面粗糙度对于光谱反射具有重要的影响。融池覆雪、融池覆冰和融池水的光谱反射率的差异明显，而融池覆冰和雪坑冰（相当于裸冰）的反射率在可见光波段（尤其是 630～770 nm）差异不大，在反射近红外波段则可以较好地区分。长期冰站 LICE01 的融池覆冰反射率要高于第 6 个短期冰站 ICE06 的融池覆冰反射率是因为长期冰站纬度更高，观测时点较早，表面融池上覆盖相对更厚的冰。

如图 4-19 所示，夏季为海冰融化期，海冰温度较高，处于 0～-1.2℃，冰温随深度的增加而增加；海冰盐度较低，均在 4.0 以下，盐度在表层接近于 0，随深度的增加而增加；海冰密度多介于 700～950 kg/m³，表层海冰由于温度较高，融化现象严重，再加上卤水大量排泄导致卤水通道联通，使表层海冰结构疏松，孔隙丰富，密度较低，海冰中下层，气泡和孔隙减少，结构密实，密度比表层大。

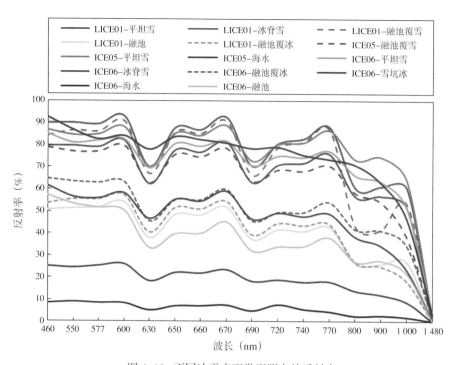

图 4-18 不同冰雪表面类型测点的反射率

Fig. 4-18 Spectral refection of different measurement sites for various snow-ice surface type

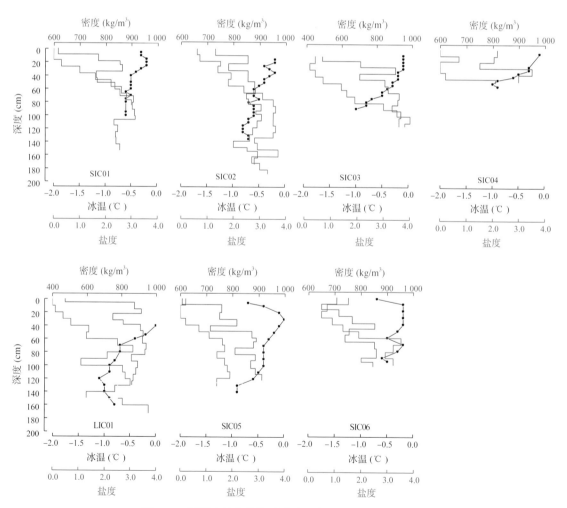

图 4-19 短期冰站和长期冰站冰芯的温度、盐度和密度

Fig. 4-19 Temperature, salinity and density of the ice cores collected from short term and long term ice camps

冰芯晶体结构的变化表明海冰生长时间内经历了大气强迫的突变和动力作用。图4-20基于SICE02偏振光下的晶体结构照片分析了该短期冰站所采集冰芯的层理特征。冰芯0～61 cm为柱状冰，61～115 cm柱状晶体粒径变大，115～156 cm为粒状冰，其中122～131 cm存在明显的不连续层，可能是由于海冰之间的碰撞重叠所致。白炽灯光源下的冰芯薄片表明，冰芯上层卤水泡和气泡较多，并且部分卤水泡已经相互连通；中部卤水泡和气泡含量减小；下部卤水泡和气泡含量又有所增加。

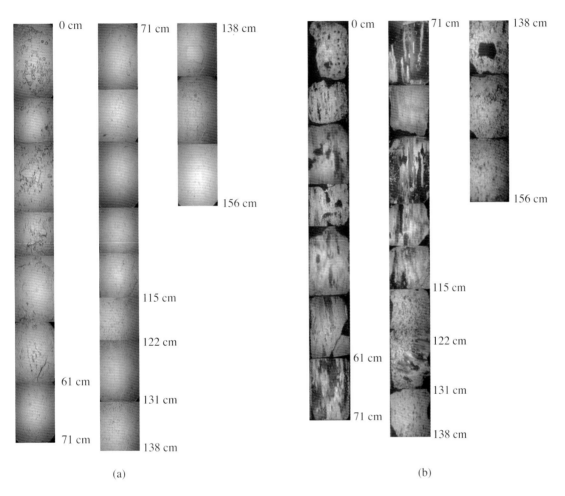

(a)   (b)

图4-20 SICE02冰芯薄片在自然光(a)和偏振光(b)下的观测结果
Fig. 4-20 Thin sea ice sections collected in SICE02 under filament lamp light and polarized light

基于图4-21分析了LICE01冰站所采集冰芯的层理特征。冰芯10～46 cm为柱状冰，46～97 cm为粒状冰，97～147 cm为柱状冰，147～173 cm为粒状冰。从水平切片的晶体结构来看，冰芯中层晶体粒径较小，表层粒径比中层稍大，底层冰芯晶体粒径最大。白炽灯光源下的冰芯薄片表明，冰芯上层结构被卤水泡和气泡破坏严重；中部卤水泡和气泡含量减小；下部卤水泡和气泡含量又有所增加。

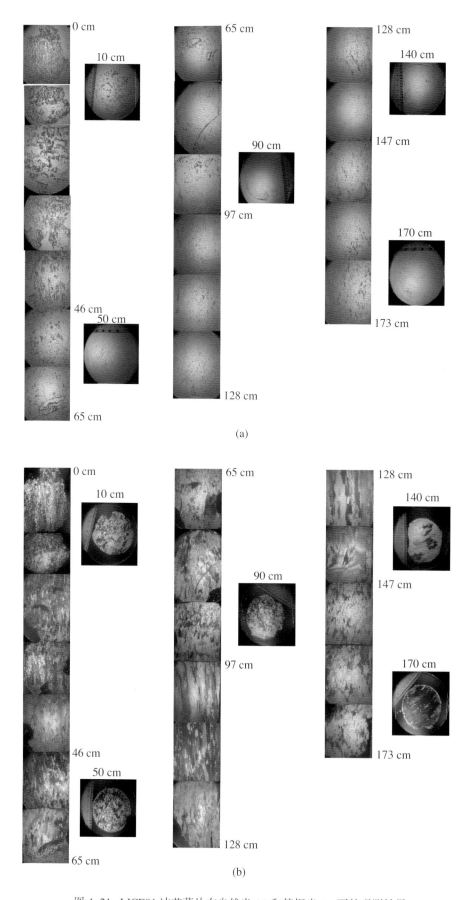

图 4-21　LICE01 冰芯薄片在自然光 (a) 和偏振光 (b) 下的观测结果

Fig. 4-21　Thin sea ice sections collected in LICE01 under filament lamp light and polarized light

海冰的力学性质受应变速率的影响。应变速率较快时，表现脆性，如图4-22所示，试验温度为-6℃，试样晶体结构为粒状冰，应变速率为 $5.14 \times 10^{-3}/s$，加载后应力随应变线性增加并在达到峰值后迅速跌落，单轴压缩强度为2.06 MPa，对应的破坏形态如图4-22所示，为一条主裂缝贯穿试样，劈裂成两半，发生的应变较小。应变速率较慢时，表现为塑性，如图4-23所示，试验温度为-6℃，试样晶体结构为柱状冰，应变速率为 $1.17 \times 10^{-5}/s$，加载后应力随应变线性增加，达到峰值产生明显的屈服，屈服过程中，试样内部微裂缝形核、开展、连通，最终导致试样崩塌，单轴压缩强度为1.82 MPa。

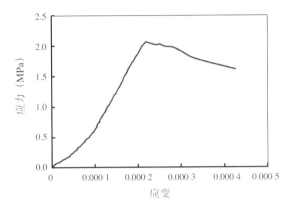

图4-22 脆性破坏的应力—应变曲线和破坏形态

Fig. 4-22 The stress–strain curve and fracture pattern of brittle behavior

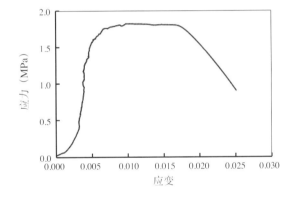

图4-23 塑性破坏的应力—应变曲线和破坏形态

Fig. 4-23 The stress–strain curve and fracture pattern of ductile behavior

4.4 冰站海冰厚度观测

4.4.1 考察站位及完成工作量

按照中国第七次北极科学考察计划，采取EM31以及人工观测的方式共完成了1次长期冰站和6次短期冰站的冰雪厚度测量工作，基本情况见表4-9。其中长期冰站测量80 m断面13条（图4-24），并间隔88 h完成两次EM31断面冰厚及雪厚测量工作，完成64个人工钻孔冰雪厚度测量。

表4-9　冰站EM31冰厚观测基本信息
Table 4-9　Sea ice thickness measurement using EM31 at ice stations

冰站号	起始时间（UTC）		断面数（个）	断面长度（m）	打孔数（个）	EM31平均误差（m）	备注
LICE01	08-10	05:40	13	80	64	0.079	
LICE01	08-13	22:10	13	80	0	无	海冰发生漂移
SICE01	08-04	01:30	1	100	6	0.006	其中一孔没透
SICE02	08-04	23:00	1	100	10	0.005	其中一孔没透
SICE03	08-06	04:00	2	100/40	10	0.073	
SICE04	08-06	22:00	2	90/100	30	0.078	
SICE05	08-17	22:00	2	100/60	18	0.128	
SICE06	08-19	23:00	2	100/100	4	0.15	

表4-10　冰站地质雷达冰厚观测基本信息
Table 4-10　Sea ice thickness measurement using the GPR

冰站号	断面长度	网格面积（m²）
SICE01	20 m雪厚测线2条	20×20
SICE02	30 m雪厚测线1条	30×30
SICE03	45 m和20 m雪厚测线2条	45×25
SICE04	75 m雪厚测线1条	10×10
SICE06	90 m雪厚测线1条	20×20
LICE01（8-10）	80 m和40 m雪厚测线2条	80×40
LICE01（8-12）	80 m雪厚测线一条	80×40

图4-24　长期冰站冰厚观测作业区
Fig. 4-24　Measurement area for ice thickness using EM31 at the long-term ice station

4.4.2 考察人员及考察仪器

4.4.2.1 考察人员

表4-11 冰站冰厚观测作业分工
Table 4-11 Working group for sea ice thickness measurement at ice stations

考察人员	作业分工
沈辉	EM31 海冰厚度观测
孙晓宇	EM31 海冰厚度观测
张通	钻孔海冰厚度观测
曹勇	地质雷达冰厚数据采集
王明锋	地质雷达冰厚观测

4.4.2.2 考察仪器

EM31 主要是根据海冰电导率与海水电导率之间的明显差异，利用电磁场原理精确探测仪器至冰水交界面的距离，以实现海冰厚度的测定。EM-31 是单频观测，频率为 9.8 kHz，线圈天线长度为 3.66 m。利用预安装的 ICE 软件，并根据实测海水电导率输入软件中，仪器直接读出海冰底面到 EM31 之间的视距和视电导率，经预处理等校正后，再反演出仪器到冰水界面之间的真实距离。积雪和海冰的总厚度可以通过仪器到冰水界面距离减去仪器与积雪面的距离得到。

图 4-25 冰厚测量仪器 EM31
Fig. 4-25 The instrument for ice thickness measurements, EM31

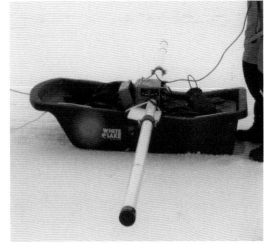

pulseEKKO PRO 专业型地质雷达是目前世界上功能最强大和配置灵活的地质雷达系统之一，基本的组成结构如图 4-26 所示。它是在原 pulseEKKO 1000 等的基础上，推出的新一代地质雷达，进一步提高了雷达系统性能指标，可用于考古、基岩深度、浅层地质勘测、冰川、潜水面、冰雪厚度、地下不同深度埋设物等的探测。

控制单元

DVL 正面

Electrical Beeper/Trigger

里程表电缆

DVL 背部

发射传感器电缆

电力电缆控制模块

接收传感器电缆

12 V 电池

发射信号传感器 接收信号传感器

可调式牵引手柄

大轮里程表

Skid Plate Assembly

图 4-26 pulseEKKO PRO 专业型地质雷达
Fig. 4-26 The complete high frequency pulseEKKO PRO tow mode assembly

根据系统天线的不同，地质雷达探测的深度和精度有所区别。如表 4-12 所示，250 MHz 系统天线探测深度为 3 m，时窗宽度为 100 ns，采样间隔 0.4 ns，在极区适用于测量海冰厚度。1 000 MHz 的天线时窗更高，采样间隔更小，测量深度较浅，但精度更高，多用于积雪厚度的测量。中国第七次北极科学考察首次使用了这两种天线，分别对长期冰站和短期冰站的积雪和海冰厚度进行了测量，如图 4-27 所示，在测量中分别采用线形和网格化方式，获取了一定空间范围的积雪和海冰厚度数据。

表4-12　pulseEKKO PRO 专业型地质雷达主要技术指标
Table 4-12　Main specifications of pulseEKKO PRO

地面天线 (MHz)	时窗宽度 (ns)	采样间隔 (ns)	天线收发距离 (m)	测量点距 (m)	传播速度为 0.1m/s 时的测量深度 (m)
250	100	0.4	0.38	0.05	5
1 000	25	0.1	0.15	0.01	1.25

图 4-27　利用 pulseEKKO PRO 进行海冰厚度的现场观测
Fig. 4-27　In situ deployment of pulseEKKO PRO

4.4.3　考察数据初步分析

第一次长期冰站冰厚观测工作起始时间为 2016 年 8 月 10 日 5 点 40 分（UTC 时间），测量内容包括 EM31 冰厚、人工冰厚、雪厚。第二次长期冰站测量工作起始时间为 2016 年 8 月 13 日 22 点 10 分（UTC 时间），测量内容包括 EM31 冰厚、雪厚。

与 64 个人工打孔冰厚测量相比较，长期冰站 EM31 冰厚测量误差为 6.85 cm，略小于人工观测值。其中 44 个点误差都在 10 cm 以内，16 个点误差大于 10 cm，4 个点误差小于 -10 cm。由于两次 EM31 冰厚观测之间有一次较大的风雪天气过程，造成观测点标志物部分损毁，因此第二次测量与第一次测量在空间上无法很好地重合，两次长期冰站冰厚空间分布如图 4-28 所示，由冰脊的位置可以明显看出第二次观测中冰脊左侧测量范围有所增大。第一次测量中所有断面冰厚平均值为 130.2 cm，第二次测量平均冰厚为 133.3 cm，较第一次测量平均冰厚增加了 3.1 cm，这与第二次测量的冰脊范围大于第一次有直接关系。以后航次的长期冰站观测工作中，构建稳定的观测场标志物非常重要。两次测量给出的平整冰厚度均在 1.0 ~ 1.6 m，冰脊顶部为 2.0 ~ 2.7 m。

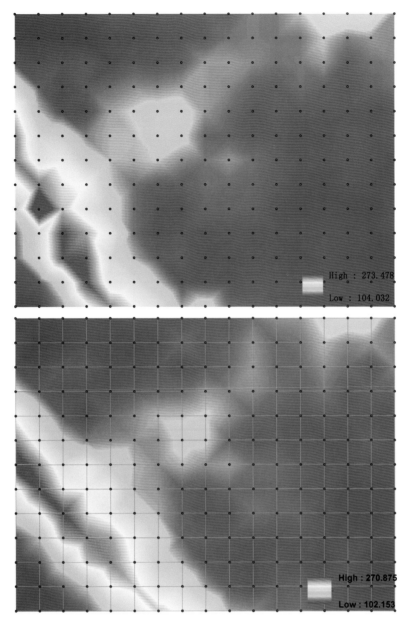

图 4-28 长期冰站冰厚空间分布
（上图为第一次测量，下图为第二次测量）
Fig. 4-28 The spatial feature of ice thickness distribution at the long-term ice station

6 次短期冰站起始时间分别为 UTC 时间 8 月 4 日 1 点 30 分、8 月 4 日 23 点、8 月 6 日 4 点、8 月 6 日 22 点、8 月 17 日 22 点和 8 月 19 日 23 点，第一、第二个短期冰站分别完成了一个 EM31 断面的测量工作，其余 4 个短期冰站都完成了 2 条 EM31 断面的测量，所有短期冰站共完成 78 个钻孔冰厚测量工作，其中第一个短期冰站 6 个，第二个短期冰站 10 个，第三个短期冰站 10 个，第四个短期冰站 30 个，第五个短期冰站 18 个，第六个短期冰站 4 个，其余测量内容与长期冰站一致。前 4 个短期冰站完成于长期冰站之前，后两个短期冰站在长期冰站之后。以钻孔数据为准对 EM31 冰厚测量进行评价，第一、第二短期冰站平均误差最小，不到 1 cm，第五、第六短期冰站平均误差最大，分别达到 12 cm 和 15 cm。短期冰站测得的数据内容如图 4-29 ～图 4-34 所示。除第五个冰站外，其他观测断面均在冰脊区上，其中冰站 3 和 4 的断面横穿冰脊，观测数据给出了冰脊两侧冰厚的变化，冰站 3 冰脊顶部的海冰厚度约为平整冰的 2 倍，反映了冰脊形成对海冰厚度重分布的作用。

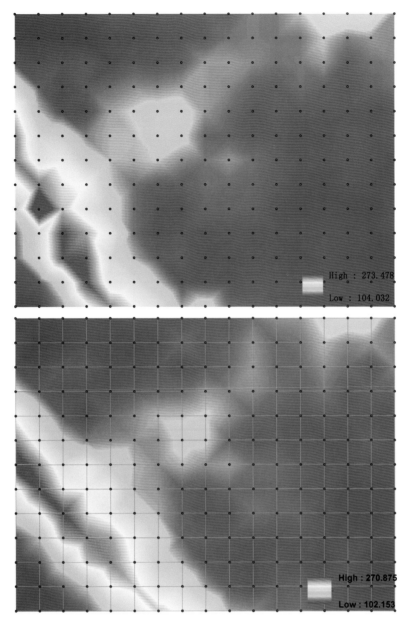

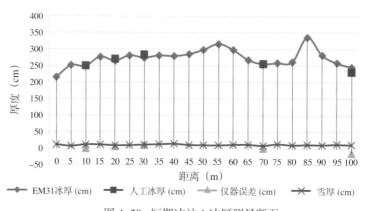

图 4-29　短期冰站 1 冰厚测量断面
Fig. 4-29　Sea ice thickness at SICE01

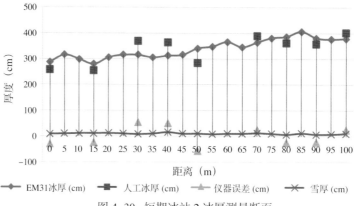

图 4-30　短期冰站 2 冰厚测量断面
Fig. 4-30　Sea ice thickness at SICE02

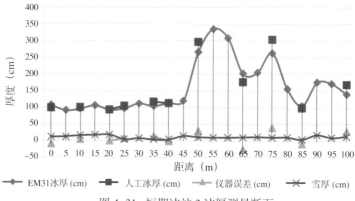

图 4-31　短期冰站 3 冰厚测量断面
Fig. 4-31　Sea ice thickness at SICE03

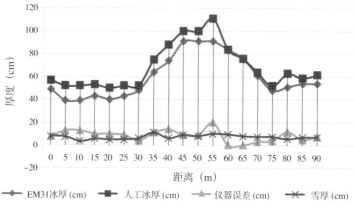

图 4-32　短期冰站 4 冰厚测量断面
Fig. 4-32　Sea ice thickness at SICE04

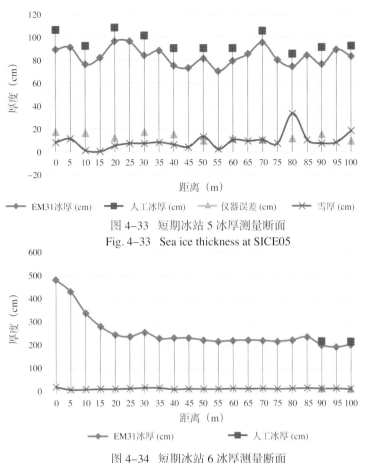

图 4-33　短期冰站 5 冰厚测量断面
Fig. 4-33　Sea ice thickness at SICE05

图 4-34　短期冰站 6 冰厚测量断面
Fig. 4-34　Sea ice thickness at SICE06

　　利用雷达测量介质厚度或者深度，首先需要了解雷达在介质中的传播速度。虽然在仪器使用说明中列出了雷达在冰中的传播速度，但该值仅是一个参考值。由于夏季海冰融化而导致海冰孔隙、含水量等物理性质差异极大，雷达在不同海冰中的传播速度不尽相同，因此需要在每个冰站上测量之前，先对雷达的传播速度进行现场标定。即首先要在测量区域附近打孔，人工测量出海冰的厚度，然后用 pulseEKKO PRO 测量，得到雷达的回波曲线。利用人工测量的冰厚对回波曲线进行订正，进而确定雷达在该冰中的传播速度。然后对测量区域进行网格化观测，通过回波曲线可以看到冰底的起伏变化，并利用传播速度和传播时间，计算出海冰厚度。

　　以 SICE06 站为例，在该站位进行了 20 m×20 m 范围的海冰厚度网格化测量，如图 4-35 所示。按照观测要求，首先在 Y 轴方向进行测量，并在 (0，10) 位置处通过打孔测冰厚的方式订正雷达在海冰中的传播速度。设定每条测线长度为 20 m，测线间的距离为 5 m，共获得 10 组海冰厚度测线。每组测线得到的海冰厚度断面如图 4-36 所示，利用 Icepicker 软件选取冰底界面并得到海冰厚度的量值。在 SICE06 站位的观测区域内，海冰厚度的最大值和最小值分别是 249.6 cm 和181.4 cm，平均厚度为 207.7 cm。对 10 条测线组成的网格区域进行插值，可以得到该区域内海冰厚度三维空间分布特征，如图 4-37 所示。从该三维立体图的上表面显示的海冰冰底的形态特征，可以发现，尽管图 4-37 显示海冰表面比较平整，但在冰底存在一定的高低起伏，该起伏状态的标准差为 9.7 cm，相对于海冰厚度而言，总体起伏较小。由于该观测区域位于两条冰脊之间（YLINE00以西和 YLINE04 以东），而且 X 轴以南黄河艇附近为开阔水，因此东西两侧的海冰厚度较大，平均值分别为 232.6 cm 和 215.4 cm，起伏也较为明显，标准差分别为 16.8 cm 和 18.6 cm。而在 X 轴以南的区域海冰厚度和起伏变化都比较小，均值和标准差分别为 203.8 cm 和 14.7 cm。

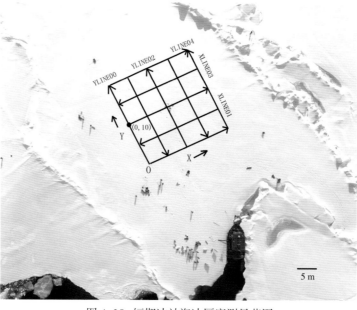

图 4-35 短期冰站海冰厚度测量范围

Fig.4-35 Areas and profiles for sea-ice thickness measurements in SICE06

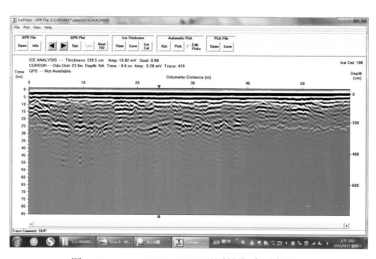

图 4-36 pulseEKKO PRO 观测的海冰厚度测线

Fig. 4-36 Ice thickness section measured by pulseEKKO PRO

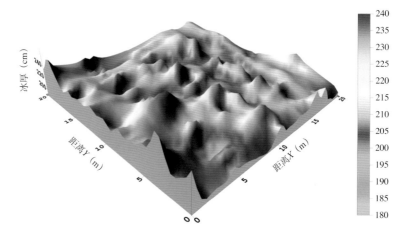

图 4-37 海冰厚度分布特征

Fig. 4-37 3D display of sea ice thickness

另外，利用中国海洋大学自主研发的积雪厚度仪，在SICE06站，进行了一条95 m长的积雪厚度测线。图4-38给出测量区域内积雪厚度分布状态，最大和最小积雪厚度分别为19.4 cm和6.6 cm，平均雪厚为12.8 cm。

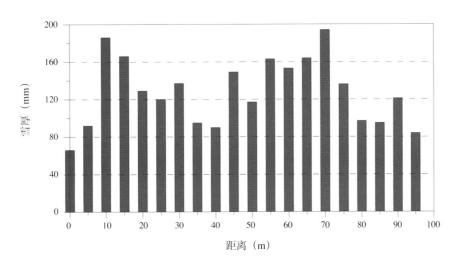

图4-38 短期冰站06积雪厚度分布
Fig. 4-38 Snow depth in SICE 06

4.5 海冰光学观测

4.5.1 考察站位及完成工作量

（1）在短期冰站SICE02～05开展积雪反照率和透射率的观测，在长期冰站开展了连续6 d的积雪透射率观测。

（2）海冰辐射观测共对5个短期冰站和1个长期冰站进行了观测。对短期冰站SICE01和SICE02分别进行了1个位置的透射辐射观测，对SICE03、04和06站分别进行了2个位置的透射辐射观测，每个位置观测持续10 min以上。对长期冰站的1个位置进行了6个时间段的海冰透射辐射连续观测，每个时间段持续数个小时。总共获得3.06 G共计15万条Trios辐照度数据。

（3）融池反照率观测工作量信息见表4-13。

表4-13 融池反照率观测信息
Table 4-13 Information of albedo measurement over melt ponds

冰站	作业情况
SICE01	共观测了3个融池，每个融池观测20 min
SICE02	共观测2个融池，其中第2个融池观测2次，分别测量其不同的表面状况（冰和水）
SICE03	共观测4个融池，前3个融池分别观测了20 min，第4个融池观测了10 min
SICE04	冰站基本都被雪覆盖，没有进行融池观测
LICE01	长期冰站融池表面反照率观测对一个融池进行了长期观测，观测时间从2016-08-08 09:00至2016-08-14 21:46

4.5.2 考察人员及考察仪器

4.5.2.1 考察人员

表4-14 积雪和海冰光学观测作业分工
Table 4-14 Working group for sea ice thickness measurement at ice stations

考察人员	作业分工
雷瑞波	积雪光学观测
李涛	海冰透射观测
刘一琳	海冰透射观测
林龙	融池反照率观测

4.5.2.2 考察仪器

积雪光学观测系统由 3 个 Ramses ACC–VIS 高光谱辐照度计，分别用于测量表面向下谱辐射、表面向上谱辐射和积雪底部透射辐射。Ramses 高光谱辐照度计为德国 TriOS 公司生产，测量波长范围为 320 ~ 950 nm，传感器探头为余弦接收器，谱分辨率为 3.3 nm/pixel，谱精度为 0.3 nm。传感器安装于离冰面 1 m 处，保证冰面直径 4 m 的观测视场能收集 98% 以上的辐射能量；架设仪器用的三角架相距 4 m，因此可以忽略三角架对向上辐射通量测量的影响。通过测量表面的向下辐射和向上辐射确定表面反照率，再利用安装于积雪底部的传感器测量结果确定积雪辐射透射量。

海冰光学观测使用的仪器是也为 Ramses–ACC–VIS 高光谱余弦辐照度传感器。

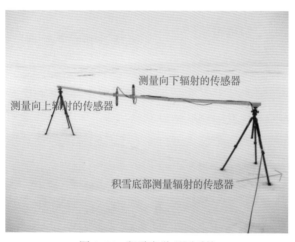

图 4-39 积雪光学观测系统
Fig. 4-39 The system for snow optical measurement

图 4-40 海冰光学观测现场布放
Fig. 4-40 In-situ setup of sea ice optical observation

融池表面辐射观测使用 CNR4，布放时将 CNR4 架设于三脚架之上，探头高度一般位于融池表面 1 m 左右，通过一根可伸缩的长杆将探头延伸至融池上部进行观测（图 4-41）。

CNR4 仪器由 Campbell Scientific 电子公司生产（CNR4 NET RADIOMETER），采用自容式观测，数据通过数据采集箱连接计算机 PC400 软件获取。该仪器除了测量太阳短波辐射、长波辐射以外，还可以测量空气中的温度，输出净短波辐射、净长波辐射、净辐射以及反照率，仪器观测的采样时间间隔可以根据需要修改，最小设置为 1 s。

CNR4 主要技术指标如下。

测量光谱范围：305 ~ 2 800 nm；测量温度范围：-40 ~ 80℃；湿度范围：0 ~ 100% RH；调节水平的气泡灵敏度：< 0.5°；探头类型：热电堆；灵敏度：10 ~ 20 μV/(W/m²)；反应时间：< 18 s；向上探头测量视野：180°；向下探头测量视野：150°；测量太阳辐照度范围：0 ~ 2 000 W/m²。

图 4-41　CNR4 主探头及现场布放操作
Fig. 4-41　CNR4 data collection over melt pond

4.5.3　考察数据初步分析

2016 年 8 月 4 日，第一个短期冰站，04:45:00 左右冰上 Trios（编号 8493）边上有人作业，在一定程度上遮挡了直射到 Trios 的太阳光。2016 年 8 月 20 日，第六个短期冰站，冰下 Trios 探头（编号 5041）倾角过大，为 8°，需要后期处理的时候加以校正。其余的 Trios 数据质量良好，未见明显异常。

图 4-42 给出了各个短期冰站的积雪反照率和透射率，从数据可以看出，不同厚度积雪的反照率差别不大，但透射率差异较大。例如，冰站 SICE02 积雪厚度为 0.11 m，SICE03 积雪厚度为 0.1 m，但积雪底部有约 0.1 m 的湿雪层，SICE04 积雪厚度只有 0.03 m，SICE05 积雪厚度则为 0.09 m；与之对应，所有冰站的反照率在 0.791 ~ 0.795，变化不大；SICE04 的积雪透射率为 0.508，约为 SICE03 的 4 倍，后者为 0.131。从谱形来看，SICE04 积雪透射率在近红外区域明显偏小，这与该积雪层底部存在较厚的湿雪层有关，湿雪层内部的水分对近红外波段具有较强的吸收能力。

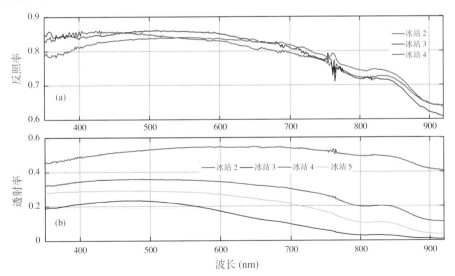

图 4-42　短期冰站积雪反照率 (a) 和透射率 (b)
Fig. 4-42　Snow spectral albedo (a) and radiation transmittance (b)

图 4-43 给出了从 8 月 9 日下午至 8 月 15 日早上长期冰站积雪表面入射谱辐射、反射谱辐射以及谱透射率的变化。8 月 9—10 日，尽管有零星的降雪，但由于气温较高，且降雪主要为雨夹雪，积雪主要表现了融化，积雪厚度从 0.10 m 降低至 0.07 m。之后 8 月 11—12 日出现了阵雪天气，积雪厚度逐渐增大至 0.12 m，透射率明显降低，积分透射率从约 0.28 减小至约 0.25（图 4-44）。8 月 11—12 日夜间由于入射辐射十分低，这导致积雪底部的透射量接近于 0，观测误差增大，从而使透

射率明显偏小，将来在数据分析过程中应予以剔除。8 月 13 日，出现了 15 ～ 20 m/s 的大风天气，风吹雪作用使得积雪厚度明显减小，最小积雪厚度为 0.05 m，这导致透射率增大至约 0.38。8 月 14 日以后，风速降低至 8 m/s 以下，并且出现了大雪天气，至 15 日早上，积雪厚度达 0.24 m，并且表面覆盖有约 0.15 m 的新雪，这导致透射率明显变小，最低至 0.11。

从谱形来看（图 4-45），500 ～ 600 nm 波段的透射率最大，近红外波段的透射率最小。对比 8 月 12 日和 8 月 13 日的观测数据，发现减小量较大的波段主要为可见光，而非近红外波段，可见诱发积雪透射率降低的累积新雪含水量相对较低。

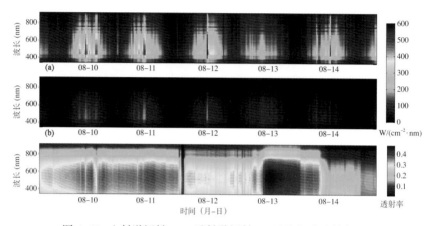

图 4-43　入射谱辐射 (a)、透射谱辐射 (b) 以及积雪透射率 (c)

Fig. 4-43　Incident spectral radiation (a), transmitted spectral radiation (b) and snow cover radiation transmittance (c)

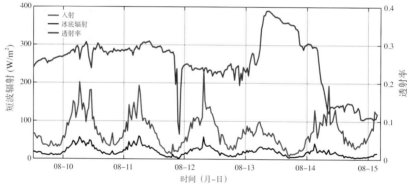

图 4-44　积分入射辐射 (a)、透射辐射 (b) 以及积雪透射率 (c)

Fig. 4-44　Incident integral radiation (a), transmitted spectral radiation (b) and snow cover radiation transmittance (c)

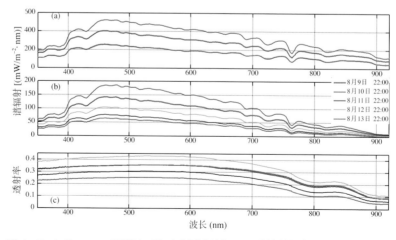

图 4-45　8 月 9—13 日当地正午入射谱辐射 (a)、透射谱辐射 (b) 以及积雪透射率 (c)

Fig. 4-45　Incident spectral radiation (a), transmitted spectral radiation (b) and snow cover radiation transmittance (c) at local mid-noon time from 9 to 13 August

2016 年 8 月 8—14 日期间，在长期冰站海冰厚度为 1.29 m 的区域使用 Trios 仪器对其反照率和透射率的连续变化特征进行了观测。由于电源的限制，为期 6 d 观测的数据并不完整，一般在当地时间傍晚 5 点左右至第二天早上 8 点多没有观测数据。这里对长期冰站的 6 段观测数据对海反照率和透射率的连续变化特征进行简单分析。图 4-46 为冰上向下的太阳辐照度、图 4-47 为雪面反射向上的辐照度，图 4-48 为冰底接收的向下辐照度的观测数据。图 4-49 和图 4-50 为计算出的反照率和透射率的变化。结合图 4-49 和图 4-50 及观测时的现场情况来看，8 月 9—11 日的反照率比较稳定，而且 4 个谱段的反照率十分相近，都在 0.8 左右。就天气情况来看，这几天没有经历特殊的天气过程，雪厚一直保持在 11 cm，而且雪呈颗粒状。从透射率来看，由于天气情况及雪面、雪厚及冰厚的情况稳定，透射率变化不大，但是不同谱段的透射率有明显的区分，波长越长透射率越小，400 nm 和 500 nm 的透射率十分相近，但其与 600 nm 和 700 nm 的透射率区别明显。8 月 12 日反照率有明显的增大，相对地，透射率明显减小，究其原因，该时段的观测遇到了降雪的天气过程，为小雪，降雪厚度约为 4 cm。8 月 13 日反照率出现急剧增长，透射率明显下降，该时段的天气情况为大风大雪，降雪厚度约为 10 cm，此时新雪旧雪的总厚度已达到 25 cm，穿透冰雪进入冰底的辐照度基本为 0，此时间段的反照率从 0.8 左右迅速上升到 1.3 左右，推测出现反照率大于 1 的原因有二：一是大风将观测冰上向下太阳辐照度的 Trios 探头吹歪，导致其观测不准确；二是可能有部分降雪堆积在该探头上，遮挡了部分太阳光。

总的来说，长期冰站的海冰透射辐射观测数据较好，不仅体现了旧雪新雪反照率特性的区别，还很好地反映出其间降雪和大风的天气过程。

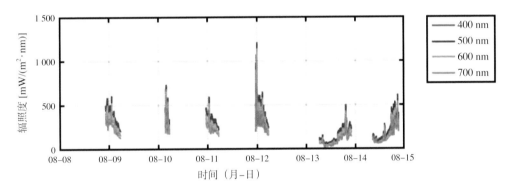

图 4-46　长期冰站冰面向下太阳辐射辐照度
Fig. 4-46　Time series of downwelling irradiance on the ice surface

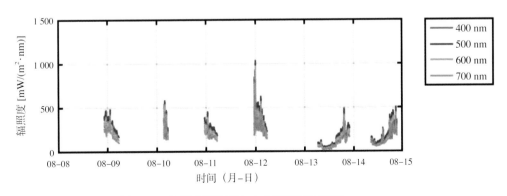

图 4-47　长期冰站冰面向上太阳辐射辐照度
Fig. 4-47　Time series of upwelling irradiance on the ice surface

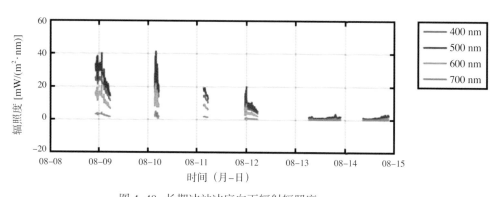

图 4-48 长期冰站冰底向下辐射辐照度

Fig. 4-48 Time series of transmitted downwelling irradiance at ice bottom

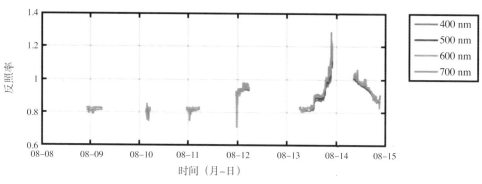

图 4-49 长期冰站海冰反照率时间变化

Fig. 4-49 Time series of sea ice albedo at LICE

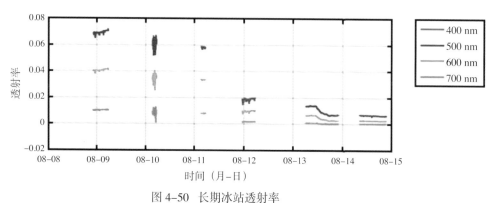

图 4-50 长期冰站透射率

Fig. 4-50 Time series of sea ice transmittance at LICE

长期冰站单个融池反照率长期观测时间从 2016 年 8 月 8 日 09:00 持续到 2016 年 8 月 14 日 21:46。由于数据量大，数据读取不及时，造成了 2016 年 8 月 8 日 21:00 至 2016 年 8 月 9 日 7:00 和 2016 年 8 月 10 日 04:00 至 2016 年 8 月 10 日 09:00 两段数据缺失。2016 年 8 月 11 日 05:00 之后 由于探头结冰，数据无效。该融池表面结冰，观测初始表面冰厚 4 cm，冰下融池水颜色较深，但是 未进行融池深度测量。如图 4-51 所示，由于下雪的原因，8 月 8—9 日有效数据段内，融池的反照 率逐渐升高，从 0.35 上升至 0.44。但是由于雪比较小，持续时间也比较短，在 8 月 8 日 20:00 之后， 随着短波辐射能量的增加，融池表面新雪开始融化，表面反照率又开始很快下降。8 月 9 日 07:00 至 8 月 10 日 0:00，融池反照率基本稳定在 0.43。在 8 月 9 日 22:00 至 23:00，短波辐射能量突然增大，但是融池反照率并没有降低，反而突然从 0.41 上升到 0.54。在 8 月 10 日 0:00 至 12:00，下了大雪，观测融池点被近 10 cm 厚的积雪覆盖，新雪使得反照率很快上升到 0.8 以上。之后长期冰站经历了降温和下雪，CNR4 探头结冰，数据无效。长期观测来看，从融池表面反照率随着融池的结冰、化冰、表面积雪、化雪不断变化。夏季融池表面结冰和融池表面积雪对融池反照率影响很大。观测结果为海冰模式中融池所扮演的角色提供了更多的参考。

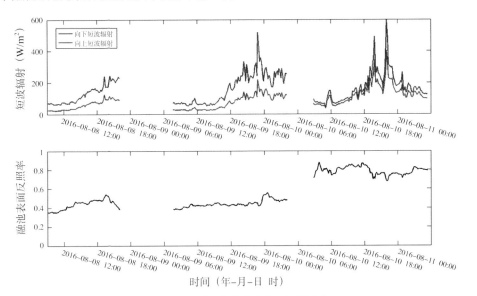

图 4-51　长期冰站融池表面辐射变化
Fig.4-51　Time series of downwelling, upwelling and albedo over melt pond at the LICE01

　　短期冰站融池反照率定点观测数据正常。第一个短期冰站的 3 个融池表面类型分别为水、冰、冰，每个冰站分别进行了 20 min 的表面反照率观测。第一个融池的表面是水，颜色也较深，因此反照率较低，为 0.27（图 4-52）。第二个融池表面为冰，也颜色发白，呈淡蓝色，测得的反照率在 3 个融池中相对最高，为 0.44（图 4-53）。第三个融池表面也是冰，但是颜色相比于第二个较深，更蓝一些，反照率为 0.38（图 4-54）。短期冰站和长期冰站的观测结果显示，融池表面反照率受融池表面类型影响很大，融池的分层使得融池的表面反照率更加复杂。

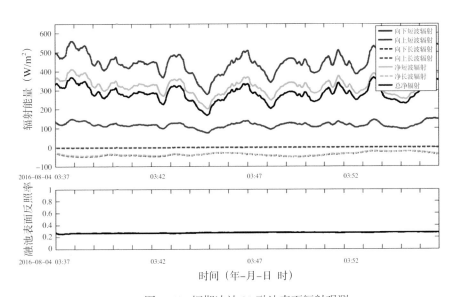

图 4-52　短期冰站 01 融池表面辐射观测
Fig. 4-52　Radiations and albedo over melt pond covered by water at the SICE 01

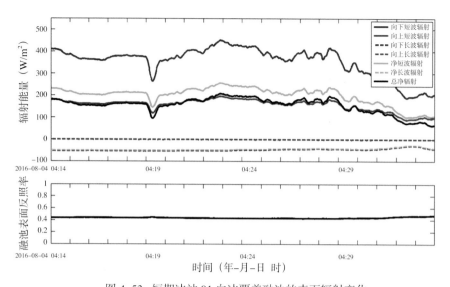

图 4-53　短期冰站 01 白冰覆盖融池的表面辐射变化
Fig. 4-53　Radiations and albedo over melt pond covered by white ice at the SICE 01

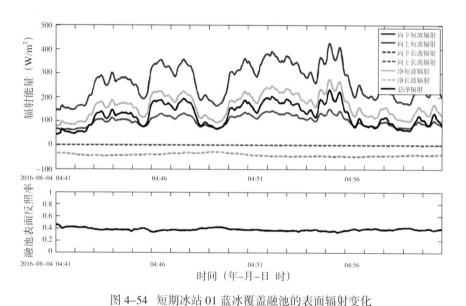

图 4-54　短期冰站 01 蓝冰覆盖融池的表面辐射变化
Fig.4-54　Radiations and albedo over melt pond covered by blue ice at the SICE 01

4.6　海冰漂移和物质平衡浮标阵列观测

4.6.1　考察站位及完成工作量

依托长期冰站和短期冰站以及利用直升机，本航次一共布放了 15 枚海冰漂移浮标、16 枚海冰温度链浮标和 6 枚海冰物质平衡浮标，连同气象组布放的漂流气象站浮标（1 枚）和水文组布放的上层海洋剖面浮标（2 枚），本航次一共布放了 40 枚冰基浮标，为历次北极考察之最。

其中，在直升机支持下，围绕长期冰站，建立了范围约 50 km×50 km 的由 13 枚浮标组成的海冰漂移浮标阵列，其浮标布放的位置见图 4-55。

在长期冰站相同位置同时布放了 MetOcean 海冰物质平衡浮标、SAMS 海冰温度链浮标和 TUT 温度链浮标，这有利于观测数据之间的相互比较。

表4-15 冰基浮标布放信息
Table 4-15 Deployment information of ice-based buoys

序号	浮标类型	安装日期	纬度	经度	初始冰厚 (cm)	初始雪厚 (cm)
1	ISVP 漂移	2016-08-03	78°16.97′N	162°40.92′W	—	—
2	TUT 温度链	2016-08-04	78°59.37′N	169°08.42′W	2.73	0.12
3	SAMS 温度链	2016-08-04	78°59.36′N	169°08.42′W	2.6	0.12
4	TUT 温度链	2016-08-05	80°06.15′N	168°59.29′W	1.56	0.09
5	SAMS 温度链	2016-08-05	80°06.16′N	168°59.29′W	1.85	0.09
6	TUT 物质平衡	2016-08-06	81°32.93′N	167°36.52′W	1.16	0.11
7	SAMS 温度链	2016-08-06	81°32.93′N	167°36.52′W	1.28	0.11
8	TUT 物质平衡	2016-08-07	81°17.79′N	168°08.85′W	1.1	0.12
9	SAMS 温度链	2016-08-07	81°17.79′N	168°08.85′W	1.1	0.12
10	TUT 物质平衡	2016-08-11	82°47.80′N	162°45.70′W	1.2	0.06
11	TUT 温度链	2016-08-11	82°47.80′N	162°45.71′W	1.3	0.1
12	TUT 温度链	2016-08-11	82°47.80′N	162°45.72′W	1.8	0.15
13	TUT 温度链	2016-08-11	82°47.80′N	162°45.74′W	1.15	0.06
14	TUT 温度链	2016-08-11	82°47.79′N	162°45.75′W	1.5	0.06
15	MetOcean 物质平衡	2016-08-09	82°47.79′N	162°45.74′W	1.2	0.06
16	SAMS 温度链	2016-08-09	82°47.79′N	162°45.74′W	1.15	0.06
17	SAMS 温度链	2016-08-10	82°47.79′N	162°45.71′W	1.2	0.08
18	ISVP 漂移	2016-08-10	82°47.45′N	164°02.49′W	—	—
19	ISVP 漂移	2016-08-10	82°47.45′N	163°32.4′W	—	—
20	ISVP 漂移	2016-08-10	83°04.08′N	162°39.7′W	—	—
21	ISVP 漂移	2016-08-10	83°03.48′N	163°25.24′W	—	—
22	ISVP 漂移	2016-08-10	83°00.42′N	164°25.24′W	—	—
23	ISVP 漂移	2016-08-10	83°2.274′N	165°50.64′W	—	—
24	ISVP 漂移	2016-08-10	82°48.09′N	166°09.64′W	—	—
25	ISVP 漂移	2016-08-10	82°30′N	163°03.6′W	—	—
26	ISVP 漂移	2016-08-10	82°31.32′N	163°44.75′W	—	—
27	ISVP 漂移	2016-08-10	82°31.78′N	164°13.914′W	—	—
28	ISVP 漂移	2016-08-10	82°31.90′N	165°00.42′W	—	—
29	ISVP 漂移	2016-08-10	82°31.90′N	165°49.26′W	—	—
30	ISVP 漂移	2016-08-10	82°34.35′N	166°00.24′W	—	—
31	ISVP 漂移	2016-08-11	82°47.78′N	162°45.72′W		
32	TUT 物质平衡	2016-08-18	79°56.23′N	179°23.02′W	1.25	0.09
33	SAMS 温度链	2016-08-18	79°56.23′N	179°23.02′W	1.3	0.09
34	SAMS 温度链	2016-08-18	79°56.23′N	179°23.02′W	1.25	0.09
35	TUT 物质平衡	2016-08-20	76°18.63′N	179°35.76′E	2.5	0.08
36	TUT 物质平衡	2016-08-21	76°18.63′N	179°35.76′E	1.9	0.08
37	SAMS 温度链	2016-08-22	76°18.63′N	179°35.76′E	3.15	0.07

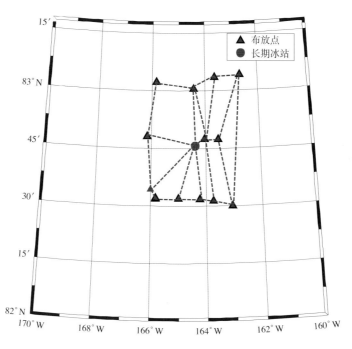

图 4-55　浮标阵列布放位置

Fig. 4-55　Locations of ice-based buoy array

4.6.2　考察人员及考察仪器

4.6.2.1　考察人员

表4-16　冰基浮标布放人员工作分工

Table 4-16　Working group of ice-based buoy deployment

考察人员	作业分工
雷瑞波	ISVP 浮标布放、SAMS 海冰温度链浮标布放、MetOcean 海冰物质平衡浮标布放
左广宇	TUT 浮标布放
沈辉	SAMS 海冰温度链浮标布放
孙晓宇	SAMS 海冰温度链浮标布放
杨成浩	ISVP 浮标布放

4.6.2.2　考察仪器

本航次布放的冰基浮标包括以下类型：① 太原理工大学（TUT）研制的温度链浮标；② TUT 研制的海冰物质平衡浮标；③ 加拿大 Met-Ocean 公司生产的海冰物质平衡浮标；④ 加拿大 Met-Ocean 研制的 ISVP 海冰漂移浮标；⑤ 苏格兰海洋协会（SAMS）研制的温度链浮标；⑥ 国家海洋局第二海洋研究所研制的 ISVP 海冰漂移浮标。

TUT 海冰物质平衡浮标由太原理工大学自行研制，包括一个温度湿度计，一个观测积雪积累和融化的冰上声呐（CAMPBELL SCIENTIFIC SR-50A），一个观测海冰底部生消变化的水下声呐（PSA-916），一条观测剖面的温度梯度的温度链（温度传感器集成 DS28EA00），一个叶绿素传感器（cyclops-7），一个数据采集仪和一个铱星发送模块。电池 150 Ah，设计寿命 24 个月。数据采集仪和电池组置于仪器箱中，通过信号线缆和电缆与各个传感器组件相连。TUT海冰温度链浮标只包含温度链观测，温度链与TUT海冰物质平衡浮标所配的温度链相同。此外，采用浮球式结构设计，作为控制单元的放置场所，浮球内置电池舱以及数据采集仪。数据采集的间隔为1 h。铱星传输的频率为4次/d。

表4-17　TUT浮标传感器主要参数
Table 4-17　Technical parameters of TUT buoy

名称	型号	数量	技术指标
温湿度计	YGC-QWY	12	精度：0.3℃ 分辨率：0.1℃
冰上声呐	SR-50A	5	精度：1 cm 分辨率：0.25 mm
叶绿素传感器	CYCLOPS-7	4	线性度（R^2）：0.99 探测波长：300～1 100 nm
水下声呐	PSA-916	5	分辨率：1 cm
温度传感器	DS28EA00	12	分辨率：1/16℃ 测温范围：-40～85℃

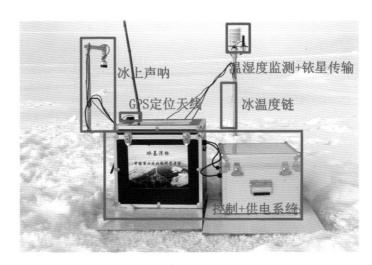

图4-56　TUT海冰物质平衡浮标
Fig.4-56　TUT sea ice mass balance buoy

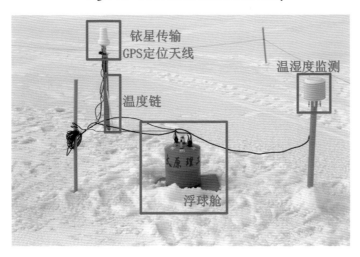

图4-57　TUT海冰温度链浮标
Fig. 4-57　TUT sea ice thermistor string buoy

Met-Ocean 研制的 ISVP 海冰漂移浮标由 1 个铂电阻温度传感器（YSI model 44032 Encased Thermistor），1 个 GPS 定位系统（Navman Jupiter 32），1 个气压计和 1 个湿度计组成。电池为锂电池，电池设计寿命 12 个月。浮标的工作温度范围为 –50 ~ 32℃。浮标通过磁开关初始化，数据通过 9602 铱星传输模块实施传输。浮标重量为 10.9 kg，直径为 37 cm。国家海洋局第二海洋研究所研制的海冰漂移浮标与前者类似，但没有装配温度计和气压计。

图 4-58　布放海冰漂移浮标
Fig. 4-58　Deploy sea ice drift buoy ISVP

Met-Ocean 海冰物质平衡浮标包括 1 个铂电阻气温传感器（Campbell Scientific 107L，观测精度为 0.1℃），1 个气压计（Vaisala PTB210，观测精度为 0.01 mb），1 个观测积雪积累和融化的声呐（Campbell Scientific SR-50A），1 个观测海冰底部生消的声呐（Teledyne Benthos PSA-916，观测精度为 1 cm），1 套传感器垂向间隔 10 cm 总长 4.5 m 的温度链（YSI Thermistors，观测精度为 0.1℃），1 个数据采集器 (Campbell Scientific SR-50A)，1 个锂电池组（14.68/152 Ah），1 个 GPS 定位系统，1 个铱星数据传输模块。浮标的工作环境温度范围为 –35 ~ 40℃，电池的设计寿命为 24 个月。数据的采样间隔为 4 h。声呐组件和温度链组件通过电缆与中心控制单元相连，电缆外壳装配有铝合金保护壳以防止北极熊等生物的破坏。声呐组件和中心控制单元均配有防融板，以防止直接搁置于冰面上影响海冰表面的消融损坏仪器。

图 4-59　在长期冰站布放的 Met-Ocean 海冰物质平衡浮标（左）、SAMS 海冰温度链浮标（中）和 TUT 温度链浮标（右）
Fig. 4-59　Met-Ocean sea ice mass balance buoy (left), SAMS thermistor string buoy (middle) and TUT thermistor string buoy (right) deployed at the long-term station

SAMS 海冰温度链浮标由温度链（热电阻），控制单元，GPS 接收机以及 9602 铱星发送模块组成。热电阻温度传感器的精度为 0.1 ℃。一个温度链共装配 240 个热电阻温度传感器，传感器间隔为 2 cm。每隔一天，通过对温度链各温度探头加微量的脉冲热量，使得各测量点产生不同程度的升温，通过比较加热前后的测点温度，结合雪/冰/水比热容的差异判断积雪、海冰和海水的界面。

4.6.3　考察数据初步分析

目前，本航次布放的所有冰基浮标均工作正常，数据通信正常。

2016 年夏季北极海冰范围达到了历史次低值，这里利用 2016 年夏季北极波弗特环流区 30 个海冰漂移浮冰的观测数据、冰面气象站观测数据，以及卫星遥感海冰密集度以及大气再分析数据，初步分析了该年研究区域的气旋活动对夏季海冰运动和冰场变形的影响。

2016 年 9 月 10 日，北极海冰范围达到了年最低值（4.14×10^6 km²），该值为自 1979 年以来的第二个低值，与 2007 年的相当，仅比 2012 年的略高。在这之前的一个月，北极地区气旋活动频繁。如图 4-60 所示，72°～84°N 海冰漂移轨迹具有相似性，主要是先东北方向漂移，再向东南方向漂移。利用 14 个海冰漂移浮标构建了一个约 50 km×70 km 的漂移浮标阵列，在一个月的漂移过程中，伴随着海冰场的形变，从 8 月 10—30 日，东北—西南方向的拉伸扩散变形海冰密集度迅速降低，然后从 8 月 30 日至 9 月 10 日在该方向的海冰汇聚导致海冰密集度逐渐增大。

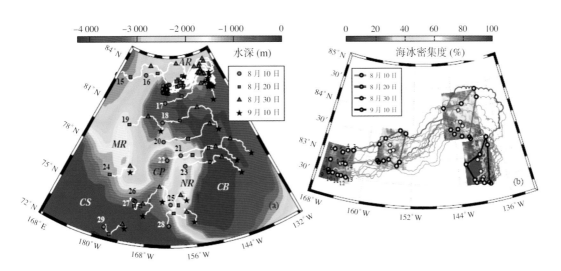

图 4-60　北极太平洋扇区海冰漂移浮标（左）和海冰漂移浮标阵列从 2016 年 8 月 10 日至 9 月 10 日的漂移轨迹（右）
Fig. 4.6.8　Drift tracks of the GPS buoy in the Pacific Sector of Arctic Ocean (a) and the buoy array (b) from 10 August to 10 September, 2016

根据 NCEP-CFSv2 大气分析数据，2016 年 8 月 10 日至 9 月 10 日在北冰洋区域识别得到了 6 个强气旋。气旋一般产生于北欧海和欧亚大陆北极沿岸区域。对于浮标的观测区域。其中两个气旋中心气压最低值分别出现在 8 月 15 日和 8 月 27 日，中心气压均低于 970 hPa。8 月 15 日的强气旋形成于 8 月 12 日，发育于巴伦支海，之后沿着欧亚大陆北极沿岸向东西伯利亚北侧推进，主要影响观测区域的西北侧。8 月 27 日的强气旋发育于东西伯利亚地区，在东西伯利亚海沿岸中心气压达到最低，主要影响观测区域的西侧。漂流气象站观测得到的气压分别在 8 月 15 日和 8 月 28 日达到最低，分别为 968 hPa 和 980 hPa，同时 4 m 的风速增强到 12 m/s 和 15 m/s。气旋过境对 72°～84°N 的海冰漂移速度均有影响，8 月 29 日持续的大风作用使得 83°N 的海冰漂移速度增强至 0.55 m/s。

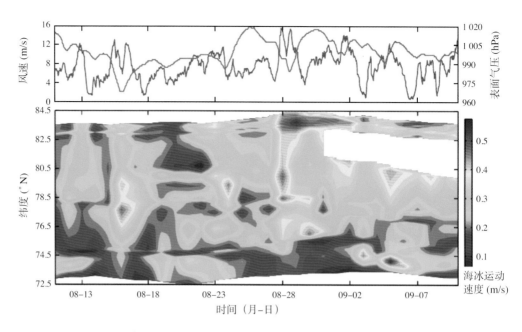

图 4-61　漂流气象站风速和气压的变化 (a)，海冰漂移速度随纬度和时间的变化 (b)

Fig. 4-61　Variations of wind and air pressure measured by the AWS (a) and sea ice drift speed measured by the GPS buoy (b)

2016 年 8 月 1 日北冰洋太平洋扇区海冰面积与 2012 年 8 月 1 日相当，之后两年的海冰面积都呈现迅速的减少趋势，然而变化过程不太一致。8 月 1—11 日，2012 年的减少趋势更加明显，这与该时期北冰洋区域出现了强气旋过程有关，相反，8 月 15—30 日，2016 年减少速度则更加明显，这与 2016 年出现多个强气旋活动有关。至 9 月初，两年的海冰面积接近。虽然这两年 8 月 1 日的海冰面积均略大于 2007 年的值，然而至 9 月初，这两年的海冰面积则明显小于 2007 年的值。在整个消融期，这 3 年的海冰面积均明显小于 2003—2016 年的平均值。这说明，强气旋活动确实对海冰的破碎消融起到促进作用。比较 2012 年和 2016 年的主要差别是：① 2012 年的强气旋活动出现较早，气旋过境造成海冰破碎后，海冰有足够的时间发生融化，而且气旋的路径也使得大部分海冰从北极中心区域漂移至东西伯利亚海和楚科奇海，这也是促进海冰发生消融的主要原因，在消融期末尽管在观测区域海冰面积与 2016 年相当，但对于整个北冰洋来说，2012 年的海冰范围和面积都明显小于 2016 年的观测值；② 2016 年的强气旋出现时间较晚，海冰破碎后没有足够的时间融化，而且气旋过境会使得气温降低和降雪，这些因素是不利于海冰融化的。

4.7　冰面气象观测

4.7.1　考察站位及完成工作量

（1）在长期冰站期间架设涡动通量自动气象站（1 号）和漂流自动气象站（2 号）各一台，累计观测 156 h，获取三维风速、CO_2 水汽含量、冰面气压、冰雪表面气温、向上（下）长（短波）辐射、风速、气象、温度、湿度等数据共 24 960 条。并计算获得近冰面潜热、感热、净辐射等表面能量收支的重要子项。长期冰站结束后漂流气象站将作为冰基浮标实施长期无人值守观测。

（2）在长期冰站考察作业期间，2016 年 8 月 8—14 日（UTC 时间），每天观测 3 次，共进行了 21 次冰面 GPS 探空观测，平均探测高度为约 20 000 m，最高探测高度为约 23 000 m。

4.7.2 考察人员及考察仪器

4.7.2.1 考察人员

表4-18 冰面气象观测作业人员
Table 4-18 Working group for meteorological observations

考察人员	作业分工
彭浩	漂流气象站安装与维护
张通	漂流气象站安装与维护
孙晓宇	涡动气象站安装与维护
沈辉	涡动气象站安装与维护
孙虎林	涡动气象站安装与维护

4.7.2.2 考察仪器

长期冰站 1 号（图 4-62）自动气象站的传感器包括：IRGASON CO_2 和水汽分析和超声风速仪、CNR4 辐射传感器、HMP155A 温湿度传感器、SR50A 雪厚传感器、SI-111 红外温度传感器、05106 风向风速传感器（详细技术参数见表 4-19）。加上 CR300 数据采集器组成冰气通量观测和辐射观测系统。

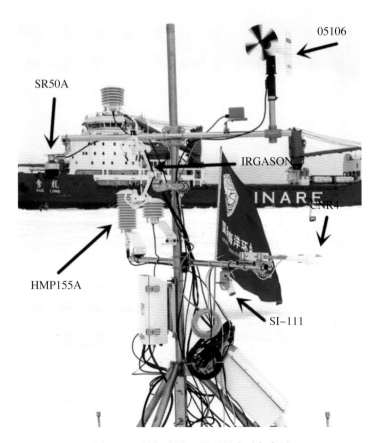

图 4-62 长期冰站 1 号通量自动气象站
Fig. 4-62 Automatic weather station #1 at long-term ice station

表4-19　长期冰站1号通量自动气象站观测仪器主要技术指标
Table 4-19　Specifications of the Automatic weather station #1 at long-term ice station

温湿度传感器	HMP155A	温度范围：-80 ~ 60℃，误差 <0.1℃ 湿度范围：0 ~ 100%，精度 ±2%
涡动通量系统	IRGASON	风速误差 <±0.08m/s 声虚温精度 ±0.025℃ 水汽范围：0 ~ 42 g/m³，精度 ±0.35% CO_2 范围：0 ~ 1 830 mg/m³，精度 ±0.2%
辐射观测系统	CNR4	测量光谱范围：305 ~ 2 800 nm 灵敏度：10 ~ 20 μV/(w) 太阳辐照度范围：0 ~ 2 000 W/m²
雪厚	SR50A	测量范围：0.5 ~ 10 m，分辨率 0.25 mm，精度 ±1 cm
雪温	SI-111	精度 ±0.5℃
风向风速	05106	风速测量范围：0 ~ 100 m/s，精度 ±0.3 m/s 风向测量范围：0 ~ 360°，精度 ±3°

图 4-63　长期冰站 2 号漂流自动气象站
Fig. 4-63　The drifting automatic weather station #2 at the long-term ice station

在长期冰站自动漂流气象站 2 m 和 4 m 高度横臂上分别安装温湿度传感器（HMP45D，Vaisala）、风速传感器；在 4 m 高度安装风向传感器；在 2 m 高度安装长、短波辐射观测表（CNR1，Kipp-Zone）；在地表处安装气压传感器；在冰面 10 cm、冰下 130 cm 和 400 cm 安装温度探头，探测雪面、冰体以及海水的温度变化。所有传感器均接入 CR1000（Compbell）数据采集器，采样频率为 2 min，每1 h 记录一组数据，通过卫星天线的数据发射系统将数据直接发往 Argos 卫星，在 Argos 网站可看到及下载数据。其详细技术指标见表 4-20。

表4-20　长期冰站2号漂流自动气象站传感器参数列表

Table 4-20　Specifications of the 2# Automatic weather station at long-term ice station

名称	型号	测量范围	精度
低温数据采集器	CR1000-XT	−55 ~ 60℃	
气温传感器	Vaisala HMP155	−90 ~ 60℃	±0.01℃
相对湿度传感器	Vaisala HMP155	0 ~ 100%	3%
风速传感器	XFY3-1	0 ~ 95 m/S	0.1 m/S
风向传感器	XFY3-1	0° ~ 360°	±6°
气压传感器	Vaisala CS106	600 ~ 1 100 hPa	0.1 hPa
总辐射传感器	Li200x-L35	0 ~ 204.8 MJ	0.1 MJ/m²

冰面大气廓线探测使用的是 Vaisala GPS311 探空系统（图 4-64），可探测对流层及平流层内气温、湿度、气压和风速的垂直变化结构。本次考察配带 200 g 气球。探空仪数据通过无线电方式传回地面接收设备。

4.7.3　考察数据初步分析

图 4-65 和图 4-66 为长期冰站 1 号通量自动气象站和 2 号漂流自动气象站的各气象要素记录对比。1 号自动气象站记录频率 0.5 h 一次，2 号自动气象站 2 记录频率 1 h。根据对比记录可以看出，各气象要素变化趋势一致，均处于误差允许范围以内。

图 4-64　长期冰站 GPS 探空系统

Fig.4-64　GPS sounding system for the long-term ice station

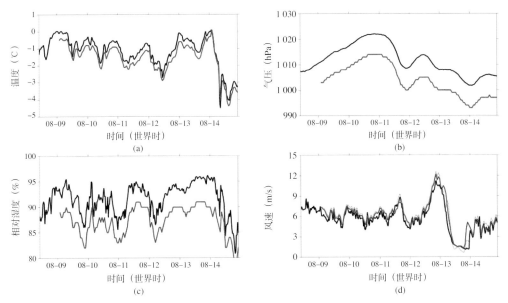

图 4-65　长期冰站期间两台自动气象站温度 (a)、气压 (b)、相对湿度 (c) 和风速 (d) 对比

（黑色：1 号自动气象站，红色：2 号自动气象站）

Fig. 4-65　Comparison of two AWS records of air temperature (a), air pressure (b), relative humidity (c) and wind speed (d) at the long-term ice station. The black and red curves are for the #1 and #2 AWS, respectively

长期冰站期间以阴雪天气为主，常伴有轻雾。图 4-66 显示在长期冰站期间反照率呈上升趋势，表明新雪的反照率比较高。图 4-67 给出了长期冰站期间向下（上）长（短）波辐射和净辐射的时间序列，向下（上）短波辐射和净辐射日变化明显，当地时间中午时段最大，净辐射基本上都为正值，表明海冰面处于净辐射吸热状态。长波辐射日变化不明显，平均向上长波辐射 309.6 W/m²，平均向下长波辐射 299.7 W/m²。图 4-68 给出了长期冰站期间冰气通量的时间序列，由于天气原因 UTC 时间 8 月 13 日以后的数据不可用。长期冰站期间平均潜热通量

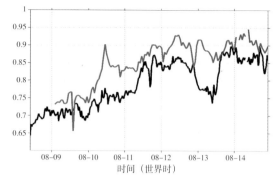

图 4-66 长期冰站期间冰面反照率的变化对比
（黑色：自动气象站 1，红色：自动气象站 2）
Fig. 4-66 Comparison of two snow albedo records from #1(black) and #2 (red) AWS at the long-term ice station

5.75 W/m²；平均感热通量 –0.545.75 W/m²；平均动量通量 0.106 (kg m/s)/(m²·s) 与风速变化有很好的相关性；平均二氧化碳通量 –0.013 5 mg/(m²·s)，平均值为负值表明长期冰站区域在夏季对大气 CO_2 有一定的吸收能力，是大气 CO_2 的汇区。

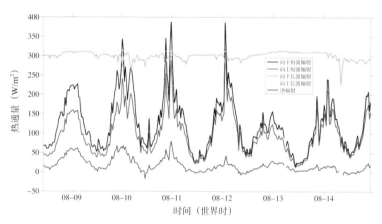

图 4-67 长期冰站期间辐射通量的变化
（黑色：向下短波辐射，红色：向上短波辐射，绿色：向下长波辐射，黄色：向上长波辐射）
Fig. 4-67 Variation of radiation fluxes at the long-term ice station

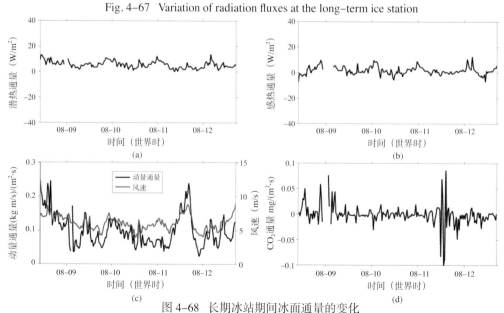

图 4-68 长期冰站期间冰面通量的变化
（a) 潜热通量；(b) 感热通量；(c) 动量通量（黑色）；(d) CO_2 通量
Fig. 4-68 Variation of latent heat flux (a), sensible heat flux (b), momentum flux (c) and CO_2 flux (d) at the long-term ice station

如图 4-69 所示，在长期冰站观测期间，对流层顶高度为 9 000 ～ 10 000 m。同时，在离冰面 800 ～ 1400 m 高度范围内存在一定程度的逆温层。在对流层内，相对湿度的垂直变化具有相对强烈的日变化特征，并有较为剧烈的梯度变化。总体上，在对流层内，水平风速呈现随高度递增的趋势。其他特征有待进一步分析。

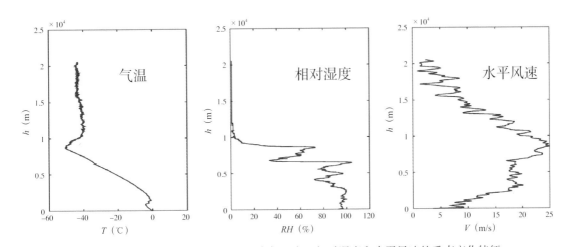

图 4-69 2016-8-13 长期冰站上空大气温度、相对湿度和水平风速的垂直变化特征

Fig. 4-69 The vertical change patterns of air temperature, relative humidity and horizontal wind speed at the long-term ice station on August 13, 2016

4.8 无人机航拍

4.8.1 考察站位及完成工作量

无人机航拍分别在短期冰站 SICE06 和长期冰站 LICE01 开展实施。长期冰站航拍区域面积约 100 m × 100 m，短期冰站航拍区域约 500 m × 500 m。总共获得 3.83 G 共计 686 张图片。

表4-21 无人机观测站位信息
Tabel 4-21 Station information of UAV

长期冰站	LICE01
GPS	82°47.68′N，162°48.87′W
起止时间（UTC）	起：2016-08-12 06:35:00（UTC） 止：2016-08-12 06:55:00（UTC）
天气状态	阴天，太阳不可见

短期冰站	SICE06
GPS	76°18.62′N，179°35.77′W
起止时间（UTC）	起：2016-08-20 01:12:00（UTC） 止：2016-08-20 03:57:00（UTC）
天气状态	晴天，多云，太阳可见，光线良好

4.8.2　考察人员及考察仪器

4.8.2.1　考察人员

本航次参与无人机航拍作业人员及分工见表4-22。

表4-22　无人机航拍作业人员及分工
Tabel 4-22　Members of UAV deployment

考察人员	作业分工
王明锋	无人机操作
曹勇	数据收集整理

4.8.2.2　考察仪器

Phantom4由飞行器遥控器，云台相机以及配套使用的DJI GO app组成。飞行控制系统集成于飞行器机身内，一体化云台相机位于机身下部，用户可通过安装于移动设备上的DJI GO app控制云台以及相机。高清图传整合于机身内部，用于高清图像传输。图4-70为仪器现场照片，相关参数见表4-23。

图4-70　无人机航拍现场
Fig. 4-70　In situ deployment of UAV

表4-23　无人机相关技术指标
Table 4-23　Specifications of UAV

起飞重量	1 360 g
最大上升速度	6 m/s
最大下降速度	4 m/s
最大水平飞行速度	20 m/s
飞行时间	约 28 min
卫星定位模块	GPS/GLONASS 双模
镜头	FOV94° 20 mm f/2.8 焦点无穷远
快门速度	1 ～ 8/8 000 s
像素	4 000×3 000

4.8.3 考察数据初步分析

对 SICE06 短期冰站获得的 468 张航片进行整理以及去雾处理后，使用 Photoscan 软件对航片进行拼接合成，得到冰站附近覆盖区域约 600 m×500 m，分辨率约 2 cm 的航拍拼接影像。

融池、融透融池、海冰在航片中呈现不同的颜色，融池、融透融池、海冰在航片中呈现不同的颜色。统计发现，融池和融透融池的红色通道强度值较海冰低，而融池的蓝绿通道与红色通道的差值较其余两者高，因此，定义

$$C_{i,j} = B_{i,j} + G_{i,j} - 2 \times R_{i,j}$$

式中，$R_{i,j}$、$G_{i,j}$、$B_{i,j}$ 分别代表像素点 (i,j) 红、绿、蓝 3 个通道的强度值，C 越大表示蓝绿通道与红色通道差值越高。利用统计直方图人工选取阈值 $R1$、$C1$，可以直接将图像各像元判别为融池、融透融池和海冰。根据以上方法计算得到整个航拍区域总的相对融池覆盖率为 1.63%（图 4-71）。

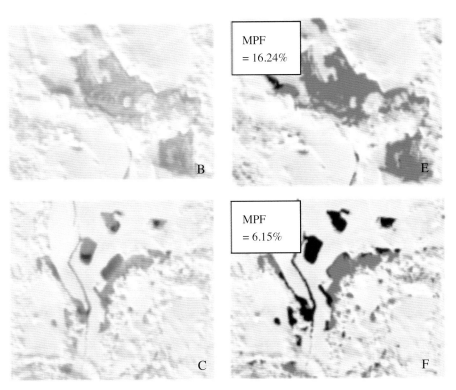

图 4-71　B、C 为航拍区域局部局部放大图，E、F 为融池识别示意图
（绿色为融池，黑色为融透融池），MPF(melt pond fraction) 表示融池覆盖率
Fig.4-71　Local amplification of the mosaic (B and C); andmelt pool recognition sketch (E and F)
(green is dissolved, black for melted through melt pond), MPF mean melt pond fraction

本次考察中，我们初步尝试通过航拍图片三维建模绘制冰面数字高程图，从而获取海冰表面粗糙度。利用 Photoscan 软件进行三维建模后得到数字高程图（图 4-72 左）和带有彩色纹理的三维模型，直观、量化地展现了观测区域的冰面形态，以 5 个 ×5 个像素为滑动窗口估算的海冰表面粗糙度如图 4-72 右所示。

利用航拍图片三维建模技术进行海冰表面粗糙度估算，计算得到区域平均粗糙度为 0.12 m，融池分布的统计结果表明，在本次航拍区域，海冰粗糙度大的区域具有更多小面积的融池，而粗糙度小的平整冰区具有更多融透的、面积大的融池。

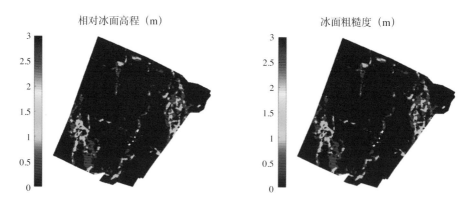

相对冰面高程（m） 冰面粗糙度（m）

图 4–72 航拍图片三维建模得到的冰面相对高程图（左）和 5 个 ×5 个像素为滑动窗口得到的海冰表面粗糙度（右）
Fig.4–72 The sea surface relative surface elevation resulted from a 3–dimensional modeling process with the aerial photo (left), and sea ice surface roughness calculated with a 5×5 pixels sliding window (right)

4.9 本章小结

本航次受考察计划调整的影响，于 7 月 25 日考察船在 72.3°N 较早进入冰区作业。在楚科奇海南部由于进入冰区较早，给船舶航行和海洋站作业带来困难；另一方面，在纬度较低区域，海冰破碎度较高，也不适宜开展冰站作业。因此，自 7 月 26 日，考察队开始安排专业队员开展驾驶台值班，以观测海冰的变化。直至 8 月 4 日，进入 R 断面后考察船驶入密集浮冰区，于 78.9°N 才选择了合适的浮冰开始冰站作业。本航次在 R 断面和 E 断面共实施了 6 个短期冰站作业和 1 个长期冰站作业，长期冰站为期 8 d。冰站考察主要围绕融冰条件下的气—冰—海相互作用开展观测研究。

围绕长期冰站，利用直升机在 50 km×70 km 的区域布放 13 枚海冰漂移浮标，构建了历次北极考察最为规则的浮标阵列，将为海冰动力学机制研究提供连续观测数据。连同长期和短期冰站布放的浮标，本航次共计布放浮标 40 枚，为历次北极考察之最，其中包括漂流气象站浮标 1 枚、上层海洋剖面浮标 2 枚、海冰漂移浮标 15 枚、海冰温度链浮标 16 枚以及海冰物质平衡浮标 6 枚。

在长期和短期冰站共钻取了 59 支冰芯，实施了海冰温度、盐度、密度、晶体结构和单轴压缩强度的关键参数的观测。开挖雪坑 14 个，开展了积雪密度、颗粒和含水量的观测。完成了累计 1 900 m 的海冰厚度观测，首次利用 EM31 和地质雷达实施冰脊形态的对比观测。开展了 6 个短期冰站的融池和积雪反照率的观测，实施了长期冰站历时 6 d 的积雪和海冰透射率的连续观测，首次利用无人机对冰站融池覆盖率实施了定量观测。长期冰站期间，每天观测 3 次，共进行 21 次冰面 GPS 探空观测，平均探测高度为约 20 000 m，最高探测高度为约 23 000 m。利用涡动气象站获得了冰面湍流和辐射通量 156 h 的连续观测。

观测结果初步分析表明：

（1）我们考察的区域 150°~180°W，北冰洋海冰向南延伸，相对其东西两侧（波弗特海和东西伯利亚海），海冰边缘区明显偏南；然而 8 月两次强气旋活动导致考察区域海冰发生破碎，海冰碎片化进一步促进了海冰的退缩，8 月考察区域海冰的减少对整个北冰洋海冰的减少起到关键作用。至 9 月 10 日，北冰洋海冰范围退缩至 $4.14×10^6$ km²，这是自 1979 年有卫星遥感观测以来第二个低值，仅次于 2012 年的夏季最小值（$3.39×10^6$ km²）。考虑到 2016 年夏季北冰洋中心区域海冰密集度的明显下降，2016 年夏季北冰洋海冰面积的最低值则更加接近 2012 年的相应值。

（2）积雪物理性质的定量刻画是开展海冰厚度卫星遥感和海冰热力学研究的关键。数据表明积雪对短波辐射的消光作用对积雪—海冰层的透光性起到关键作用，积雪的厚度、层化和湿雪层的形成过程都会影响到积雪层的透光性。融池表面的积雪累积会明显增大融池的反照率，这说明融池的形成、发展、重冻结和积雪累积过程会使得冰面空间平均反照率的季节变化明显增大。

（3）影响海冰力学强度的主要物理参数是海冰的孔隙率，夏季海冰的快速减少同时会促进海冰的内部融化，加大海冰的孔隙率，降低海冰的力学强度，结合夏季气旋活动增多和海冰厚度减小等因素，导致海冰更容易发生破碎，这是一个正反馈的过程。

（4）在长期冰站安装了我国自主研发的梯度漂流自动气象站、海冰物质平衡浮标和上层海洋剖面浮标。首次利用自主研发设备实现了气—冰—海通量的无人值守连续观测，目前仪器工作正常。自主研发的冰基浮标为研究北冰洋海冰快速减少机制提供了核心装备，为将来开展北极海洋环境业务化监测提供了关键技术。

北极是对全球变化响应与反馈最为敏感和显著的地区之一。北极系统是全球系统的一部分，在地球环境系统中扮演着重要的角色，直接影响全球尺度的大气环流，大洋环流和气候演化等。现今北极地区正经历着快速的气候环境变化，其不仅仅对北冰洋沿岸国家的人类活动和经济发展产生影响，还对其他国家和地区的气候环境、社会发展产生直接或间接的影响。北极的快速变化被认为是人类活动影响全球变化的结果，正因如此，北极的气候环境变化广受关注，对北极变化及其影响的研究也得到了加强。然而，人类直接的仪器观测只有数百年的历史，这不足以全面理解极地气候环境变化的响应和反馈机制。只有在地质历史尺度上进行更长时间序列的极地变化研究，才能全面认识北极地区气候环境变化机制，更好地预测未来人类活动在自然变化背景下的影响。

北极地区过去气候的变化在沉积物中记录下来，通过对北冰洋沉积物中反映气候环境变化的各种指标的分析，可重建北极地区气候环境演变历史。但是，要正确解译沉积物中各种指标所反映的气候环境变化历史，还需要"将今论古"，对现今北冰洋的沉积动力过程进行研究。

北极海域海洋地质考察是"南北极环境综合考察与评估"专项的专题之一，其旨在开展不同时间尺度和分辨率的沉积学和古海洋学研究工作，系统认识考察海域的沉积特征、分布规律及沉积作用特点，揭示悬浮颗粒物含量、颗粒组成分布特征及其影响因素，为海洋沉积过程、物质循环、表层生产力和生态系统研究提供参考数据，重建北冰洋中心区晚第四纪以来古海洋、海冰和气候变化历史，为揭示北极和亚北极海域海洋环境变化与我国过去环境与气候变化之间的内在联系及其反馈机制提供实测资料，提升我国北极科学研究的水平，维护我国在北极的长远利益。

5.1　考察内容

基于"南北极环境综合考察与评估"专项的任务设置，在考察海域完成沉积物采样作业，结合历史考察资料，系统认识北冰洋—太平洋扇区的海底沉积物特征、分布规律及物质来源，重建该地区晚第四纪古海洋、冰川（冰盖/海冰）和气候演变历史。并基于多种环境、气候替代指标的沉积记录，探讨太阳辐射、冰期/间冰期气候旋回、海平面、大洋环流等关键海洋和气候要素变化对北极和亚北极海域沉积环境的影响；开展表层海水悬浮体取样与分析测试，揭示悬浮颗粒物含量、颗粒组成分布特征及其影响因素，为海洋沉积过程、物质循环、表层生产力和生态系统研究提供参考数据；尝试在白令海北部陆坡高生产力"绿带"布放沉积物捕获器，获得白令海北部陆坡季节性生源、陆源沉积通量的连续变化，对白令海洋流—海冰—生产力关系和现代沉积过程开展初步研究。

本次北极海洋地质考察的海上作业主要由沉积物采样和悬浮体采样两部分组成，其中沉积物采样工作包括表层沉积物采样和柱状沉积物采样，表层沉积物采样又可根据采样方式的不同分为箱式采样和多管采样。每种采样工作完成后进行沉积物描述和必要的现场测试。悬浮体采样工作包括采取表层和特定水深海水中的悬浮体样品，并用滤膜包裹后冷冻保存。沉积物样品采至甲板后，根据《极地地质与地球物理考察技术规程第1部分：海洋考察》中要求的现场描述项目和内容立即对样品的颜色、气味、厚度、稠度、黏性、物质组成、结构构造、含生物状况及其他有地质意义的现象进行详细描述。

5.2　考察仪器

本次北极科学科考期间地质取样所使用的仪器包括：沉积物箱式取样器、沉积物多管取样器和沉积物重力柱状取样器等。悬浮体取样设备包括：大体积海水原位过滤器和悬浮体真空过滤装置。各仪器的技术指标和性能如下。

5.2.1　沉积物箱式取样器

箱体规格：50 cm × 50 cm × 65 cm；

仪器重量：200 kg；

采泥量：约 200 kg。

箱式采样器采用重力贯入的原理，采样器利用其自身重量深入沉积物中，当采样器向上拉起时，采样器底部自动闭合，从而获得浅表层沉积物样品（图 5-1）。箱式采样器是专为地质和底栖生物调查而设计的底质取样设备，适用于各种河流、湖泊、港口、海洋等不同水深条件下各种表层底质的取样工作，尤其是在泥质沉积区，最大可取得海底以下 60 cm 范围内的沉积物样品。箱式取样器的优点是在泥质区一次可以获得较多的样品，满足需要大量样品的调查研究，如底栖生物调查，缺点是最表层的样品有可能流失或扰动。

图 5-1　沉积物箱式取样器

Fig. 5-1　Sample collection using a box corer

5.2.2　沉积物多管取样器

规格：框架直径 2 m，高 2.3 m；

总重量：约 500 kg；

取样管个数：8 支；

取样管参数：直径 10 cm，长度 60 cm。

多管取样器也是采用重力贯入的原理，但贯入深度可控制（一般不超过 40 cm）。设备提起时上下自动密封，从而可以同时获取若干管近底层海水和无扰动的表层沉积物样品（图 5-2）。多管取样器的优点是可同时获得无扰动的沉积物及其上覆海水，样品广泛应用于海洋生态学、海洋地球化学和海洋地质调查研究及环境污染监测等领域；缺点是所获得的样品量有限，且获取的沉积物样品的深度不如重力柱状取样器采集的样品深度。

图 5-2　沉积物多管取样器

Fig. 5-2　Sample collection using a multiple corer

图 5-3　沉积物重力柱状取样器

Fig. 5-3　Sample collection using a gravity corer

5.2.3　沉积物重力柱状取样器

规格：长度可选择，最长 10 m；

取样管长：4 m、6 m、8 m 或 10 m，内径 127 mm，外径 145 mm；

刀口长：0.2 m；

仪器总重量：1 000 kg。

该重力取样器是用来获取柱状连续无扰动沉积物样品的取样设备（图 5-3）。作业原理是在取样器的一端装上重块，在另一端的不锈钢管内装入塑料衬管，然后安装上刀口，靠仪器自身的重量贯入海底，沉积物进入塑料衬管内。当取样器提升到甲板后，取出有沉积物贯入的塑料衬管。它操作方便，实用性强，不用杠杆，不加活塞。重力柱状取样器适用于底质较软的海区采样，其优点是可获得沉积年代较长、无扰动的沉积层序，样品适用于长时间序列的古海洋和古气候环境研究；缺点是沉积物柱样最顶部几到十厘米的样品中因含水率高，略有变形。

5.2.4　大体积海水原位悬浮体过滤器

WTS-LV 型大体积海水原位抽滤系统是美国 Mclane 公司生产的（图 5-4）。此采样器适用于海洋、湖泊、河流等水体中悬浮物的采样与研究。它是一款大容量采水器，通过连续抽取水体，用过滤器支架内的薄膜滤纸富集水体中的悬浮颗粒物质。它可通过控制水体的流速，抽取水的体积，并可用不同规格的滤膜收集不同种类、大小的微生物样品和悬浮颗粒物。仪器自动记录采样时间、体积、压力值及流量等数据，回收后可下载这些采样期间记录的数据用于科学研究。

主要技术参数如下：

型号：WTS-LV；

滤水速度：2 ～ 50 L/min；

滤水容量：80 ～ 100 L；

数据通信：RS232；

电源供应：直流电（碱性电池），36 V DC 碱性电池包；

重量：50 kg；

尺寸：64 cm×36 cm×68 cm（长 × 宽 × 高）；

工作环境温度范围：0 ～ 50℃；

最大深度：5 500 m。

图 5-4　大体积海水原位过滤器

Fig. 5-4　Sample collection using a Large Volume Water Transfer System (WTS-LV)

5.2.5 悬浮体真空过滤装置

该装置由过滤器、抽滤瓶、GAST DOA
型真空泵等组成（图5-5），用于采集水体
中的悬浮颗粒物质。针对不同研究目的，
滤膜可选用 Whatman 玻璃纤维滤膜（直径
47 mm，孔径 0.7 μm），PALL 醋酸滤膜（直
径 47 mm，孔径 0.45 μm）。

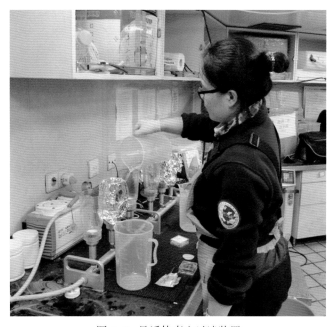

图 5-5 悬浮体真空过滤装置
Fig. 5-5 Water filtration using a vacuum pump

5.3 考察人员及作业分工

本次海洋地质考察现场作业人员共 5 人，分别来自国家海洋局第一海洋研究所、国家海洋局第
二海洋研究所、国家海洋局第三海洋研究所和同济大学。考察作业在"雪龙"船艉部甲板完成，具
体的人员分工见表 5-1。

表5-1 中国第七次北极科学考察海洋地质考察人员及任务分工
Table 5-1 List of assignment for marine geology survey during the 7th CHINARE cruise

序号	姓名	工作单位	主要负责的研究内容	现场岗位分工
1	汪卫国	国家海洋局第三海洋研究所	楚科奇海陆架与加拿大海盆沉积特征及海洋环境演化研究	现场负责总体协调
2	崔迎春	国家海洋局第一海洋研究所	白令海沉积特征及海洋环境演化研究	地质取样样品分配
3	黄元辉	国家海洋局第一海洋研究所	白令海沉积特征及海洋环境演化研究	地质取样岩性描述
4	边叶萍	国家海洋局第二海洋研究所	北风脊与楚科奇海台沉积特征及海洋环境演化研究	悬浮体采样
5	马通	同济大学	北冰洋中心海区沉积特征及海洋环境演化研究	悬浮体采样

本次北极科考的海洋地质现场采样工作，还得到大洋 2 队地球物理作业组和生物作业组人员的
大力协助，共同完成艉部调查作业，具体的相关考察人员详见第 6 章和第 8 章。

5.4 考察站位及完成工作量

本次北极科考的海洋地质考察任务自 2016 年 7 月 18 日在白令海第一个海洋地质考察站位（B01
站位）进行悬浮体取样开始，至 9 月 10 日完成白令海最后一个站位（B08-1）的考察任务，共历时
55 d，累计在白令海、白令海峡、楚科奇海、楚科奇海台、加拿大海盆、门捷列夫海脊等重点海域
的 11 条断面上完成 65 个站位的沉积物采样工作，其中，沉积物箱式采样 50 个站位，沉积物多管
采样 9 个站位，沉积物重力柱状采样 25 个站位。完成表层海水悬浮体采样 82 个站位，大体积海水
原位悬浮体过滤 43 个站位。以下按采样方式对采样站位信息和工作量分述如下。

5.4.1 沉积物箱式取样

本次考察共进行了 50 个站位的沉积物箱式采样作业，其中有 7 个站位因海况太差或底质坚硬未能取得样品（图 5-6 和图 5-7，表 5-2）。在对采集到的沉积物样品现场描述后（图 5-8），海洋地质、大型底栖生物、小型底栖生物、微生物、海洋化学等学科组根据需求现场取样（图 5-9），还对取得的一些厚度较大的箱式样品根据学科需求进行插管取样，并将样品封存。本次考察期间的沉积物取样，在水深大于 100 m 的采样站位，只进行一次箱式取样，所获取的沉积物样品中 1/2 箱用于底栖生物，1/4 箱用于小型底栖生物插管取样、微生物和微塑料研究取样，另 1/4 箱用于"南北极环境综合考察与评估"专项海洋地质考察专题的研究取样和给极地研究中心样品库备份样取样。在水深小于 100 m 的陆架区域，为保证有充足的研究样品，在不影响"雪龙"船每个考察站点调查船时的前提下，进行 2 次以上的沉积物箱式取样，以满足各学科研究的样品需求。

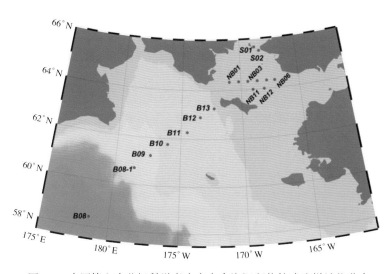

图 5-6 中国第七次北极科学考察在白令海沉积物箱式取样站位分布
Fig. 5-6 Location of box-corer samples from Bering Sea during the 7th CHINARE cruise

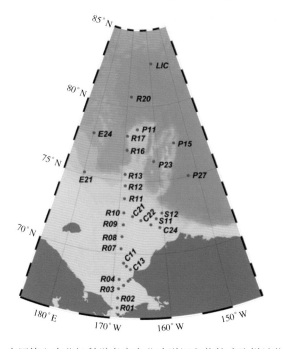

图 5-7 中国第七次北极科学考察在北冰洋沉积物箱式取样站位分布
Fig. 5-7 Location of box-corer samples from Arctic Ocean during the 7th CHINARE cruise

图 5-8 表层沉积物现场描述
Fig. 5-8 In situ description of the surface sediments

图 5-9 表层沉积物现场分样
Fig 5-9 In situ sub-sampling of the surface sediments

表5-2 沉积物箱式取样站位信息
Table 5-2 Information of box-corer samples

序号	海区	站号	坐标		取样日期（UTC）	水深（m）	沉积物描述
			纬度	经度			
1	白令海	B08	58°24.32′N	178°32.27′E	2016-07-22	3 669	表层2～3 cm为黄褐色黏土质粉砂（该层大量流失），之下为绿灰色黏土质粉砂
2	加拿大海盆	P27	75°03.35′N	152°30.58′W	2016-07-27	3 775	表层5 cm为黄褐色黏土，之下为灰绿色黏土
3	楚科奇海台	P23	76°19.38′N	161°13.67′W	2016-07-29	2 089	表层5 cm为棕褐色粉砂质黏土，之下20 cm为黄褐色粉砂质黏土
4	楚科奇海台	P15	77°24.50′N	154°41.50′W	2016-08-01	1 084	黄褐色粉砂质黏土（量少）
5	楚科奇海台	P11	78°29.08′N	165°55.92′W	2016-08-03	526	表层5 cm为黄褐色粉砂质黏土，下部20 cm为灰色黏土
6	加拿大海盆	R20	80°38.33′N	168°32.58′W	2016-08-05	3 267	表层5 cm为红褐色粉砂质黏土，之下为灰绿色粉砂质黏土，含冰筏漂砾
7	加拿大海盆	LIC	82°49.62′N	159°08.85′W	2016-08-14	3 018	表层10 cm为灰褐色粉砂质砂，含砾石；中间3 cm为碳酸钙层，之下为青灰色砂质粉砂
8	门捷列夫海脊	E24	77°52.58′N	179°50.13′W	2016-08-19	1 575	表层10 cm为褐色黏土质粉砂，之下为灰绿色黏土质粉砂
9	门捷列夫海脊	E21	75°09.25′N	179°45.30′W	2016-08-20	550	表层20 cm为褐色黏土质粉砂，之下为灰绿色粉砂质黏土
10	楚科奇海台	R17	78°01.70′N	169°08.55′W	2016-08-21	698	表层15 cm为黄褐色黏土质粉砂，之下为青灰色粉砂质黏土
11	楚科奇海台	R16	77°04.72′N	168°57.82′W	2016-08-22	1 893	表层15 cm为黄褐色砂质粉砂，之下为青灰色粉砂质黏土
12	楚科奇海台	R13	75°26.70′N	169°05.93′W	2016-08-23	267	表层5 cm为深褐色黏土，之下为灰色黏土
13	楚科奇海台	R12	74°40.98′N	168°53.30′W	2016-08-23	183	表层5 cm为褐色粉砂，之下为青灰色黏土
14	楚科奇海台	R11	73°48.12′N	168°53.08′W	2016-08-24	155	表层3 cm为深褐色粉砂质黏土，之下为灰色黏土
15	楚科奇海	S12	72°47.93′N	160°09.07′W	2016-08-31	65	表层3 cm为浅灰色粉砂质砂，之下为暗灰色粉砂质黏土

序号	海区	站号	坐标 纬度	坐标 经度	取样日期（UTC）	水深（m）	沉积物描述
16	楚科奇海	S11	72°26.28′N	161°29.13′W	2016-08-31	45	表层5 cm为灰色黏土质粉砂，之下为深灰色黏土
17	楚科奇海	C24	71°48.63′N	160°50.07′W	2016-08-31	45	表层3 cm为灰色黏土质粉砂，之下为深灰色黏土
18	楚科奇海	C23	72°01.60′N	162°42.50′W	2016-08-31	36	表层20 cm为灰色粉砂质砂，之下为深灰色黏土，HS味
19	楚科奇海	C22	72°19.85′N	164°52.62′W	2016-09-01	47	表层2 cm为青黄色砂质粉砂，之下为灰色粉砂质黏土
20	楚科奇海	C21	72°36.05′N	166°45.93′W	2016-09-01	52	青灰色粉砂质黏土，见软体和管状生物
21	楚科奇海	R10	72°50.13′N	168°47.73′W	2016-09-01	61	表层5 cm为浅灰色黏土质粉砂，之下为灰色黏土，富含生物
22	楚科奇海	R09	72°00.00′N	168°44.48′W	2016-09-01	50	表层5 cm为浅灰色黏土质粉砂，之下为灰色黏土质粉砂，富含生物
23	楚科奇海	R08	71°10.63′N	168°51.48′W	2016-09-02	48	表层5 cm为青灰色粉砂质黏土，之下为黑色黏土质粉砂，富含有机质
24	楚科奇海	R07	70°20.37′N	168°53.33′W	2016-09-02	39	表层3～5 cm为灰色含砾砂，砾径3～5 cm，之下为灰色黏土质粉砂
25	楚科奇海	C11	69°20.95′N	168°13.98′W	2016-09-02	51	表层1～2 cm为青灰色粉砂质黏土，之下为黑色黏土质粉砂（样量少）
26	楚科奇海	C12	69°08.60′N	167°39.05′W	2016-09-02	50	空样
27	楚科奇海	C13	68°55.60′N	166°52.50′W	2016-09-02	46	空样
28	楚科奇海	CC5	68°14.58′N	166°53.03′W	2016-09-03	36	表层为淡黄色含砾粉砂，砾石砾径1～3 cm，磨圆度高，下层为灰色粉砂
29	楚科奇海	CC4	68°06.63′N	167°13.28′W	2016-09-03	50	表层青灰色含砾粉砂，下层青灰色粉砂
30	楚科奇海	CC2	67°47.00′N	168°00.77′W	2016-09-03	52	表层3 cm为黄褐色粉砂质黏土，之下为灰色黏土，含砾石
31	楚科奇海	R04	68°12.07′N	168°52.75′W	2016-09-03	56	表层3 cm为灰色细砂，之下为深灰色细砂
32	楚科奇海	R03	67°32.08′N	168°52.07′W	2016-09-04	50	表层3 cm为青灰色黏土，之下为灰黑色黏土质粉砂，表层遍布管栖多毛类
33	楚科奇海	R02	66°52.00′N	168°55.08′W	2016-09-04	44	灰色细砂（样量少）
34	楚科奇海	R01	66°10.13′N	168°53.33′W	2016-09-04	54	砾石和贝壳碎屑，含海胆
35	白令海峡	S01	65°41.42′N	168°40.17′W	2016-09-04	50	青灰色粉砂质黏土，含砾径1～5 cm的砾石及大量贝壳碎屑、海胆
36	白令海峡	S02	65°32.25′N	168°15.70′W	2016-09-04	43	仅取到少量砾石，呈棱角状，砾径1～3 cm。见数个海胆
37	白令海	NB12	63°59.88′N	168°59.62′W	2016-09-05	35	空样
38	白令海	NB11	64°00.20′N	168°02.62′W	2016-09-05	35	空样
39	白令海	NB06	64°18.70′N	167°05.00′W	2016-09-07	31	砾石、泥块、粗砂和生物碎屑的混杂沉积物
40	白令海	NB05	64°19.88′N	167°47.03′W	2016-09-08	34	空样
41	白令海	NB04	64°19.78′N	168°35.47′W	2016-09-08	40	灰色中砂（样量少）
42	白令海	NB03	64°19.82′N	169°23.67′W	2016-09-08	40	空样
43	白令海	NB02	64°20.05′N	170°11.10′W	2016-09-08	42	灰色含粗砂砾石，砾径1～5 cm
44	白令海	NB01	64°19.55′N	170°58.62′W	2016-09-08	40	浅灰色中粗砂，见海胆
45	白令海	B13	63°15.32′N	172°18.77′W	2016-09-08	60	浅灰色中粗砂
46	白令海	B12	62°53.93′N	173°26.93′W	2016-09-09	70	表层13 cm为灰色黏土质粉砂，之下为暗灰色黏土

序号	海区	站号	坐标		取样日期（UTC）	水深（m）	沉积物描述
			纬度	经度			
47	白令海	B11	62°16.45′N	174°30.40′W	2016-09-09	70	空样
48	白令海	B10	61°45.52′N	176°01.55′W	2016-09-09	97	表层2 cm为浅黄色粉砂质黏土，之下为青灰色粉砂，富含生物
49	白令海	B09	61°15.38′N	177°18.27′W	2016-09-09	124	灰色粉砂
50	白令海	B08-1	60°41.73′N	178°29.33′W	2016-09-09	169	灰色粉砂

5.4.2 沉积物多管取样

本次科考共进行了9个站位的多管沉积物取样作业（图5-10，表5-3），取样站位分别位于门捷列夫海脊、楚科奇海台、楚科奇海陆架边缘和白令海陆架。各站位所获取的多管沉积物样品厚度在8～35 cm不等，除位于白令海陆架边缘的B08-1站位因海况原因，只获得1根样品外，其他站位均获得5根以上的沉积物样品。在对样品进行现场描述后，各学科组根据需求进行了现场沉积物上覆海水取样（图5-11），并对沉积物样品进行现场分样或封装保存（图5-12）。

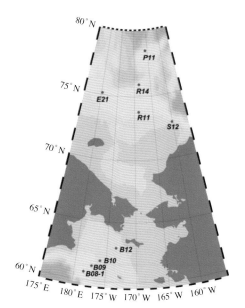

图5-10 中国第七次北极科学考察沉积物多管取样站位分布

Fig. 5-10 Location of multiple-corer samples during the 7th CHINARE cruise

表5-3 多管沉积物取样作业站位信息
Table 5-3 Information of multi-corer samples

序号	海区	站号	站位坐标		水深（m）	取样日期（UTC）	样品数量（管）
			纬度	经度			
1	楚科奇海台	P11	78°28.73′N	165°48.88′W	530	2016-08-03	5
2	门捷列夫海脊	E21	75°09.25′N	179°45.30′W	550	2016-08-20	8
3	楚科奇海台	R14	75°54.85′N	168°34.20′W	345	2016-08-23	8
4	楚科奇海台	R11	73°48.12′N	168°53.08′W	155	2016-08-24	8
5	楚科奇海	S12	72°47.93′N	160°09.07′W	65	2016-08-31	6
6	白令海	B12	62°53.93′N	173°26.93′W	70	2016-09-09	7
7	白令海	B10	61°45.52′N	176°01.55′W	97	2016-09-09	5
8	白令海	B09	61°15.38′N	177°18.27′W	123	2016-09-09	5
9	白令海	B08-1	60°41.73′N	178°29.33′W	179	2016-09-09	1

图 5-11　采集多管样沉积物上覆水

Fig. 5-11　Collection of the overlying sea waters above the multiple corer samples

图 5-12　沉积物多管样分样

Fig. 5-12　Sub-sampling of the multiple-corer samples

5.4.3　沉积物重力柱状取样

本次考察共进行了 25 个站位的沉积物重力柱状取样作业，每站均获得样品。根据"南北极环境综合考察与评估"专项海洋地质考察专题的合同任务要求和科学研究的需求，本次沉积物重力柱状取样站位主要分布在加拿大海盆、楚科奇海台和门捷列夫海脊上（图 5-13，表 5-4），其中 E 断面上的 6 根沉积物柱状取样，是我国首次在门捷列夫海脊上的系统地质取样。本次获取的 25 根沉积物柱样中，除位于楚科奇海陆架边缘的 R12 和 S12 两个站位因底质原因，柱样长度不足 1 m 外，其他 23 个站位的沉积物柱样长度均在 2 m 以上，最长的达 4.84 m（图 5-14）。所获得的沉积物柱样总长达 77 m。在对获得的沉积物柱样顶、底岩性特征进行描述后，用管盖封装样品，柱样底部刀口和花瓣中的样品装入封口袋中，一并送"雪龙"船 4℃冷藏库保存（图 5-15）。

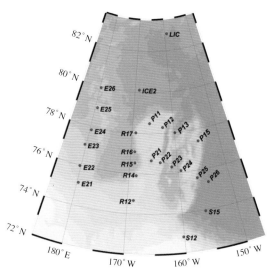

图 5-13　中国第七次北极科学考察沉积物重力柱状取样站位分布

Fig. 5-13　Location of gravity core samples during the 7th CHINARE cruise

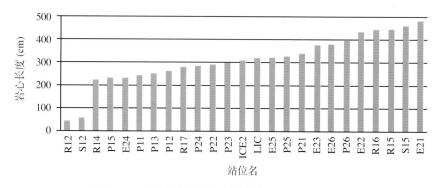

图 5-14　中国第七次北极科学考察获取的重力柱状样长度

Fig. 5-14　Length of gravity core samples during the 7th CHINARE cruise

图 5-15　中国第七次北极科学考察所采重力柱样品

Fig. 5-15　Gravity core samples recovered during the 7th CHINARE cruise

表5-4　沉积物重力柱状取样作业站位信息
Table 5-4　Information of gravity core samples

序号	海区	站号	站位坐标		取样日期（UTC）	水深（m）	岩芯长度（cm）	柱样顶底沉积物特征描述
			纬度	经度				
1	楚科奇海台	P26	75°20.63′N	154°15.02′W	2016-07-28	2 782	395	顶部为褐色（7.5YR 4/4）黏土，底部为灰色（GRY1 5/N）黏土
2	楚科奇海台	P25	75°38.20′N	156°18.55′W	2016-07-29	1 564	323	顶部为褐色（7.5YR 4/4）黏土，底部为褐色（7.5YR 4/4）黏土
3	楚科奇海台	P24	76°05.83′N	159°24.25′W	2016-07-29	1 662	285	顶部为褐色（7.5YR 4/4）黏土，底部为褐色（7.5YR 4/4）黏土
4	楚科奇海台	P23	76°19.38′N	161°13.67′W	2016-07-29	2 100	300	顶部为黄褐色（5Y 7/6）粉砂质黏土，底部为灰色（GLEY 5/1）黏土
5	楚科奇海台	P22	76°33.70′N	163°35.17′W	2016-07-30	709	290	顶部为黄褐色（5Y 4/4）粉砂质黏土，底部为黄色（5Y 6/4）粉砂质黏土
6	楚科奇海台	P21	76°39.92′N	165°29.80′W	2016-07-30	1 135	340	顶部为黄褐色（5YR 5/3）粉砂质黏土，底部为灰色（GLEY1 5/5G/1）黏土
7	楚科奇海台	P15	77°25.23′N	154°47.60′W	2016-08-01	1 128	230	顶部为黄褐色（2.5Y 5/4）黏土质粉砂，底部为黄色（2.5Y 6/4）黏土质粉砂
8	楚科奇海台	P13	77°59.48′N	159°51.92′W	2016-08-02	2 517	250	顶部为黄色（5YR 7/6）粉砂质黏土，底部为黄色（10YR 5/6）黏土质粉砂
9	楚科奇海台	P12	78°17.23′N	162°41.25′W	2016-08-02	580	260	顶部为黄褐色（10YR 6/6）黏土质粉砂，底部为黄色（10YR7/6）黏土
10	楚科奇海台	P11	78°29.63′N	165°52.28′W	2016-08-03	532	240	顶部为黄色（5Y 7/4）粉砂质黏土，底部为黄灰色（5Y 6/3）黏土
11	加拿大海盆	ICE2	80°06.83′N	168°48.83′W	2016-08-05	3 261	310	顶部为黄色（10YR 6/6）黏土质粉砂，底部为浅黄色（2.5Y 6/4）粉砂质黏土
12	加拿大海盆	LIC	82°49.62′N	159°08.85′W	2016-08-14	3 018	316	顶部为黄色（10YR 6/6）黏土质粉砂，底部为浅黄色（10YR 6/4）粉砂质黏土
13	门捷列夫海岭	E26	79°57.02′N	179°41.80′W	2016-08-17	1 500	380	顶部为黄褐色（2.5Y 6/6）黏土质粉砂，底部为黄色（5Y 6/6）黏土
14	门捷列夫海岭	E25	78°57.55′N	179°26.18′W	2016-08-18	1 200	320	顶部为黄褐色（10Y 5/6）黏土质粉砂，底部为黄色（2.5Y 6/6）黏土

序号	海区	站号	站位坐标		取样日期（UTC）	水深（m）	岩芯长度（cm）	柱样顶底沉积物特征描述
			纬度	经度				
15	门捷列夫海岭	E24	77°49.98′N	179°39.05′W	2016-08-19	1 617	230	顶部为黄色（10YR 6/6）粉砂，底部为黄色（10YR 5/4）黏土
16	门捷列夫海岭	E23	77°03.60′N	179°42.92′E	2016-08-19	1 107	375	顶部为褐色（5YR 4/2）黏土质粉砂，底部为绿灰色（GLEY1 6/5G/1）黏土
17	门捷列夫海岭	E22	75°58.50′N	179°45.43′E	2016-08-20	1 159	436	顶部为灰黄色（5Y 5/2）粉砂质黏土，底部为灰色（5Y 5/1）黏土
18	门捷列夫海岭	E21	75°09.25′N	179°45.30′W	2016-08-20	550	484	顶部为灰色（5Y 6/1）粉砂质黏土，底部为深灰色（5Y 5/1）黏土
19	楚科奇海台	R17	78°01.67′N	169°07.80′W	2016-08-21	686	280	顶部为黄褐色（10YR 3/6）黏土质粉砂，底部为褐色（5YR5/4）黏土质粉砂
20	楚科奇海台	R16	77°05.55′N	169°08.57′W	2016-08-22	1 942	444	顶部为灰色（5GY 5/2）粉砂质黏土，底部为灰绿色（5GY 5/4）黏土
21	楚科奇海台	R15	76°32.45′N	168°58.52′W	2016-08-22	2 136	445	顶部为黄褐色（5Y 6/6）黏土质粉砂，底部为灰色（5GY 5/2）黏土
22	楚科奇海台	R14	75°54.85′N	168°34.20′W	2016-08-23	345	222	顶部为褐色（5Y 3/1）黏土，底部为暗灰色（10Y-5GY 4/2）含砾黏土质粉砂
23	楚科奇海台	R12	74°40.98′N	168°53.30′W	2016-08-23	183	40	顶部和底部为青灰色（GLEY1 6/5GY）黏土
24	加拿大海盆	S15	73°56.83′N	155°44.78′W	2016-08-26	3 778	460	顶部为灰色（GLEY1 7/5G-/1）黏土质粉砂，底部为灰色（GLEY1 7/10Y）含砾砂质粉砂
25	楚科奇海	S12	72°47.93′N	160°09.07′W	2016-08-31	65	55	顶部为浅灰色（GLEY1 8/10Y）粉砂质砂，底部为深灰色（GLEY1 3/N）粉砂质黏土

注：沉积物颜色括号内为 Munsell 土壤颜色值。

5.4.4 悬浮体取样

根据前几次北极科学考察的初步分析结果，对白令海和楚科奇海陆架及北冰洋冰缘线附近的悬浮颗粒物来源和分布特征进行比较深入的分析与研究。主要进行分层次的观测断面，除完成表层悬浮体采样外，实施不同水层（最大取样水深 100 m）大体积海水悬浮体采样作业，实现对真光层内海水中的悬浮颗粒物进行分层原位过滤（根据水深、海况等客观条件，设置 1 ~ 3 个采水层次），每层次过滤海水 10 ~ 140 L。以期在悬浮颗粒物的垂向分布、物质组成及其与水体环境的关系等研究方面取得系统的调查研究成果。

本次考察累计在 82 个站位进行了表层悬浮体取样（图 5-16 和图 5-17，表 5-5，表 5-6），为了研究海水中悬浮体的浓度、颗粒组分特征以及其同位素、生物标志物特征，每站各使用醋酸膜和玻璃纤维膜过滤表层海水，取得 82 站 164 份表层海水悬浮体样品。表层海水悬浮体过滤的水样体积为 3 L 或 4 L。大体积海水原位过滤取样完成了 43 个站位（图 5-18，表 5-5，表 5-7），每个站位获得 1 ~ 3 层不等的悬浮颗粒物滤膜样品，过滤水样体积最多可达 140 L。

本次悬浮体取样采用人工取水和实验室过滤的方式采取表层海水中的悬浮颗粒物样品，利用大体积海水原位过滤器获得特定水层海水中的悬浮颗粒物样品。现场观测主要工作是记录采水体积以及相应的滤膜编号，并将过滤后带有悬浮颗粒物样品的滤膜冷冻（-20℃）保存。后续分析测试将在实验室完成。

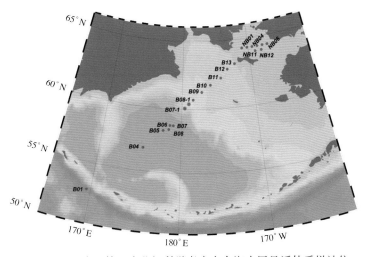

图 5-16 中国第七次北极科学考察白令海表层悬浮体采样站位

Fig.5-16 Location of suspended sediment samples from Bering Sea during the 7th CHINARE cruise

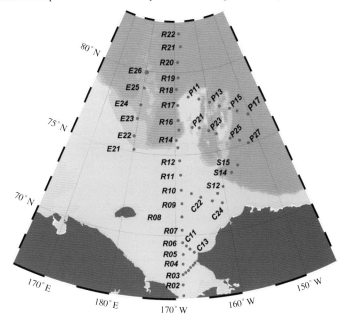

图 5-17 中国第七次北极科学考察北冰洋表层悬浮体采样站位

Fig. 5-17 Location of suspended sediment samples from the Arctic Ocean during the 7th CHINARE cruise

表5-5 中国第七次北极科学考察悬浮体考察作业情况统计

Table 5-5 List of suspended sediment samples during the 7th CHINARE cruise

考察内容	作业方式（完成站位数）	作业海区	完成站位数（个）
悬浮体采样 （82 站）	表层悬浮体采样 （82 站）	白令海	24
		楚科奇海台	21
		高纬海区	5
		门捷列夫海脊	6
		加拿大海盆	4
		楚科奇海	22
	大体积海水原位过滤 （43 站）	白令海	12
		楚科奇海台	14
		加拿大海盆	3
		楚科奇海	14

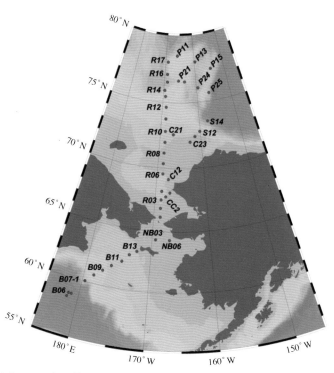

图 5-18　中国第七次北极科学考察大体积海水原位悬浮体采样站位
Fig. 5-18　Location of sea water samples processd by the Large Volume Water Transfer System during the 7th CHINARE cruise

表5-6　中国第七次北极科学考察表层悬浮体取样作业站位信息
Table 5-6　List of suspended sediment samples during the 7th CHINARE cruise

序号	海区	站号	站位坐标		水深（m）	取样日期（UTC）
			纬度	经度		
1	北太平洋	B01	52°48.17′N	169°31.18′E	5 706	2016-07-18
2	白令海	B04	56°52.08′N	175°19.32′E	3 713	2016-07-19
3	白令海	B05	58°18.58′N	177°38.60′E	3 663	2016-07-20
4	白令海	B07	58°42.70′N	178°54.90′E	3 628	2016-07-22
5	白令海	B08	58°24.38′N	178°21.17′E	3 663	2016-07-23
6	白令海	B06	58°43.60′N	178°29.07′E	3 631	2016-07-23
7	楚科奇海台	P27	75°02.17′N	152°28.98′W	3 775	2016-07-28
8	楚科奇海台	P26	75°20.82′N	154°17.42′W	3 774	2016-07-28
9	楚科奇海台	P25	75°37.42′N	156°23.72′W	1 311	2016-07-29
10	楚科奇海台	P24	76°04.53′N	159°32.05′W	1 958	2016-07-29
11	楚科奇海台	P23	76°19.72′N	161°16.48′W	1 999	2016-07-30
12	楚科奇海台	P22	76°34.75′N	163°35.65′W	676	2016-07-30
13	楚科奇海台	P21	76°39.05′N	165°28.65′W	1 129	2016-07-31
14	楚科奇海台	P17	76°41.90′N	150°20.17′W	3 760	2016-07-01
15	楚科奇海台	P16	77°06.32′N	152°48.13′W	3 764	2016-08-01
16	楚科奇海台	P15	77°23.18′N	154°35.52′W	1 038	2016-08-01
17	楚科奇海台	P14	77°41.02′N	157°14.75′W	1 600	2016-08-02
18	楚科奇海台	P13	78°01.67′N	159°44.18′W	2 494	2016-08-02

序号	海区	站号	站位坐标		水深（m）	取样日期（UTC）
			纬度	经度		
19	楚科奇海台	P12	78°18.95′N	162°42.03′W	604	2016-08-03
20	楚科奇海台	P11	78°30.38′N	165°56.03′W	543	2016-08-03
21	高纬海区	R18	78°59.58′N	169°30.37′W	2 958	2016-08-04
22	高纬海区	R19	79°41.80′N	168°52.70′W	3 168	2016-08-05
23	高纬海区	R20	80°37.60′N	168°53.82′W	3 267	2016-08-05
24	高纬海区	R21	81°33.38′N	167°36.82′W	3 271	2016-08-06
25	高纬海区	R22	82°19.70′N	168°11.47′W	3 452	2016-08-07
26	门捷列夫海脊	E26	79°54.15′N	179°38.57′W	1 448	2016-08-17
27	门捷列夫海脊	E25	78°56.30′N	179°41.53′W	1 243	2016-08-19
28	门捷列夫海脊	E24	77°54.12′N	179°54.58′W	1 569	2016-08-19
29	门捷列夫海脊	E23	77°02.97′N	179°43.92′E	1 100	2016-08-20
30	门捷列夫海脊	E22	75°58.80′N	179°39.03′E	1 147	2016-08-20
31	门捷列夫海脊	E21	75°08.97′N	179°48.77′W	538	2016-08-21
32	楚科奇海台	R17	78°01.80′N	169°10.28′W	704	2016-08-22
33	楚科奇海台	R16	77°07.18′N	169°10.12′W	1 879	2016-08-22
34	楚科奇海台	R15	76°32.88′N	169°01.33′W	2 142	2016-08-23
35	楚科奇海台	R14	75°54.20′N	169°42.25′W	355	2016-08-23
36	楚科奇海台	R13	75°27.55′N	169°20.06′W	359	2016-08-23
37	楚科奇海台	R12	74°39.18′N	168°58.55′W	180	2016-08-24
38	楚科奇海台	R11	73°46.18′N	168°50.83′W	153	2016-08-24
39	加拿大海盆	S15	73°54.20′N	156°10.75′W	3 743	2016-08-26
40	加拿大海盆	S14	73°32.52′N	157°49.15′W	2 945	2016-08-30
41	加拿大海盆	S12	72°48.40′N	160°08.83′W	65	2016-08-31
42	加拿大海盆	S11	72°26.42′N	161°28.32′W	44	2016-08-31
43	楚科奇海	C24	71°48.97′N	160°49.82′W	45	2016-09-01
44	楚科奇海	C23	72°01.62′N	162°42.05′W	38	2016-09-01
45	楚科奇海	C22	72°19.92′N	164°52.78′W	47	2016-09-01
46	楚科奇海	C21	72°36.13′N	166°44.35′W	52	2016-09-01
47	楚科奇海	R10	72°50.17′N	168°47.43′W	61	2016-09-01
48	楚科奇海	R09	72°00.12′N	168°44.35′W	51	2016-09-02
49	楚科奇海	R08	71°10.52′N	168°49.37′W	48	2016-09-02
50	楚科奇海	R07	70°20.72′N	168°50.22′W	39	2016-09-02
51	楚科奇海	R06	69°33.52′N	168°48.05′W	52	2016-09-02
52	楚科奇海	C11	69°20.82′N	168°09.57′W	51	2016-09-03
53	楚科奇海	C12	69°08.48′N	167°33.97′W	50	2016-09-03
54	楚科奇海	C13	68°55.62′N	166°50.70′W	45	2016-09-03
55	楚科奇海	R05	68°49.02′N	168°45.32′W	52	2016-09-03
56	楚科奇海	CC5	68°14.62′N	166°50.47′W	35	2016-09-03

序号	海区	站号	站位坐标		水深（m）	取样日期（UTC）
			纬度	经度		
57	楚科奇海	CC4	68°06.50′N	167°09.22′W	49	2016-09-03
58	楚科奇海	CC3	67°58.57′N	167°37.22′W	51	2016-09-03
59	楚科奇海	CC2	67°47.32′N	167°57.62′W	54	2016-09-03
60	楚科奇海	CC1	67°40.00′N	168°25.00′W	49	2016-09-04
61	楚科奇海	R04	68°12.50′N	168°48.40′W	57	2016-09-04
62	楚科奇海	R03	67°32.02′N	168°51.17′W	49	2016-09-04
63	楚科奇海	R02	66°52.08′N	168°52.50′W	45	2016-09-04
64	楚科奇海	R01	66°10.27′N	168°49.28′W	56	2016-09-04
65	白令海峡	S01	65°41.60′N	168°39.40′W	50	2016-09-05
66	白令海峡	S02	65°32.20′N	168°15.35′W	42	2016-09-05
67	白令海	NB12	63°59.95′N	168°59.45′W	35	2016-09-05
68	白令海	NB11	64°00.45′N	168°01.62′W	36	2016-09-05
69	白令海	NB06	64°20.03′N	166°59.28′W	30	2016-09-08
70	白令海	NB05	64°20.25′N	167°46.08′W	33	2016-09-08
71	白令海	NB04	64°20.13′N	168°34.87′W	41	2016-09-08
72	白令海	NB03	64°19.85′N	169°23.55′W	40	2016-09-08
73	白令海	NB02	64°20.10′N	170°11.25′W	41	2016-09-08
74	白令海	NB01	64°19.50′N	170°58.25′W	40	2016-09-08
75	白令海	B13	63°15.28′N	172°18.65′W	61	2016-09-09
76	白令海	B12	62°54.10′N	173°27.62′W	70	2016-09-09
77	白令海	B11	62°17.18′N	174°31.37′W	70	2016-09-09
78	白令海	B10	61°46.97′N	176°04.30′W	98	2016-09-09
79	白令海	B09	61°15.55′N	177°18.50′W	124	2016-09-10
80	白令海	B08-1	60°41.80′N	178°29.42′W	173	2016-09-10
81	白令海	B08-2	60°23.25′N	179°04.63′W	556	2016-09-10
82	白令海	B07-1	60°03.58′N	179°37.10′W	1 839	2016-09-10

表5-7　中国第七次北极科学考察大体积海水原位过滤取样作业站位信息
Table 5-7　List of sea water samples processd by the Large Volume Water Transfer System during the 7th CHINARE cruise

序号	海区	站号	站位坐标		水深（m）	取样日期（UTC）	取样数（层）
			纬度	经度			
1	白令海	B07	58°42.70′N	178°54.90′E	3 628	2016-07-22	3
2	白令海	B08	58°24.380′N	178°21.17′E	3 663	2016-07-23	3
3	白令海	B06	58°43.60′N	178°29.07′E	3 631	2016-07-23	3
4	楚科奇海台	P25	75°37.42′N	156°23.72′W	1 311	2016-07-29	3
5	楚科奇海台	P24	76°04.53′N	159°32.05′W	1 958	2016-07-29	3
6	楚科奇海台	P22	76°34.75′N	163°35.65′W	676	2016-07-30	3

序号	海区	站号	站位坐标		水深（m）	取样日期（UTC）	取样数（层）
			纬度	经度			
7	楚科奇海台	P21	76°39.05′N	165°28.65′W	1 129	2016-07-31	3
8	楚科奇海台	P15	77°23.18′N	154°35.52′W	1 038	2016-08-01	3
9	楚科奇海台	P13	78°01.67′N	159°44.18′W	2 494	2016-08-02	3
10	楚科奇海台	P11	78°30.38′N	165°56.03′W	543	2016-08-03	3
11	楚科奇海台	R17	78°01.80′N	169°10.28′W	704	2016-08-22	3
12	楚科奇海台	R16	77°07.18′N	169°10.12′W	1 879	2016-08-22	3
13	楚科奇海台	R15	76°32.88′N	169°01.33′W	2 142	2016-08-23	3
14	楚科奇海台	R14	75°54.20′N	169°42.25′W	355	2016-08-23	3
15	楚科奇海台	R13	75°27.55′N	169°20.60′W	359	2016-08-23	3
16	楚科奇海台	R12	74°39.18′N	168°58.55′W	180	2016-08-24	3
17	楚科奇海台	R11	73°46.18′N	168°50.83′W	153	2016-08-24	3
18	加拿大海盆	S14	73°32.52′N	157°49.15′W	2 945	2016-08-30	3
19	加拿大海盆	S12	72°48.40′N	160°08.83′W	65	2016-08-31	3
20	加拿大海盆	S11	72°26.42′N	161°28.32′W	44	2016-08-31	2
21	楚科奇海	C23	72°01.62′N	162°42.50′W	38	2016-09-01	2
22	楚科奇海	C21	72°36.13′N	166°44.35′W	52	2016-09-01	2
23	楚科奇海	R10	72°50.17′N	168°47.43′W	61	2016-09-01	2
24	楚科奇海	R09	72°00.12′N	168°44.35′W	51	2016-09-02	2
25	楚科奇海	R08	71°10.52′N	168°49.37′W	48	2016-09-02	2
26	楚科奇海	R07	70°20.72′N	168°50.22′W	39	2016-09-02	2
27	楚科奇海	R06	69°33.52′N	168°48.50′W	52	2016-09-02	2
28	楚科奇海	C12	69°08.48′N	167°33.97′W	50	2016-09-03	2
29	楚科奇海	CC4	68°06.50′N	167°9.22′W	49	2016-09-03	2
30	楚科奇海	CC2	67°47.32′N	167°57.62′W	54	2016-09-03	2
31	楚科奇海	R04	68°12.50′N	168°48.40′W	57	2016-09-04	2
32	楚科奇海	R03	67°32.02′N	168°51.12′W	49	2016-09-04	2
33	楚科奇海	R02	66°52.08′N	168°52.50′W	45	2016-09-04	2
34	楚科奇海	R01	66°10.27′N	168°49.28′W	56	2016-09-04	2
35	白令海	NB06	64°20.03′N	166°59.28′W	30	2016-09-08	2
36	白令海	NB03	64°19.85′N	169°23.55′W	40	2016-09-08	2
37	白令海	B13	63°15.28′N	172°18.65′W	61	2016-09-09	2
38	白令海	B12	62°54.10′N	173°27.62′W	70	2016-09-09	2
39	白令海	B11	62°17.18′N	174°31.37′W	70	2016-09-09	2
40	白令海	B10	61°46.97′N	176°04.30′W	98	2016-09-09	2
41	白令海	B09	61°15.55′N	177°18.50′W	124	2016-09-10	2
42	白令海	B08-1	60°41.80′N	178°29.42′W	173	2016-09-10	2
43	白令海	B07-1	60°03.58′N	179°37.10′W	1839	2016-09-10	3

5.5　考察数据初步分析

5.5.1　表层沉积物类型特征及分区

通过对所获取的箱式沉积物样品和多管沉积物样品的沉积物组成、粒径、颜色、气味等的现场描述和记录，不同海区表层沉积物特征差异明显，可分为以下几个沉积区。

5.5.1.1　加拿大海盆—楚科奇海台—门捷列夫海岭沉积区

该区沉积物采样站位包括位于加拿大海盆的 P27、R20、LIC（长期冰站）等站位，位于楚科奇海台及其南部陆架边缘的 P11、P15、P23、R11、R12、R13、R14、R16、R17 等站位，以及位于门捷列夫海岭的 E24、E21 等站位。所获取的沉积物箱式样和多管样显示，该区域海水界面以下表层沉积物颜色呈褐色，沉积物类型多为黏土质粉砂，含冰筏漂砾（图 5-19）。该区域最表层褐色层沉积物厚度变化不均一，其中位于楚科奇海台南部的 R11、R12 和 R13 站位，表层褐色沉积层的厚度小于 5 cm，并自北向南厚度减薄。位于楚科奇海台和北风脊北部的 P11、P15 站位以及其北的 R20、LIC（长期冰站）的海盆区站位，表层褐色沉积层的厚度在 5 ~ 10 cm。位于门捷

图 5-19　箱式样沉积物表面的冰筏漂砾和虫迹（LIC 站）
Fig. 5-19　Ice-rafted debris and trace of benthos on the surface of a box corer sample (Site LIC)

列夫海岭、楚科奇海台中部和加拿大海盆的其他站位，表层褐色沉积层厚度在 15 cm 以上（图 5-20）。该区域褐色沉积层之下为灰色或灰绿色黏土质沉积，部分站位褐色层和灰色层之间夹一层厚度约为 3 cm 的白色碳酸钙沉积层（图 5-21）。该区域沉积物中大型底栖生物较少。

图 5-20　不同站位最表层褐色沉积层厚度比较
Fig. 5-20　Comparison of thickness of the surface brown sediments

图 5-21　箱式沉积物样中的碳酸钙层（P27 站位）

Fig. 5-21　Carbonate sediment layer in a box-corer sample (Site P27)

5.5.1.2　楚科奇海陆架区沉积区

该区沉积物采样站位包括位于楚科奇海陆架的 R03、R04、R07 ~ R10、S11、S12、C21 ~ C24、C11、CC4、CC5 等站位。该区域沉积物特征为表层为浅灰色黏土质粉砂或粉砂质砂沉积，之下为暗灰色或黑色黏土质粉砂，富含有机质，具 HS 味。部分站位，如位于哈罗德浅滩的 R07 站位，靠近阿拉斯加沿岸的 CC2、CC4、CC5 等站位含砾石，砾径多为 1 ~ 5 cm，砾石有一定的磨圆度（图 5-22）。楚科奇海陆架区沉积物中含大量底栖动物，其中 R03 站沉积物中虫管极为丰富（图 5-23）。

图 5-22　楚科奇海陆架沉积物中的砾石

Fig. 5-22　Gravels in sediments from the Chukchi shelf

图 5-23　沉积物中的虫管（R03 站）

Fig. 5-23　Worm tubes in sediments (Site R03)

5.5.1.3　白令海峡及白令海北部沉积区

该区沉积物采样站位有白令海峡南北两侧的 R01、R02、S01、S02、NB11、NB01、NB02、NB04、NB06、NB11、B13 等站位，所采集到样品的这些站位中，R02 为灰色中砂，向南的 R01、S01、NB06、NB02 站位，沉积物为砾石或含粗砂砾石，而 NB11、NB04、B13 等站位，沉积物为灰色中粗砂（图 5-24）。该海域沉积物中富含海胆。该区域 S02、NB03、NB05、NB12 等站位，未取到样品，海底可能为侵蚀海底，无沉积物分布。该海域中粗砂应来自育空河搬运入海泥沙，北太平洋海水经白令海峡流入北冰洋的过程中，在白令海峡周边海域，水动力较强，海底为砂质沉积或受侵蚀，无沉积物分布，海底为基岩或砾石沉积。

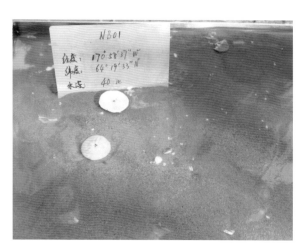

图 5-24　白令海峡及其附近海域的砾石和砂沉积

Fig. 5-24　Gravel and sandy sediments in the vicinity of the Bering Strait

5.5.1.4　白令海陆架沉积区

该区沉积物采样站位有位于白令海陆架的 B08-1、B09、B10、B11 和 B12 等站位，沉积物特征与楚科奇海陆架的相似，最表层为浅灰色黏土质粉砂或粉砂，之下为深灰色或黑色富含有机质的黏土质粉砂沉积，富含大型底栖生物。

5.5.1.5　阿留申海盆沉积区

该海域仅有 B08 一个站位的沉积物取样，表层 2 ~ 3 cm 为黄褐色黏土质粉砂，之下为灰绿色黏土质粉砂。

5.5.2　海底拖网岩石

此次北极科学考察箱式采样器和底栖生物拖网作业结果显示在北冰洋作业区和白令海陆架区均采集到了海底砾石。这些砾石涵盖了沉积岩、火成岩和变质岩 3 大类型。在不同站位，各类砾石所占比例有所变化，如在白令海峡以北作业区的 P22 站主要为灰白色白云岩、石英砂岩和石英岩（图 5-25），占 95% 左右，这些岩石表面均发现了铁染现象；其次为正片麻岩（如镁铁质片麻岩和花岗质片麻岩）；花岗岩和辉长煌斑岩所占比例最低。而在白令海陆架区（主要为 NB 断面），白云岩所占比例很低甚至未见，而花岗质片麻岩和镁铁质片麻岩及花岗岩等岩石类型占主体地位。

这些砾石颗粒大小不一，最大一块白云岩砾石（P22 站）粒径为 40 cm × 25 cm × 13 cm（图 5-25 右上角），这表明分选性较差；砾石从角状至极圆状均发育，表明这些砾石磨圆度较差。已有研究揭示位于楚科奇海台的白云岩可能受波弗特环流影响，其主要来源于加拿大北极群岛的班克斯岛和维多利亚岛。考虑到北极冰盖的影响范围，白令海海峡以北作业区内获得的砾石可能为冰筏砾石，而以南作业区内获得的砾石则可能是在区域流场作用下携带来的阿拉斯加南部海岸区的岩石碎块。这种变化可能反映了沉积环境体系的区域差异。总而言之，这些海底砾石将是揭示地球气候环境变化，分析冰筏沉积物质来源和探究地球内、外营力特征及其相互作用的重要岩石样品。

图 5-25　P22 站底栖生物拖网样品
箭头处白云岩砾石粒径为 40 cm × 25 cm × 13 cm
Fig. 5-25　Gravels in the trawl samples of deep-sea magabenthos at Site P22
The grain size of the dolomite indicated by arrow is about 40 cm × 25 cm × 13 cm

另外，此次北极海洋地质考察一个重要成果是发现了海底结核（结壳）（图 5-26），这是我国首次在北极发现该类样品。它们形态上有的呈椭球状，有的呈薄板状，其中椭球状样品粒径约为 3.2 cm × 2.2 cm × 1.5 cm，而薄板状样品厚度约为 1 cm。

椭球状结核上表面较光滑，附着黄色黏土，胶结了不同颗粒的碎屑；下表面较粗糙，也附有黄色黏土，同时也胶结了不同粒级的碎屑。在一结核的核部发现了黄铁矿 / 黄铜矿细脉。薄板状结壳上表面发育鲕状、豆状凸起，较光滑，附着黄绿色黏土；底部较粗糙，也附着黏土，结壳基底类型不明显，但附有明显的生物痕迹。其断面呈土状，较致密，易碎，初步推测它们的形成可能与冷泉或者热液过程有关。相关深部地球过程极端条件下生命活动过程，和平利用开发北极做出我国应有的贡献。

图 5-26　R11 站拖网结壳 / 核样品
Fig.5-26　Crusts and nodules in the trawl samples of deep-sea magabenthos at Site R11

未来进一步室内相关分析将有助于阐明其成因，揭示相关研究成果将填补我国在北极相关区域的资料空白，为和

5.6　本章小结

本次海洋地质考察累计完成沉积物采样 65 个站位，其中箱式采样 50 个站位，多管采样 9 个站位（含重复站位），柱状沉积物采样完成 25 个站位，表层悬浮体采样完成 82 个站位，大体积海水原位过滤采样完成 43 个站位。利用重力取样器获得的 25 根高质量的沉积物岩心累计长度达到 77 m，单心最长 484 cm，平均长度 308 cm。本次考察完成了现场实施计划中的科考任务，为后续的实验分析和极地专项海洋地质专题研究打下基础。本次考察还在楚科奇海陆架发现海底结核 / 结壳，初步推测它们的形成可能与冷泉或者热液过程有关。这一发现为我国进一步摸清北冰洋资源类型，开展资源潜力评估提供了有力支撑，为我国未来开展极区海洋地质研究指出了新的方向。

海洋地球物理考察 第 **6** 章

中国第七次北极科学考察在加拿大海盆和楚科奇边缘地进行了海洋重力、海面拖曳式磁力、海洋地震和海底热流的测量，在门捷列夫脊和楚科奇边缘地进行了海底热流的测量，并在长期冰站上试验性地进行了天然地震的观测。主要调查目的包括：① 加拿大海盆的扩张方向和历史；② 楚科奇边缘地内北风平原的张裂过程；③ 门捷列夫脊的岩石圈热厚度及地壳性质。

以加拿大海盆为主体的美亚海盆的形成历史对整个环北极区域（包括北太平洋、西伯利亚和北美板块）中生代构造演化过程、北冰洋数十个沉积盆地的油气资源勘探和北冰洋古地理、古气候的研究都具有重要的意义。但是目前对美亚海盆的形成历史却一直存在巨大的争议（如 Embry, 1990; 1998; Lane, 1997; Grantz et al., 1998）。这种持续的争论与美亚海盆特殊的形成历史和地理位置有关。除了利用钻孔采样进行定年外，海盆内洋中脊、转换断层的识别和磁条带的追踪是研究海盆演化过程最为常用和可靠的方法。但是由于美亚海盆的扩张停止于中生代，本身受到巨厚沉积物的覆盖（4～6 km），无法通过地形、天然地震等方法探索洋中脊和转换断层。巨厚的沉积物也给钻探带来了更高的要求。目前北冰洋唯一的 IODP 钻孔位置在罗蒙诺索夫脊这一残留陆块上（Backman et al., 2006），无法说明海盆的具体年龄。海盆内仅有的航空磁力测量也由于分辨率问题而在追踪磁条带时备受争议（Taylor et al., 1981; Brozena et al., 2003）。因此，关于美亚海盆的扩张模式大部分都是基于周边陆缘的地质证据提出的，这些证据提供的都是静态信息，时间尺度的约束较弱、多解性强（无排他性），造成了众多的假说与争论。通过我国第六次北极科学考察在加拿大海盆中进行的高精度近海底磁力，我们准确追踪了加拿大海盆的地壳年龄，但是由于近海底磁力剖面较少，在扩张方向、扩张边界等方面仍然存在较大的多解性。本次科学考察在加拿大海盆测量得到了 4 条近乎平行的海面磁力测线。丰富的海面磁力与高精度的近海底磁力资料相互补充，为揭示加拿大海盆的形成历史提供了更加确切的信息。

楚科奇边缘地被认为是了解美亚海盆起源的关键区域，与阿拉斯加、西伯利亚和加拿大北极群岛不同，它是残留在美亚海盆内的大陆岩石圈。楚科奇边缘地宽度超过 400 km，长度超过 700 km。由于其面积较大，并且孤立地存在，所有关于美亚海盆扩张的假说均需要能够解释其最初的位置。有学者质疑了逆时针旋转模式中板块重构后楚科奇边缘地和加拿大北极群岛长达 200 km 的空间重叠问题，并根据阿拉斯加陆地地震剖面和对周边地层证据提出了多期扩张的模式。为了解释空间重叠问题，有学者假定楚科奇边缘地的各组成部分（包括楚科奇海台、楚科奇冠和北风脊等）在张裂前是线性排列的，在海底扩张过程中各自旋转，最终拼合为现在的楚科奇边缘地。这就要求楚科奇边缘地在侏罗纪晚期是线性排列于加拿大北极群岛区域。但是我国第六次北极科学考察在北风平原磁力得到的高热流值和相应薄岩石圈热厚度表明，北风平原内的构造活动远晚于加拿大海盆的扩张时间。楚科奇缘地初始是作为一个整体存在，现在楚科奇海台和北风脊之间的深海槽（北风平原）是其后期张裂的结果，张裂时间远晚于加拿大海盆的扩张时间。本次科学考察在楚科奇边缘地进行的地震测量可以提供张裂过程的断层信息，用于揭示北风平原的张裂方式和时间。

6.1　考察内容

在整理国内历史数据和搜集国外公开数据的基础上，在加拿大海盆、门捷列夫脊和楚科奇边缘地进行海洋地球物理综合调查，获取调查区的水深、重力、磁力、热流、人工反射和天然地震等基础数据，查明调查地球物理场特征，结合历次北极科考地球物理资料研究美亚海盆的形成历史、楚科奇边缘地的张裂过程以及门捷列夫脊的岩石圈热状态。

6.2　重力测量

6.2.1　考察站位及完成工作量

2016 年 7 月 9 日开启海洋重力仪。利用 2011 年在上海极地中心码头建立的重力基准点，7 月 11 日进行了海洋重力仪基点的比测，填写重力仪基点校对日志。

2016 年 8 月 24 — 30 日，在重点调查区楚科奇边缘地和加拿大海盆进行了 6 条近于平行的重力测量，共完成测线 1 483 km。各条测线的起止点坐标见表 6-1，测线位置见图 6-1。

表6-1　中国第七次北极科学考察测线统计
Table 6-1　Gravity survey lines in the study area

测线名称	起始纬度	起始经度	结束纬度	结束经度	长度（km）	作业项目
2016G_S1	7446G_S	1646G_S1	7406G_S	1606G_S1	135	重力、海面磁力、多道地震
2016G_S2	7496G_S	1596G_S2	7476G_S	1576G_S2	75	重力、海面磁力、多道地震
2016G_M1	7566G_M	1566G_M1	7576G_M	1376G_M1	556	重力、海面磁力
2016G_M2	7576G_M	1376G_M2	7536G_M	1436G_M2	150	重力、海面磁力、多道地震
2016G_M2-3	7536G_M	1436G_M2	7676G_M	1376G_M2	160	重力、海面磁力
2016G_M3	7676G_M	1376G_M3	7626G_M	1526G_M3	407	重力、海面磁力

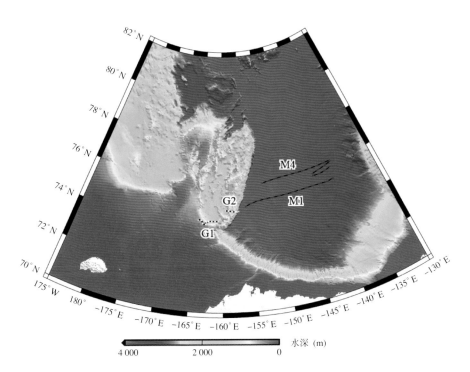

图 6-1　楚科奇边缘地—加拿大海盆海洋重力测线
Fig. 6-1　The tracks of survey lines

6.2.2 考察人员及考察仪器

6.2.2.1 考察人员

航次考察重力测量由韩国忠全程负责，在走航测量期间负责完成重力仪运行状态监控，测量班报的记录。在 8 月 24—30 日综合地球物理测线作业阶段期间，由国家海洋局第一海洋研究所的林学政、黄元辉，国家海洋局第二海洋研究所的边叶萍、杨成浩等同志参加了重力观测值班及班报的记录工作，整个测量期间地球物理项目负责人张涛同志负责班报的审核及质量的检查监控工作，国家海洋局第三海洋研究所的房旭东负责记录班报的校验工作。

6.2.2.2 考察仪器

本次调查使用是美国 LaCoste&Romberg 公司生产的 Air–Sea Gravity System Ⅱ 海洋重力仪系统（图 6-2），仪器的序号为 S-133，该系统的主要性能指标如下。

- 重力传感器类型：零长弹簧 / 摆；
- 重力测量原理：摆移动速率；
- 重力传感器精度：10 μGal；
- 系统动态范围：±200 000 mGal；
- 重力系统分辨率：0.01 mGal；
- 重力系统零漂：< 3 mGal / 月；
- 重力系统测量采样率：0.1 ~ 9 999 Hz；
- 实时采样数据滤波：用户自选；
- 垂直加速度< 15 000 mGal：精度为 0.1 mGal；
- 15 000 ~ 80 000 mGal：精度为 0.5 mGal；
- 80 000 ~ 200 000 mGal：精度为 1 mGal；
- 系统恒温：出厂额定 ±0.01℃；
- 恒温断电保护：不要求断电保护；
- 锁摆，开摆：全自动；
- 陀螺：2 个光纤陀螺；
- 陀螺寿命：> 250 000 h；
- 加速度传感器：2 个高精度加速度传感器；
- 平台控制：21 位 DSP 数控；
- 数控扫描频率：200 ~ 1 000 Hz；
- 有效平台纵 / 横摇控制：±25°；
- 平台最大稳定周期：4 ~ 4.5 min；
- 平台倾斜记录输出：标准；
- 平台转向校正：标准；
- 系统自检，故障诊断：内置全自动。

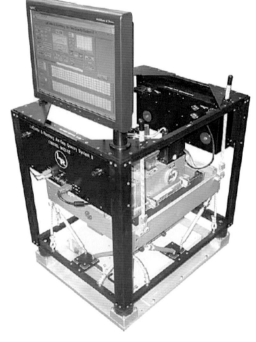

图 6-2　Air-Sea System Ⅱ 海洋重力仪
Fig. 6-2　Air-Sea System Ⅱ Gravimeter

6.2.3　考察数据初步分析

6.2.3.1　数据质量

重力数据质量受海况、船只运动的影响较大。从码头出发直至进入浮冰区前，海况良好，加上"雪龙"船吨位较重，具备较好的抗浪能力，此阶段重力数据曲线光滑，期间重力数据质量主要受站位作业时"雪龙"船航速、航向变化影响；进入冰区后，"雪龙"船需要经常改变航向选择最佳前进线路，并在冰情较重时倒船再前冲破冰，冰与船体的碰撞以及船体航速、航向的迅速变化带来较强的高频扰动，使得低频重力数据上叠加了很多"毛刺"，最大可达 30 mGal；在长期冰站作业过程中，船随冰进行缓慢移动，速度、运动方向的变化均十分缓慢，观测曲线平滑。在地球物理测线测量期间，重力仪平台稳定。在长期冰站期间，测量曲线光滑。

由于受到海底面的影响最大，重力异常可以认为是地形的一级近似。从图 6-3(a) 中可以看出，北风平原内的水深比西侧的陆架区深 1 100 m，对应空间重力异常降低约 45 mGal。图 6-3(b) 中，东部加拿大海盆内的水深比西侧楚科奇边缘地深近 3 000 m，对应空间重力异常降低约 50 mGal。空间重力异常与地形对应性较好，表明数据质量可靠。

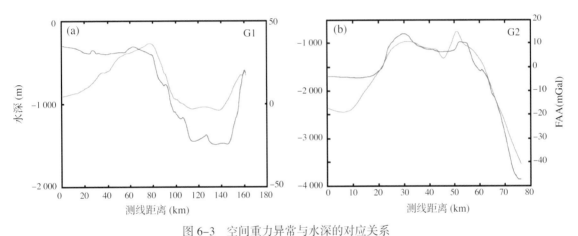

图 6-3　空间重力异常与水深的对应关系

Fig. 6-3　The FAA and bathymetry of Chukchi borderland

6.2.3.2　初步处理

在此次考察中，海洋重力仪器性能稳定，全程工作正常。航次共进行了重力整机系统的试验和航前、航后的码头重力基点比对，仪器的月漂移 1.25×10^{-5} m/s²，符合调查规范的要求。重力资料处理流程包括异常数据检查、正常场计算、厄特渥斯改正、零点漂移改正、自由空间异常计算和布格重力改正等，部分处理结果如图 6-4 所示。

由于在测量过程中经常出现停船、加速、减速和避障转向等现象，对重力的测量造成了一定的影响。为消除这些影响，需要对所计算的重力异常进行重新检查。检查的具体方法是，首先草绘各测线的剖面图，根据平面剖面图上反映出的疑问点，对照重力原始模拟记录，重力值班日志以及定位值班日志检查。如在疑问点的前后有停船、船加速、减速、避障转向等现象，便确定该点为错误点，然后用手工将其剔除。

重力正常场的计算采用 1985 年国际正常场公式为：

$$\gamma_0 = 978\ 032.677\ 14 \times \frac{(1 + 0.001\ 931\ 851\ 386\ 39 \times \mathrm{Sin}^2\phi)}{\sqrt{(1 - 0.006\ 694\ 379\ 990\ 13 \times \mathrm{Sin}^2\phi)}}$$

式中：

γ_0 为中正常重力场（× 常重 $^{-5}$ m/s^2）；

ϕ 为测点地理纬度（°）。

厄特渥斯改正计算公式为：

$$\delta_{ge} = 7.499 \times V \times \sin A \cos \varphi + 0.004 \times V^2$$

式中：

V 为式航速 (kn)；

φ 为式测点地理纬度 (°)；

A 为航迹真方位角 (°)。

厄特渥斯校正值是影响重力测量精度的主要因素，经试验利用经过 51 点（1 Hz 采样频率）圆滑的航速、航向计算出的校正值比较合理。

自由空间改正计算公式为：

$$\delta_{gf} = 0.308\,6 \times H$$

式中：

H 为中重力仪弹性系统至平均海面的高度 (m)。

自由空间异常计算公式为：

$$\Delta_{gf} = g + \delta_{gf} - \gamma_0$$

式中：

g 为中测点的绝对重力值，10^{-5} m/s^2；

δ_{gf} 为自由空间校正值，10^{-5} m/s^2；

γ_0 为正常重力场值，10^{-5} m/s^2；

其中：

$$g = g_0 + C \times \Delta s + \delta R + \delta g_e$$

式中：

g_0 为基点绝对重力值，10^{-5} m/s^2；

C 为重力仪格值 (10^{-5} m/s^2，1cu = 0.971\,341\,8 $\times 10^{-5}$ m/s^2)；

Δs 为测点与基点之间的重力仪读数差 (cu)；

δ 为与零点漂移改正值，零点漂移，10^{-5} m/(s^2·d)；

δd_e 为厄特渥斯改正值，厄特渥斯 10^{-5} m/s^2。

6.2.3.3 初步分析

空间重力异常上（图 6-4），楚科奇边缘地和加拿大海盆呈现截然不同的特征。在楚科奇边缘地内，重力异常变化剧烈，幅值超过 50 mGal。最大值出现在北风脊和楚科奇海台南部，表明了两者具有相近的地壳密度，早期可能是一个整体。位于两者之间的北风平原的空间异常低 45 mGal，与深达 1 100 m 的地形变化相对应，表明其经历了较大程度的张裂。

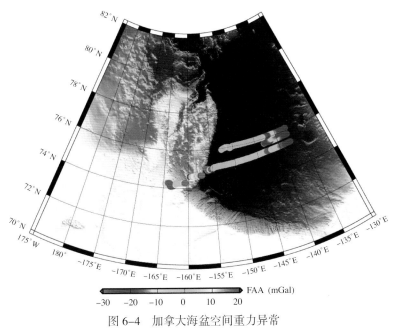

图 6-4　加拿大海盆空间重力异常

Fig. 6-4　The FAA in Canada basin

楚科奇边缘地东部的北风脊和加拿大海盆之间水深差别达到 3 000 m，对应空间重力异常差值仅为 50 mGal，空间重力异常幅值差与北风平原和西部楚科奇海台的差值接近。这说明整体上加拿大海盆的岩石圈密度更高，推断与加拿大海盆的洋壳密度（2.8 g/cm³）高于楚科奇边缘地的陆壳密度（约 2.6 g/cm³）以及楚科奇边缘地地壳更厚两方面的原因有关。楚科奇边缘地北风脊、北风平原和加拿大海盆的重力幅值差异也表明，楚科奇边缘地整体上是残留的陆块，其中北风平原虽然经过了强烈的张裂，但仍然属于陆壳性质。

在加拿大海盆内（图 6-4），重力变化相对平缓。长波长上，重力值呈现由西向东逐步降低的趋势，幅值可达 25 mGal，这表明其重力基底由西向东逐步降低。与之对应的地形却由西向东逐步升高，可能由于海盆东部离加拿大北极群岛较近，沉积物物源丰富、沉积物厚度较大。短波长上，最显著的特征是在 143.5°W 附近的幅值达 18 mGal、宽度达 25 km 的低值区。类似的低值区域在加拿大海盆内的 4 条测线上都有所反映，共同组成了近南北向的低值带。低值带的幅值与宽度是典型的慢速扩张

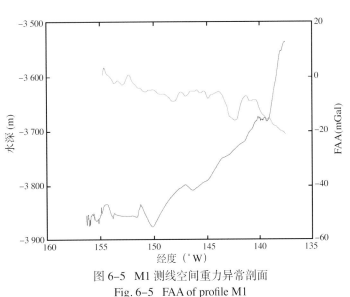

图 6-5　M1 测线空间重力异常剖面

Fig. 6-5　FAA of profile M1

洋中脊的中央裂谷的特征。与地磁异常相对应，我们推断此低值带可能为加拿大海盆形成时残留洋中脊的中央裂谷，裂谷走向为南北向。加拿大海盆形成的方向应该为近似东西向打开，扩张速率应该在 80 km/Ma 以下。早在 1981 年，前人利用航空磁力的数据提出的扩张轴在 145°W 附近，但是空间重力异常的观测并不支持这一假说。

6.3 海面磁力测量

6.3.1 考察站位及完成工作量

2016年8月24—30日，在重点调查区楚科奇边缘地和加拿大海盆进行了6条近似平行的海面测量，共完成测线1 483 km。各条测线的起止点坐标见表6-1，测线位置见图6-1。

6.3.2 考察人员及考察仪器

6.3.2.1 考察人员

本次磁力测量实际操作人为房旭东，具有多年的海洋磁力工作经验，获得了国家海洋局颁发的海洋行业从业资格证书（海监/检证字第13126号），其他协助人员王嵘、崔迎春、张然、王建佳等均具有多年的地质、地球物理工作经验，满足工作需要。

图6-6 工作人员从业资格证书
Fig. 6-6 The certificate of professional qualification

6.3.2.2 考察仪器

本次拖曳式磁力调查使用美国Geometrics公司生产的G-880（图6-7）和G-882（备用，图6-8）铯光泵磁力仪，出海前均进行了仪器检定。该系统由磁力探头、漂浮电缆、采集计算机和甲板电缆组成。测量时，传感器通过同轴电缆拖曳于船体后两倍船长以上的距离以减小船磁的影响。船速12 kn时，仪器位于水下约17 m。仪器系统技术指标见表6-2。

表6-2 磁力仪技术参数
Table 6-2 Specifications of magnetometer

分辨率	0.001 nT
测量范围	全球范围
测量精度	3 nT
电缆长度	600 m
工作温度	−25 ~ 60℃
采样时间	0.1 ~ 10 s
工作温度	−35 ~ 50℃

图 6-7 G-880 铯光泵磁力仪
Fig. 6-7 G-880 Magnetometer

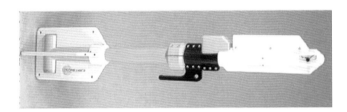

图 6-8 G-882 铯光泵磁力仪
Fig. 6-8 G-882 Magnetometer

6.3.3 考察数据初步分析

6.3.3.1 数据质量

本次磁力测量大致可以分为两个阶段：第一阶段为 8 月 24 — 25 日的 S 断面测量；第二阶段为 8 月 27 — 30 日的加拿大海盆 M1、M2、M2-3、M3 三条断面及一条航渡测线的测量。其中，第一阶段与多道地震同步观测，船速一般维持在 5 kn 左右；第二阶段为单独的磁力测量，船速维持在约 12 kn。作业期间，船速与航向稳定，除了碰到一次浮冰外，信号强度一般大于 400（图 6-9），数据质量满足要求。

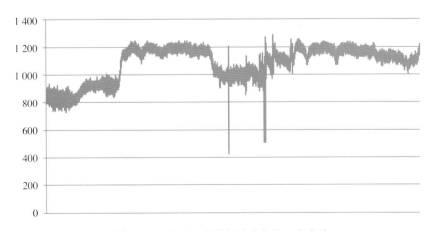

图 6-9 S 断面部分数据磁力信号强度曲线
Fig. 6-9 Magnetic signal strength curve of sectional data

S 断面总场值在 57 530 ~ 57 950 nT 变化（图 6-10），其前半段变化幅度较大，后期呈缓慢增大的趋势。M1 断面总场值处于 57 530 ~ 57 900 nT；M2 断面长度较短，总场值在 57 600 ~ 57 750 nT，变化不大；M3 断面总场值处于 57 600 ~ 57 740 nT。

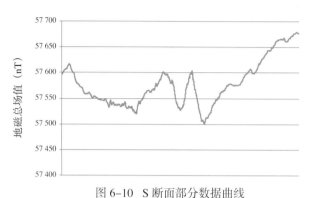

图 6-10　S 断面部分数据曲线
Fig. 6-10　Magnetic data curve of S section

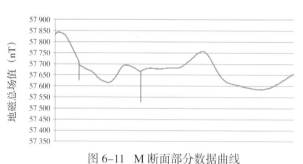

图 6-11　M 断面部分数据曲线
Fig. 6-11　Magnetic data curve of M section

6.3.3.2　处理过程

原始数据中首先删除信号值低于 400 的点，之后删除船只转弯、海况差和挂杂物等影响造成不稳定的数据。其中船上定位位置以卫星导航系统天线为基准点。测量前，把 GPS 天线相对与探头的位置参数输入采集软件，采集软件自动计算探头位置。磁力测量数据整理时所需要的日期、时间等均来自 GPS。调查数据和班报填写时间统一采用 GPS 时间。计算得到地磁总场如图 6-12 所示。

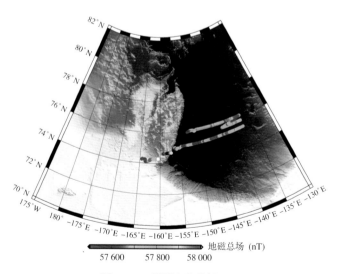

图 6-12　观测地磁总场
Fig. 6-12　Magnetic total field along the survey lines

海洋地磁测量的正常场计算采用国际高空物理和地磁协会（IAGA）公布的国际地磁参考场（IGRF）公式计算。它的地磁场总强度的3个分量分别为：

$$X(t) = \frac{1}{r}\frac{\partial u}{\partial \theta} = \sum_{n=1}^{n=N}\sum_{m=0}^{m=n}\left(\frac{a}{r}\right)^{n+2}\left[g_n^m(t)\cos m\lambda + h_n^m(t)\sin m\lambda\right]\cdot\frac{d}{d\theta}P_n^m(\cos\theta)$$

$$Y(t) = \frac{-1}{r\sin\theta}\frac{\partial u}{\partial \lambda} = \sum_{n=1}^{n=N}\sum_{m=0}^{m=n}\left(\frac{a}{r}\right)^{n+2}\cdot\frac{m}{\sin\theta}\left[g_n^m(t)\sin m\lambda - h_n^m(t)\cos m\lambda\right]P_n^m(\cos\theta)$$

$$Z(t) = \frac{\partial u}{\partial r} = \sum_{n=1}^{n=N}\sum_{m=0}^{m=n}-(n+1)\cdot\left(\frac{a}{r}\right)^{n+2}\left[g_n^m(t)\cos m\lambda + h_n^m(t)\sin m\lambda\right]P_n^m(\cos\theta)$$

式中：u 代表地磁位；(r, θ, λ) 代表地心球坐标；a 为参考球体的平均半径；$P_n^m(\cos\theta)$ 是 n 阶 m 次施米特正交型伴随勒让德函数；N 是最高的阶次；$g_n^m(t)$ 和 $h_n^m(t)$ 是相应的高斯球谐系数；$X(t)$、$Y(t)$、$Z(t)$ 分别代表地心坐标地磁总强度的北向分量、东向分量和垂直分量。采用2015年公布的13阶、次系数，并做相应的年变改正，相应的地磁场总强度模 $|T(t)| = [X^2(t) + Y^2(t) + Z^2(t)]^{1/2}$ 包含了地磁场长期变化。

球谐系数和时间的关系为：

$$g_n^m(t) = g_n^m(t_0) + \delta g_n^m\cdot(t - t_0)$$
$$h_n^m(t) = h_n^m(t_0) + \delta h_n^m\cdot(t - t_0)$$

式中：$g_n^m(t_0)$ 和 $h_n^m(t_0)$ 为基本场系数（单位：nT），δg_n^m 和 δh_n^m 为年变系数（单位：nT/a）。

地磁总场改正正常场后得到的地磁异常如图6-13所示。

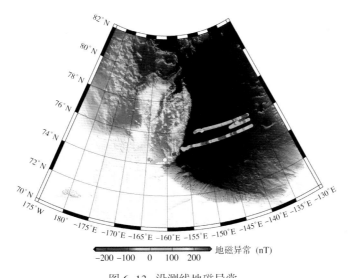

图6-13 沿测线地磁异常
Fig. 6–13 Magnetic anomaly along the survey lines

6.3.3.3 初步分析

在地磁异常上，两处最大值（约300 nT）出现在北风脊的东西两侧。其中东部可能与楚科奇边缘地早期从其他大陆边缘上分裂时的岩浆活动有关，而西部的最大值可能与北风平原张裂过程中的岩浆活动相关。在加拿大海盆内，受到海盆内的巨厚沉积物（超过4 km）和较深水深（约4 km）的影响，观测点离异常场源（主要是玄武岩层）距离较远，导致地磁异常变化相对平缓。

由地磁剖面图（图 6-14）上可以看出，重力识别的残留洋中脊对应正的地磁异常（C0），其东西两侧可以各识别出 2 个和 3 个正异常条带。这些正异常与其相间的负异常一起组成了海盆内的磁条带。不同剖面上同一磁条带应该具有相同的年龄，而同一剖面上东西两侧对应的磁条带也应该具有相同的年龄。由于西侧的 L3 和东侧的 R2 条带均近似于南北向，与残留中央裂谷平行，因此海盆的扩张应该为垂直扩张。在 L1（R1）期间，两侧扩张的距离基本一致，推测东西两侧扩张速率相对对称。在 L2-L1（R2-R1）期间，L2-L1 段的扩张距离比 R2-R1 段长 20%，呈现出明显的非对称扩张的特征。

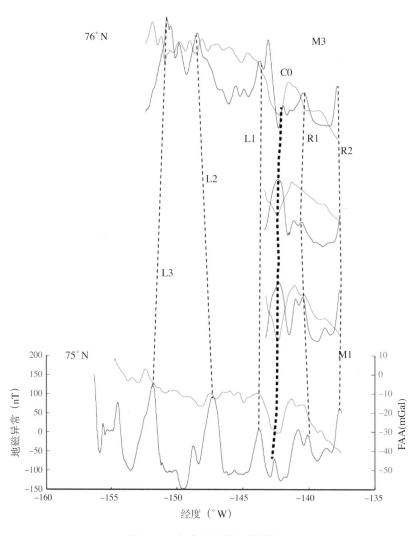

图 6-14　加拿大海盆地磁剖面

Fig. 6-14　Magnetic anomaly along the profiles in Canada basin

6.4　反射地震测量

6.4.1　考察站位及完成工作量

2016 年 8 月 24 — 25 日，在重点调查区楚科奇边缘地进行了 2 条海洋地震测量，共完成测线 214 km。测量时使用 3 条电缆同时接收，共采集数据 70 G。各条测线的起止点坐标见表 6-1，测线位置见图 6-1。

6.4.2 考察人员及考察仪器

6.4.2.1 考察人员

地震测量由国家海洋局第二海洋研究所张涛和王嵘负责，地球物理组韩国忠和房旭东协助现场调试，后甲板和大洋2队同志协助收放仪器和记录班报。

6.4.2.2 考察仪器

地震设备分为3个部分：即采集系统、震源和GPS导航控制系统。三者通过触发器连接。在本航次中采用Hydroscience的24道固体电缆进行数据采集，采用NTRS软件进行数据记录。电缆工作参数见表6-3。

表6-3 接收电缆工作参数
Table 6-3 Receiving cable operating parameters

工作温度	-20 ~ 60℃
存储温度	-40 ~ 60℃
最大抗拉强度	6 140 kg
工作最大拉力强度	2 631 kg
主频响应范围	10 ~ 2 000 Hz

24道12.5 m道间距数字固体电缆（图6-15），每道8个水听器组合，主频最佳响应范围10 ~ 2 000 Hz，可适合电火花和气枪震源，垂直分辨率可优于1 m。电缆由甲板电缆、前导段、前部弹性段、工作段、尾部弹性段、尾绳等构成，总长度420 m。具体分段长度如表6-4所示。

震源由3部分组成，包括空压机、气枪及气枪控制系统。气枪通过气管与空压机相连，通过时断线与气枪控制系统相连。本航次采用Hotshot气枪控制系统对气枪各参数进行设置，并对气枪工作状态进行监控。空压机为HIGHAIR公司HG/200型空压机，具体参数如表6-5所示。为适应极地航次特殊要求，对空压机进行了改装，使其满足良好的防盐雾、防腐、防尘、防撞等性能，适应极地航次长时间海上运输储存，工作环境恶劣的要求。

图 6-15 Hydroscience 24道固体接收电缆
Fig. 6-15 Streamers of Hydroscience

表6-4 接收电缆结构
Table 6-4 Receiving cable structure

名称	工作段	数字包	前弹性段	前导段	甲板缆	尾段
型号和规格	150 m	SeaMUX3	10 m	100 m	50 m	10 m
数量	2 段	1	1	1	1	1

表6-5　空压机性能参数

Table 6-5　Air compressor performance parameters

型号	HG/200
流量	3 m³/min
排气压力	200 bar
压缩级数	5 级
驱动方式	电机驱动
功率	75 kW
防护等级	IP54/B3/lsol F
适应环境温度	−25 ~ 55℃
最大盐湿度	98%

气枪震源采用法国 Sercel 公司 210 立方英寸的 GI 枪作为震源。GI 枪的具体参数如表 6-6 所示。GI 枪震源系统作为通用震源，是一种可抑制气泡的气枪，可用于海上地震勘探，既可作为独立震源，又可组合使用，波形和振幅可重复性高。与传统电火花震源系统相比能量更大，更集中，主频更低。与传统气枪震源相比，地震子波频率更集中，子波二次振荡更小。图 6-16 为 GI 枪水下工作状态。

表6-6　气枪性能参数

Table 6-6　Air gun performance parameters

型号	GI GUN210
气枪容量	≥ 200 in³
工作压力	≤ 300 psia
主频	5 ~ 20 Hz
脉冲宽度	30 ~ 100 ms
单脉冲工作周期	≤ 10 s
气源压力	6 MPa ~ 20 MPa
供气量	≥ 10 L/min
沉放深度	≥ 3 m
重量	≤ 80 kg
声源级	≥ 200 dB

GPS 导航控制系统中，GPS 为天宝公司的 551 导航 GPS。其包括 GPS 天线，接收机以及连接线缆 3 部分。导航控制软件采用 Hypack 软件，Hypack 导航控制软件接收 GPS 导航信息，并通过触发盒控制接收电缆和枪控系统。

6.4.3　考察数据初步分析

在地震采集过程中，除在 8 月 25 日由于空压机添加润滑油进行维护中断 2 min 外，其他时间内系统工作正常。气枪以 13 s 为间隔进行等间隔放炮，放炮压力 12 ~ 14 MPa。接收系统使用 6 s 的记录长度。

从现场单炮记录上看（图 6-17），最强反射对应的深度和测深仪测量的水深一致，并且此界面（海底面）一直可以连续追踪，表明数据基本可靠。在海底面以下，存在

图 6-16　GI 枪工作状态

Fig. 6-16　GI gun working state

多个较弱但是清晰的反射，包含了丰富的地层信息。沿剖面连续的地层结构分析还需要进一步的数据处理。

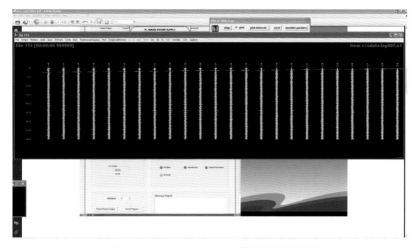

图 6-17　Hydroscience 电缆采集界面截图
Fig.6-17　Snap of the Hydroscience system

6.5　热流测量

6.5.1　考察站位及完成工作量

本航次热流测量跟随地质重力柱状样同步进行，共测量了 17 个站位，其中除了 P11 站位可能由于重力柱在插入沉积物后未能稳定停留外，其他站位均采集到了有效数据，热流站位的坐标见表 6–7 和图 6–18。

表6–7　热流站位信息
Table 6–7　Heat flow stations information table

站位号	纬度	经度	水深（m）	入泥深（m）	温度梯度（℃/m）
P26	75°19.45′N	154°08.37′W	3 782	6.0	0.066
P25	75°38.15′N	156°19.55′W	1 475	3.8	0.080
P24	76°05.77′N	159°24.78′W	1 647	2.8	0.072
P23	76°18.50′N	160°55.50′W	2 108	3.0	0.076
P22	76°33.78′N	163°35.03′W	710	3.1	0.078
P21	76°39.92′N	165°29.78′W	1 143	3.4	0.064
P13	77°59.50′N	159°51.92′W	2 519	2.8	0.067
P12	78°17.57′N	162°41.38′W	581	2.6	0.066
SIS02	80°06.38′N	168°56.65′W	3 249	3.1	0.068
E23	77°03.62′N	179°42.82′E	1 106	3.5	0.055
E22	75°58.50′N	179°45.43′E	1 151	4.4	0.048
E21	75°09.27′N	179°45.20′E	550	4.9	0.061
R17	78°01.67′N	169°07.80′W	686	2.8	0.070
R16	77°05.50′N	169°08.28′W	1 943	4.4	0.062
R15	76°32.38′N	169°00.10′W	2 146	4.5	0.062
R14	75°54.88′N	168°33.87′W	345	3.2	0.047

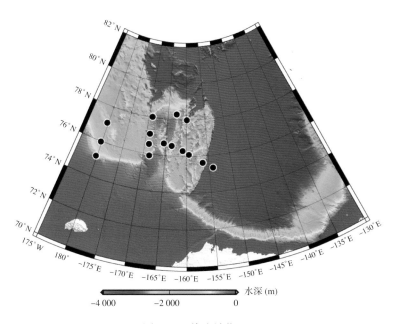

图 6-18　热流站位

Fig.6-18　Location of Heat flow stations

6.5.2　考察人员及考察仪器

6.5.2.1　考察人员

热流测量由国家海洋局第二海洋研究所张涛和王嵘负责，后甲板和大洋 2 队同志协助收放仪器。

6.5.2.2　考察仪器

沉积物温度使用 OR-166 附着式小型温度计测量，其技术指标见表 6-8。5 个温度计按照一定间隔（约 1 m）安装在重力柱状样上，如图 6-19 所示。重力柱状样入泥前停止放缆 2 min 以保证仪器状态稳定，入泥时放缆速度为 1 m/s。入泥后，仪器停留 6 min 以上，并根据船漂移的速度适当放缆。

甲板热导率使用 Teka 公司的 TK04 热导率单元进行测量。每个样品测量处为距离样品两端各 1 m 处的位置，每个位置测量 5 ~ 10 次。

图 6-19　安装在重力柱状样上的小型温度计

Fig. 6-19　The miniaturized temperature loggers mounted on gravity core

表6-8　温度探针技术参数
Table 6-8　Specifications of temperature logger

分辨率	10 ~ 6℃
量程	–5 ~ 70℃
作业深度	6 000 m
外壳	钛合金
数据存储	自容式
工作温度	–5 ~ 100℃
探针个数	7 个（压力和角度）
探针间隔	1 m

6.5.3　考察数据初步分析

热流的数据处理分为温度转换、地温梯度计算和热导率测量 3 部分。温度探针测量的原始数据是电阻变化值，需要通过台湾大学海洋研究所提供的温度与电阻值转换关系程式将数据转换为温度值。

本航次进行热流测量时，重力柱状样插入沉积物后持续稳定时间为 6 ~ 15 min。在重力柱插入沉积物后 6 min 后，温度曲线趋于稳定，其变化值不超过 0.000 1℃/min，基本可以认为达到温度平衡状态，如图 6-20 所示。各探针之间的温度梯度相对一致，表明温度数据质量可靠。

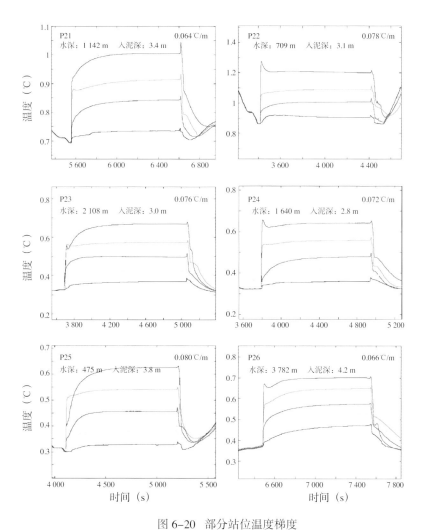

图 6-20　部分站位温度梯度
Fig. 6-20　Temperature gradient of heat flow stations

若假定热导率为 1 W/(k·m)，则各站位的热流值如图 6-21 所示。热流最高值出现在北风平原南部，3 个点均超过 70 mW/m²，表明其热活动结束时间较晚，目前岩石圈厚度较薄。热流最低值出现在门捷列夫脊和楚科奇海台上，明确地表明了两者大陆岩石圈的属性。

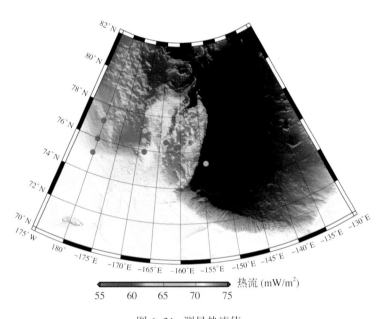

图 6-21　测量热流值
Fig. 6-21　Heat flow in this survey

6.6　天然地震测量

6.6.1　考察站位及完成工作量

本航次使用 4 台天然地震仪，在长期冰站（初始位置 82.73°E，166.77°W）上进行了试验性观测。仪器以 1 Hz 采样率连续采集数据 7 d，获取数据量 2.9 G。

6.6.2　考察人员及考察仪器

天然测量由国家海洋局第二海洋研究所张涛负责。

天然地震使用 QS-05A 型宽频带地震仪进行测量（图 6-22），仪器内置三分量地震传感器、GPS 模块和地磁罗盘等，并能适应较恶劣工作环境。具体参数如下。

- 频带宽度：QS-05A-1 (5 s ～ 250 Hz)；
- 自噪声水平：整个频段低于 NHNM 曲线；5 s ～ 1 Hz 低于 NLNM 曲线；
- 时间稳定度：5×10^{-8} s；
- 道间幅度一致性：< 5%；
- 道间相位差：< 0.1 ms；
- 道间串音抑制：> 100 db；
- 横向振动抑制：优于 0.1%；
- 整机功耗：自主工作模式 < 150 mW @100sps；
- 采样率：1 ～ 1 000 任意设置；

图 6-22　QS-05A 型天然地震仪
Fig. 6-22　QS-05A Seismometer

- 外部直流电源：5 ~ 24 V，外部交流电源供电（充电）：90 ~ 250 V；
- 内置电池：3.6 V 24 AH 锂电池。

6.6.3 考察数据初步分析

在长期冰站作业期间（船时 08:00，GPS 时间 21:00 开始），地震仪记录到的震动明显增多，振幅增大，表明仪器能够正常测量外部震动信号。天然地震仪记录到的冰震信号还需要后续进一步的数据处理和信号识别。

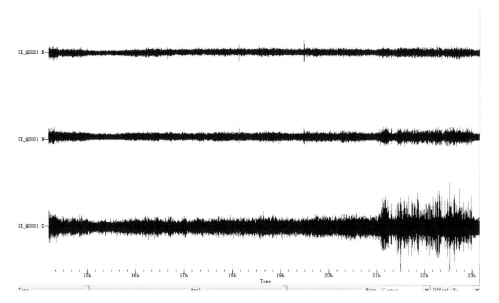

图 6–23　天然地震台站观测三分量数据
Fig. 6–23　Three vectors observed by the S1 seismometer

6.7　本章小结

借助中国第七次北极科学考察，北极海洋地球物理考察共进行了 GPS 联测、海洋重力、海面拖曳式磁力、海洋反射地震和海底热流测量的工作，完成重力测线 1 533 km，海面拖曳式磁力测线 1 480 km，海面反射地震测线 214 km，热流站点 17 个。高精度的测量数据为揭示加拿大海盆的形成历史和岩石圈热状态提供了最为直接、确切的地球物理证据。

通过对加拿大海盆磁条带的追踪，并且与前人（Taylor et al., 1981；Gaina et al., 2014）的磁条带追踪结果进行了定量对比，确定了加拿大海盆的最优扩张时间和扩张模式，磁条带追踪的海盆年龄为 140 ~ 124 Ma。根据热流的研究结果显示，加拿大海盆的形成年龄为 150 ~ 124 Ma，热流与磁条带指示的海盆年龄相一致。

通过对中国第七次北极科学考察在楚科奇边缘地南部和楚科奇陆架交汇区获取的两条多道反射地震剖面的分析表明，楚科奇陆架与楚科奇边缘地之间存在地形上的巨大差异。陆架区地震资料揭示楚科奇陆架的陆缘是由进积地层不断进积向外扩展形成，陆架与边缘地之间推测是断层接触。在楚科奇边缘地南部，剖面揭示北风脊和北风平原接触关系为断层接触，并且断层切穿海底。两个构造单元的地层地震相差异明显，代表了不同的沉积系统。

海洋化学和大气化学考察 | 第 **7** 章

近十几年来北极海冰加速消融，是全球气候变化最明显的信号之一，夏季海冰覆盖范围急剧减少、海冰厚度变薄，并出现大范围开阔水域。北极海冰的持续融化，产生了一系列生态系统演替和生物地球化学过程的反馈调节。其中北极海区是全球碳循环的重要汇区，在全球海洋—气候系统中起着重要的作用。北冰洋碳循环对全球变化的响应与反馈是海洋"物理泵"和"生物泵"共同作用的结果。随着海冰面积的缩小，陆架的生物泵过程将增加沉积物碳埋藏，从而对极区碳循环的收支产生很大影响。此外，在全球变暖和人为 CO_2 排放持续增加的背景下，北冰洋正在发生的快速变化，引起北冰洋显著的酸化。海洋酸化已是各国政府、科学家及公众共同关注的由于 CO_2 上升而导致的又一重大环境问题。同时，随着气候的变化和海冰加速融化，在快速变化的北极海洋系统中，研究 N_2O、CH_4 等温室气体及 DMS 等反温室气体的生产，转化及其调控机制也具有重要意义。最后，在北极周边海域，伴随全球变暖，海冰范围及厚度都急剧减小，使该地区海气界面发生强烈的物质交换过程，从而影响到分布在海洋边界层的大气、气溶胶化学成分，其成分的改变又反过来影响到气候的变化，间接地反作用于海洋生物过程。

中国第七次北极科学考察海洋化学考察主要分为 5 部分内容：① 重点海域断面调查；② 走航大气化学观测；③ 受控生态实验；④ 沉积物捕获器潜标观测；⑤ 冰站海冰化学观测。海水化学要素（营养盐、溶解氧、pH、DIC、温室气体等）以及相关的大气化学、沉积化学及海冰化学要素的生物地球化学循环是生态系统变化对气候变化响应和反馈的中间环节，起着承上启下的作用。因此，在快速变化的北极海洋系统中，开展北极地区海洋化学与碳通量考察对了解北冰洋生源要素循环及响应机制、海冰快速变化下海洋生态和环境的响应、北极受人类活动的影响程度具有重要作用。

7.1 考察内容

7.1.1 重点海域断面调查

对北冰洋重点海域、北太平洋边缘海重点海域考察断面和站点进行海洋化学 1 类、2 类及 3 类参数的采样，具体如下。

（1）海水化学 1：溶解氧、pH、碱度、DIC、悬浮物、硝酸盐、铵盐、活性磷酸盐、活性硅酸盐、^2H、^{18}O、CFCs。

（2）海水化学 2：DOC、POC、甲烷、N_2O、C 和 N 同位素、DMS、HPLC 色素、生物硅、总氮、总磷、钙离子。

（3）海水化学 3：类脂生物标志物（正构烷烃、甾醇）、芳烃、金属元素（铜、铅、锌、镉、汞、钡、锰、铀等）、放射性同位素 ^{234}Th、^{238}U、高精度 pH、^{226}Ra、^{228}Ra、^{210}Po、^{210}Pb、水体硝酸盐 ^{15}N 同位素。

同时采集沉积物样品，拟进行沉积化学分析，具体如下。

（1）常规项目：间隙水营养盐、总有机碳、有机氮、碳酸钙、生物硅、油类、重金属（铜、锌、镉、汞、铁、铅、钡、锰、铀等）。

（2）生物标志物：正构烷烃、甾醇、氨基酸、糖类、木质素、单体 C 同位素、HPLC 色素；C、N 同位素。

（3）POPS：DDT、666、PCBs、PAHs。

（4）放射性物质：^{226}Ra、Pb、Po、总铀、^{232}Th、^{137}Cs 等 10 参数。

此外，在部份站位进行硝酸盐及 pH 剖面仪、大体积原位过滤、同位素大体积过滤等外业设备的布放。

7.1.2 走航大气化学观测

进行走航航迹上大气化学观测，具体如下。

（1）气体：二氧化碳、甲烷气、氮氧化物（N_2O、NO、NO_2）、卤代烃、汞、二甲基硫、POPs（PAHs、PCBs、OCPs）。

（2）营养盐：硝酸盐、亚硝酸盐、铵盐、磷、铁。

（3）重金属：Cu、Pb、Zn、Cd、Al、V、Hg、Ba 等。

（4）大气悬浮颗粒物：TSP、碳黑、总碳、气溶胶、微生物。

进行走航表层 $p\mathrm{CO}_2$、表层 pH、表层 NO_3^-、表层 O_2/Ar 比观测。

7.1.3 受控生态试验

（1）营养盐加富：进行 1 组营养盐吸收等试验，主要围绕着海冰融化、营养盐限制，有机质和生源颗粒物营养盐再生等开展试验。测定参数如下：硝酸盐、亚硝酸盐、铵盐、活性磷酸盐、活性硅酸盐、叶绿素等。

（2）同位素示踪：在白令海、楚科奇海、加拿大海盆各安排 1 组试验。主要是利用 $^{15}N\text{-}NO_3^-/^{15}N\text{-}NH_4^+/^{15}N_2$ 外加培养，阐述水团构成对北冰洋氮循环关键过程的影响。主要参数如下：硝酸盐、亚硝酸盐、铵盐、颗粒物 ^{15}N。共 3 站，每站 4 组实验，每组采样 7 次左右。

7.1.4 沉积物捕获器潜标观测

于加拿大海盆回收沉积物捕获器一套。并拟在楚科奇海台布放沉积物捕获器潜标一套，用于时间序列的沉降颗粒物采集。

7.1.5 冰站海冰化学观测

在短期冰站和长期冰站采集冰芯和冰下水，进行海冰化学多参数分析，并利用多参数水质仪及硝酸盐仪进行剖面观测。

7.2 重点海域断面调查

7.2.1 考察站位及完成工作量

7.2.1.1 站位图

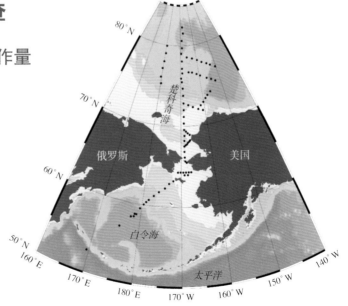

图 7-1 中国第七次北极科考海水化学采样站位
Fig. 7-1 Sampling sites of seawater chemistry in the 7th CHINARE

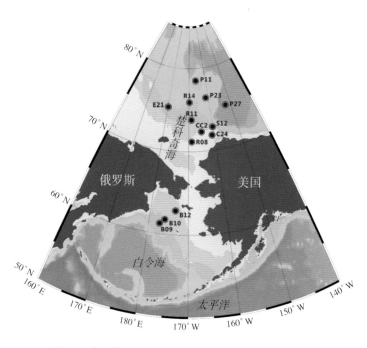

图 7-2　中国第七次北极科学考察表层沉积物采样站位
Fig. 7-2　Sampling sites of surface sediment in the 7th CHINARE cruise

7.2.1.2　站位信息

表7-1　中国第七次北极科学考察海水化学采样信息
Table 7-1　Sampling information of parameters for seawater chemistry in the 7th CHINARE

海域	站位	日期	时间	纬度	经度	水深（m）
首个作业点	B01	2016-07-18	15:24	52°48.17′N	169°31.18′E	5 706
白令海	B04	2016-07-19	20:05	56°52.08′N	175°19.32′E	3 713
白令海	B05	2016-07-20	07:39	58°18.58′N	177°38.60′E	3 663
白令海	B07	2016-07-22	18:34	58°42.70′N	178°54.90′E	3 628
白令海	B08	2016-07-23	02:19	58°24.38′N	178°21.17′E	3 663
白令海	B06	2016-07-23	13:18	58°43.60′N	178°29.07′E	3 631
楚科奇海台	P27	2016-07-28	07:18	75°02.17′N	152°28.98′W	3 775
楚科奇海台	P26	2016-07-28	19:12	75°20.82′N	154°17.42′W	3 774
楚科奇海台	P25	2016-07-29	08:50	75°37.42′N	156°23.72′W	1 311
楚科奇海台	P24	2016-07-29	21:33	76°04.53′N	159°32.05′W	1 958
楚科奇海台	P23	2016-07-30	07:08	76°19.72′N	161°16.48′W	1 999
楚科奇海台	P22	2016-07-30	18:11	76°34.75′N	163°35.65′W	676
楚科奇海台	P21	2016-07-31	03:12	76°39.05′N	165°28.65′W	1 129
楚科奇海台	P17	2016-07-01	07:11	76°41.90′N	150°20.20′W	3 760
楚科奇海台	P16	2016-08-01	18:21	77°06.32′N	152°48.16′W	3 764
楚科奇海台	P15	2016-08-01	23:55	77°23.18′N	154°35.52′W	1 038
楚科奇海台	P14	2016-08-02	06:55	77°41.02′N	157°14.75′W	1 600
楚科奇海台	P13	2016-08-02	12:05	78°01.67′N	159°44.22′W	2 494
楚科奇海台	P12	2016-08-03	03:25	78°18.95′N	162°42.03′W	604
楚科奇海台	P11	2016-08-03	15:30	78°30.38′N	165°56.03′W	543
高纬海区	R18	2016-08-04	08:50	78°59.58′N	169°30.37′W	2 958
高纬海区	R19	2016-08-05	01:28	79°41.80′N	168°52.70′W	3 168

海域	站位	日期	时间	纬度	经度	水深（m）
高纬海区	R20	2016-08-05	20:52	80°37.60′N	168°53.82′W	3 267
高纬海区	R21	2016-08-06	16:47	81°33.38′N	167°36.82′W	3 271
高纬海区	R22	2016-08-07	12:57	82°19.70′N	168°11.47′W	3 452
门捷列夫海脊	E26	2016-08-17	23:47	79°54.15′N	179°38.57′W	1 448
门捷列夫海脊	E25	2016-08-19	00:05	78°56.30′N	179°41.53′W	1 243
门捷列夫海脊	E24	2016-08-19	12:24	77°54.12′N	179°54.58′W	1 569
门捷列夫海脊	E23	2016-08-20	02:39	77°02.97′N	179°43.92′E	1 100
门捷列夫海脊	E22	2016-08-20	19:30	75°58.80′N	179°39.03′E	1 147
门捷列夫海脊	E21	2016-08-21	05:52	75°08.97′N	179°48.77′W	538
楚科奇海台	R17	2016-08-22	07:37	78°01.80′N	169°10.28′W	704
楚科奇海台	R16	2016-08-22	18:22	77°07.18′N	169°10.12′W	1 879
楚科奇海台	R15	2016-08-23	05:14	76°32.88′N	169°01.33′W	2 142
楚科奇海台	R14	2016-08-23	13:50	75°54.20′N	169°42.25′W	355
楚科奇海台	R13	2016-08-23	20:31	75°27.55′N	169°20.60′W	359
楚科奇海台	R12	2016-08-24	07:17	74°39.18′N	168°58.55′W	180
楚科奇海台	R11	2016-08-24	16:30	73°46.18′N	168°50.83′W	153
加拿大海盆	S15	2016-08-26	21:01	73°54.20′N	156°10.75′W	3 743
加拿大海盆	S14	2016-08-30	22:04	73°32.52′N	157°49.15′W	2 945
加拿大海盆	S13	2016-08-31	06:53	73°13.05′N	158°56.67′W	1 602
加拿大海盆	S12	2016-08-31	14:15	72°48.40′N	160°08.83′W	65
加拿大海盆	S11	2016-08-31	19:35	72°26.42′N	161°28.32′W	44
楚科奇海	C24	2016-09-01	02:20	71°48.97′N	160°49.82′W	45
楚科奇海	C23	2016-09-01	08:43	72°01.62′N	162°42.50′W	38
楚科奇海	C22	2016-09-01	14:19	72°19.92′N	164°52.78′W	47
楚科奇海	C21	2016-09-01	18:12	72°36.13′N	166°44.35′W	52
楚科奇海	R10	2016-09-01	23:15	72°50.17′N	168°47.43′W	61
楚科奇海	R09	2016-09-02	05:28	72°00.12′N	168°44.35′W	51
楚科奇海	R08	2016-09-02	10:42	71°10.52′N	168°49.37′W	48
楚科奇海	R07	2016-09-02	15:54	70°20.72′N	168°50.22′W	39
楚科奇海	R06	2016-09-02	21:25	69°33.52′N	168°48.50′W	52
楚科奇海	C11	2016-09-03	00:56	69°20.82′N	168°09.57′W	51
楚科奇海	C12	2016-09-03	03:56	69°08.48′N	167°33.97′W	50
楚科奇海	C13	2016-09-03	06:27	68°55.62′N	166°50.70′W	45
楚科奇海	R05	2016-09-03	10:52	68°49.02′N	168°45.32′W	52
楚科奇海	CC5	2016-09-03	17:00	68°14.62′N	166°50.47′W	35
楚科奇海	CC4	2016-09-03	18:52	68°06.50′N	167°09.22′W	49
楚科奇海	CC3	2016-09-03	21:46	67°58.57′N	167°37.22′W	51
楚科奇海	CC2	2016-09-03	23:29	67°47.32′N	167°57.62′W	54
楚科奇海	CC1	2016-09-04	02:05	67°40.00′N	168°25.00′W	49
楚科奇海	R04	2016-09-04	05:54	68°12.50′N	168°48.40′W	57
楚科奇海	R03	2016-09-04	11:08	67°32.02′N	168°51.12′W	49
楚科奇海	R02	2016-09-04	15:46	66°52.08′N	168°52.50′W	45
出北冰洋作业点	R01	2016-09-04	20:19	66°10.27′N	168°49.28′W	56
到达白令海峡	S01	2016-09-05	01:01	65°41.60′N	168°39.40′W	50
白令海峡	S02	2016-09-05	03:30	65°32.20′N	168°15.35′W	42

海域	站位	日期	时间	纬度	经度	水深（m）
白令海	NB12	2016-09-05	11:03	63°59.97′N	168°59.45′W	35
白令海	NB11	2016-09-05	14:48	64°00.45′N	168°01.62′W	36
白令海	NB06	2016-09-08	08:21	64°20.03′N	166°59.28′W	30
白令海	NB05	2016-09-08	11:45	64°20.25′N	167°46.08′W	33
白令海	NB04	2016-09-08	14:34	64°20.13′N	168°34.87′W	41
白令海	NB03	2016-09-08	16:52	64°19.85′N	169°23.55′W	40
白令海	NB02	2016-09-08	20:16	64°20.10′N	170°11.25′W	41
白令海	NB01	2016-09-08	22:38	64°19.50′N	170°58.25′W	40
白令海	B13	2016-09-09	06:12	63°15.28′N	172°18.65′W	60
白令海	B12	2016-09-09	10:22	62°54.10′N	173°27.62′W	70
白令海	B11	2016-09-09	15:40	62°17.18′N	174°31.37′W	70
白令海	B10	2016-09-09	20:43	61°46.97′N	176°04.30′W	98
白令海	B09	2016-09-10	02:04	61°15.55′N	177°18.50′W	124
白令海	B08-1	2016-09-10	07:21	60°41.80′N	178°29.42′W	173
白令海	B08-2	2016-09-10	12:26	60°23.25′N	179°04.63′W	556
白令海	B07-1	2016-09-10	15:39	60°03.58′N	179°37.10′W	1 839
白令海	B07-2	2016-09-10	21:00	59°29.85′N	179°35.35′E	3 124

7.2.1.3 完成工作量

海洋化学1类参数共获取了8 622份海水样品。硝酸盐、活性磷酸盐和活性硅酸盐现场采集和分析完成83个站位，均采集了793份样品；亚硝酸盐和铵盐现场采集和分析完成了49个站位，均采集了380份样品；现场采集和分析溶解氧（DO）样品83个站位，773份样品；现场采集DIC样品77个站位，获取726份样品；现场采集碱度样品77个站位，获取了726份样品；现场采集pH样品77个站位，获取了726份样品；采集悬浮物83个站位，共407份样品；^{2}H、^{18}O样品完成全部83个站共802份样品；氟利昂（CFCs）采样共完成了49个站位，采集了521份样品。

表7-2　中国第七次北极科学考察海水化学1类参数工作量
Table 7-2　Sample amounts of parameters for marine chemistry 1 in the 7th CHINARE

作业项目	硝酸盐	磷酸盐	硅酸盐	铵盐	亚硝酸盐	溶解氧	pH	碱度	DIC	悬浮物	^{2}H	^{18}O	CFCs
完成工作量	793份	793份	793份	380份	380份	773份	726份	726份	726份	407份	802份	802份	521份

海洋化学2类参数共获取了4 624份海水样品。其中颗粒有机碳（POC）及颗粒有机氮（PON）采样共完成了83个站位，采集了407份样品；C和N同位素采样共完成了41个站位，采集了314份样品；HPLC色素采样共完成了86个站位，采集了291份样品；生物硅12个站位34份样品；现场采集氧化亚氮样品77个站位，获取726份样品；现场采集甲烷样品77个站位，获取726份样品；现场采集Ca^{2+}样品77个站位，获取了726份样品；溶解有机碳（DOC）采样共完成了23个站位，采集了234份样品；总氮（TN）、总磷（TP）样品23个站位，采集了234份样品；此外，在73个选定站位采集698份海水样品进行海水二甲基硫化物的测定，并在其中28个站位开展了表层海水的现场培养实验，研究DMS和DMSP的生物生产和生物消费速率变化情况。

表7-3　中国第七次北极科学考察海水化学2类参数工作量
Table 7-3　Sample amounts of parameters for marine chemistry 2 in the 7th CHINARE

作业项目	POC及PON	C和N同位素	HPLC色素	生物硅	氧化亚氮	甲烷	Ca²⁺	DOC	总氮	总磷	二甲基硫
完成工作量	407份	314份	291份	34份	726份	726份	726份	234份	234份	234份	698份

海洋化学3类参数共获取了975份海水样品。其中类脂生物标志物采样共完成了22个站位，采集了44份样品；^{226}Ra和^{228}Ra样品95份，^{210}Po和^{210}Pb样品176份；此外，海水重金属样品采集了35个站位共70份样品；多环芳烃样品采集了35个站位共390份样品；新型持久性有机污染物40个站位200份样品。

表7-4　中国第七次北极科学考察海水化学3类参数工作量
Table 7-4　Sample amounts of parameters for marine chemistry 3 in the 7th CHINARE

作业项目	类脂生物标志物	^{226}Ra及^{228}Ra	^{210}Po及^{210}Pb	重金属元素	多环芳烃	新型POPs
完成工作量	44份	95份	176份	70份	390份	200份

此外走航pCO$_2$观测进行了每天的走航观测，共获得约7 M的数据。走航甲烷、氧化亚氮观测进行了每天的走航观测，共获得约20 M的数据。走航式氧氩比（O$_2$/Ar）膜进样质谱仪进行每天的走航观测，共获得100 M的数据。走航表层海多环芳烃进行了连续采集，每3 d一个周期，共采集18份PE膜样品。

表7-5　中国第七次北极科学考察海水化学走航观测工作量
Table 7-5　Sample amounts of parameters for underway observation in the 7th CHINARE

作业项目	走航pCO$_2$	走航甲烷、氧化亚氮观测	走航O2/Ar	走航POPs
完成工作量	7 M	20 M	100 M	18份

硝酸盐等多参数剖面仪总共布放了33个站位，获取了33个高分辨率的硝酸盐剖面；原位过滤器共布放了22个站位，获取44份膜样；同位素大体积采水等仪器布放了22个站位。

表7-6　中国第七次北极科学考察海水化学外业设备布放工作量
Table 7-6　Sample amounts of parameters for equipment deployment in the 7th CHINARE

作业项目	硝酸盐仪	原位过滤器	同位素采水
完成工作量	33个剖面	44个膜样	22个站位

沉积化学总共完成了17个站位的沉积物采样，4个站位孔隙水采集共110份样品以及1个高纬站位的柱状样采集。样品将进行包括常规项目、生物标志物、持久性有机污染物及放射性物质的分析测定。

表7-7　中国第七次北极科学考察沉积化学工作量
Table 7-7　Sample amounts of sediments for sediment chemistry in the 7th CHINARE

作业项目	沉积物	柱状样	孔隙水
完成工作量	17个站位	1个站位	110份样品

营养盐分析

颗粒有机碳及光合色素过滤

布放硝酸盐剖面仪

布放原位过滤器

颗石藻采样

pH 传感器比测

DMSP 现场过滤

持久性有机污染物样品采集

溶解氧测定

海水 DIC 样品采集

上层水体 ^{234}Th 样品现场过滤

同位素大体积采水

图 7-3 中国第七次北极科学考察海洋化学现场作业
Fig.7-3 Field operations in the 7th CHINARE

7.2.2 考察人员及考察仪器

7.2.2.1 考察人员

表7-8 中国第七次北极科学考察大洋队海洋化学组考察人员及航次任务情况

Table 7-8 Information of scientists from the marine chemistry group in the 7th CHINARE

考察人员	作业分工
庄燕培	硝酸盐、磷酸盐及硅酸盐分析，颗粒物过滤
白有成	营养盐过滤、外业仪器布放
任健	光合色素、生物硅等膜样过滤，沉积物采样
李杨杰	铵盐、亚硝酸盐分析，外业仪器布放
张介霞	温室气体 N_2O、CH_4 相关参数样品分析和采集
林红梅	溶解氧分析
祁第	CDIC、TAlk、pCO_2、Ca^{2+}
刘建	温室气体 N_2O、CH_4 相关参数样品分析和采集
欧阳张弦	CO_2 体系和北冰洋酸化相关参数样品采集与分析
朱晶	C、N 同位素样品采集，^{210}Po、^{210}Pb 样品采集
王博	^2H、^{18}O 样品采集，^{226}Ra、^{228}Ra 样品采集，外业仪器布放
陈勉	多环芳烃水样采集
李江	海水化学：DMS、DOC、TN、TP
郑晓玲	氟利昂采集
葛林科	重金属、POPs 样品采集及预处理
Hassiba Lazar	颗石藻样品采集
Bérengère Broche	走航 pH 观测

7.2.2.2 考察仪器

●"雪龙"船SBE CTD采水器

使用"雪龙"船的 SBE CTD 采水器，该采水器配置有 24 瓶 10 L 的 Niskin 采水器，能够用于分层采集海水。现场海水温度、盐度及站位水深等海洋环境参数由 CTD 在采集海水时同步测定完成。

● 营养盐自动分析仪

硝酸盐 + 亚硝酸盐、磷酸盐和硅酸盐使用营养盐自动分析仪分析，其购自荷兰 Skalar 公司，型号为 Skalar San++。硝酸盐 + 亚硝酸盐、磷酸盐和硅酸盐分别采用镉铜柱还原 – 重氮偶氮法、磷钼蓝法和硅钼蓝法测定，检测限分别为 0.1 μmol/dm^3（$NO_3^-+NO_2^-$）、0.1 μmol/dm^3（SiO_3^{2-}）和 0.03 μmol/dm^3（PO_4^{3-}）。

● 高分辨率硝酸盐等多参数剖面仪

高分辨率硝酸盐剖面仪运用紫外吸收光谱方法原位测定溶解态硝酸盐的含量，其特点是无须使用化学试剂即可简便准确、实时连续的监测硝酸盐浓度。

硝酸盐剖面仪的测定原理是运用不同化学物质在 UV (200 ～ 400 nm) 的紫外吸收特征来测定它们的浓度。包含 3 个主要步骤：① 测定海水样品的吸收光谱；② 系统的校准过程：建立在 UV (200 ～ 400 nm) 有吸收的化学物质的吸收光谱库；③ 优化过程：调整校准化学物质的浓度，直到和测定得到的光谱匹配，从而得到硝酸盐浓度。其主要性能：精确度 (Precision): ±0.5 µM；准确度 (Accuracy): ± 2 µM；浓度范围：0 ～ 2 000 µM；可测深度：1 000 m；可测温度范围：0 ～ 35℃。

● 氧化亚氮、甲烷和二氧化碳温室气体走航仪器（Picarro）

温室气体走航观测系统（Picarro）是一种自行组装研发的系统，是基于离轴积分腔输出光谱法及光腔衰荡技术的激光观测。该系统由温室气体走航前置系统（包括水汽平衡器、干燥系统、管路液态水监测报警系统等模块）和温室气体走航观测仪器（包括基于离轴积分腔输出光谱法及光腔衰荡技术的 N_2O、CH_4、CO_2 激光观测仪器）组成。它具有探测灵敏度高、分辨率高、稳定可靠等优点。该套系统标定标准气体由美国大气与海洋局（NOAA）或世界气象组织（WMO）提供的或者可溯源至上述组织提供标准的气体。

● G.O. 二氧化碳分压自动走航观测仪器

表层海水 pCO_2 和大气 pCO_2 采用连续走航的测量方法获得的，其工作原理是：表层海水由水泵从海面下 2 ～ 3 m 抽取，通过水管输送到船上实验室的水－气平衡器，在一定的水压下，海水在平衡器内形成微小水滴，与平衡器中的空气充分接触并达到平衡，平衡后的空气由小气泵抽出，经过干燥系统除去水汽，调节一定的流量，然后送入非色散红外分析仪测量干燥空气中 CO_2 的吸光值。在相同条件下，测定至少 3 种 CO_2 浓度准确已知的标准气体的吸光值，利用标准曲线计算气体样品中的 CO_2 浓度。测量过程中，红外分析仪的尾气应进入平衡器再循环。

● 走航式氧氩比（O₂/Ar）膜进样质谱仪

O₂ 在表层水体中的分布受物理交换混合过程和生物过程（光合作用和呼吸作用）双重影响，而 Ar 本身属惰性气体，海水中 Ar 变化只受物理过程影响，并且根据两种气体的溶解特性相似的特点，可以通过测量 O_2/Ar 来去除物理混合作用，从而实现估算海域的净生产力的目的。

该仪器工作原理：通过船载表层水泵系统将表层海水输送至实验室，再利用水汽平衡器使得海水中的氧气氩气浓度与平衡器内空腔气体浓度平衡，后进入质谱仪检测得到氧气氩气比值。

● 溶解氧分光光度分析仪

溶解氧分析的基本原理是海水样品中的氧定量地把碘离子氧化成碘分子，然后用分光光度法测定碘分子的浓度，以生成的碘分子的浓度计算氧分子的浓度。在 466 nm 波长下测定样品的吸光值。测定前把样品放在 25.0℃ 的恒温槽中恒温半小时以上。测定前检查分光光度计的波长是否正确，

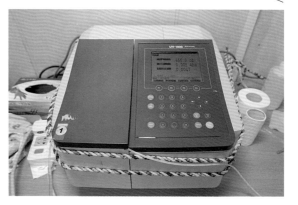

检查虹吸瓶中的水是否充足。然后用纯净水流过管路并调零。测定时用纸巾吸干瓶口的存水，然后小心地打开瓶塞，把瓶身适当倾斜，用塑料镊子放入 1 颗洁净干燥的搅拌子；用加液器加入 0.5 mL 28% 的 H_2SO_4 溶液 (R_3)，立即放在搅拌器上搅拌；搅匀后停止搅拌，迅速将虹吸装置的进样管放在瓶子中下部，旋动三通阀使样品进入分光光度计，待光度计示数稳定后记下读数 A_1。如果样品浑浊，则要进行浊度校正。在记下读数 A_1 后，用滴管滴加 R_4 试剂 (NaS_2O_3)，同时搅拌，至溶液退成无色时停止搅拌，测定并记录此时的吸光值 A_2。

● 岛津GC2010Plus色谱

海水 DMS 分析采用冷阱吹扫—捕集气象色谱法，即氮气吹扫、将 DMS 冷阱富集于浓缩管中，后撤走冷源将浓缩管进行加热解析，在载气携带下将解析出的 DMS 直接送入色谱，用 GC–FPD 进行现场检测。

7.2.3 考察数据初步分析

7.2.3.1 数据质量评价

本航次海水化学与沉积化学考察各个项目样品的采集和保存方法均严格按照《海洋监测规范第 4 部分：海水分析》及《极地生态环境监测规范》进行操作。现场分析测定仪器均在航前进行专业校正标定或严格自校，在航次分析样品过程中，在有限的条件下，对分析环境进行了较好的控制，并通过质控样、重复样等来保证样品分析质量的高水准。

在航次过程中，数据和样品质量也存在一些问题和隐患：首先，少数站位出现 CTD Niskin 采水瓶打瓶失败，无法采集到相应层次的海水；其次，航次末段，CTD 采水瓶内部皮筋老化，致使个别采样瓶，尤其是采集深水层次时，采样瓶出现漏水漏汽现象，虽及时处理，但也影响了个别站位深水层次样品的准确性和可靠性；再次，表层泵采水系统在高纬度海冰区会出现水压和水量不足的情况，影响了样品和数据的采集。

7.2.3.2 数据初步结果

● 营养盐分布

楚科奇海 R 断面亚硝酸盐在各站点的断面分布状况如图 7-4 所示，整体浓度在 0 ~ 0.47 μmol/L 变化，该断面亚硝酸盐含量从南至北随纬度升高而增大，其中，陆架区亚硝酸盐浓度明显高于深水区，最大亚硝酸盐浓度同样出现在陆架区。陆架区和深水区的亚硝酸盐在垂直分布上也有着明显不同的规律，其中，陆架浅水区表层水体亚硝酸盐含量明显低于深层水体，亚硝酸盐浓度随水深增加而增大，叶绿素极大层（SCM 层）通常成为亚硝酸盐浓度随水深增大的跃层；而在北冰洋深水区，亚硝酸盐浓度最大值仅为 0.089 μmol/L，在所有站位，亚硝酸盐最大值均出现在 SCM 层，该层以上和以下的水体亚硝酸盐含量均处于极低水平。亚硝酸盐在陆架区和深水区所呈现出的不同的垂直分布规律极有可能是因为陆架区受陆源输入冲击强烈，氮循环过程显著强于深水区，而亚硝酸盐作为氮循环过程中的中间产物，能够积累到较高的浓度水平；在高纬深水区 SCM 层活动的浮游动物在摄食过程中则很有可能成为此层位亚硝酸盐出现高值的主要原因。

北冰洋 R 断面铵盐浓度在 0 ~ 5.73 μmol/L 变化，与亚硝酸盐在该断面的整体分布状况类似，陆架浅水区浓度明显高于北冰洋高纬深水区。铵盐作为沉积物中有机质矿化降解的直接无机氮形态，其受沉积物中有机质含量以及与氮循环过程相关的各种氮循环过程影响显著，底部沉积物很有可能会成为上覆水体的铵盐来源，因此，在陆架区铵盐在垂直剖面上呈现除了明显的随水深增加而增加的趋势，尤其在沉积物—上覆水界面出现了铵盐浓度最高值。在深水区各个层位铵盐均处于极低的含量水平，底部沉积物受限于低的氧含量和有机质含量水平，矿化速率缓慢，很难成为水体铵盐的有效来源，此区域同时远离陆地，使其难以有效接受陆源淡水的营养盐输入。

S 断面同样是从楚科奇海陆架区延伸至加拿大海盆深水区，其亚硝酸盐浓度的断面分布如图 7-5 所示。整体浓度在 0 ~ 0.42 μmol/L 变化。其中加拿大海盆亚硝酸盐含量处于较低水平，虽然海表亚硝酸盐含量在不同站点间没有出现明显差异，但是陆架区中部和底部水体亚硝酸盐含量显著高于加拿大海盆，亚硝酸盐最高浓度出现在陡峭的陆坡区域。在垂直剖面上，陆架区亚硝酸盐含量随深度增加持续增加，而在加拿大海盆，亚硝酸盐含量与 R 断面深水区类似，最大值出现在 SCM 层，该区域 SCM 层深度下降，亚硝酸盐最大层随之下降，该层以上和以下区域亚硝酸盐均处于极低的含量水平。

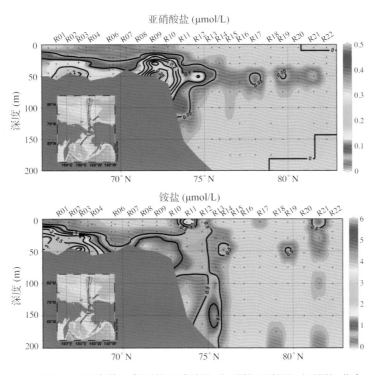

图 7-4 北冰洋 R 断面的亚硝酸盐（上图）和铵盐（下图）分布

Fig. 7-4 Nitrite and ammonium distribution (μmol/L) along R transect in the Arctic

　　该断面铵盐整体浓度含量在 0 ~ 2.37 μmol/L 变化，在不同区域间铵盐浓度差异明显，仍然表现为陆架浅水区显著高于高纬深水区，S14 和 S15 这两个深水站的铵盐含量处于极低水平，整体看来，该断面铵盐分布状况与亚硝酸盐极其相似，最大浓度出现在陡峭的陆坡区。在垂直分布上，深水区浓度过低，并未呈现出明显的剖面变化规律，而 S 断面陆架区的铵盐浓度同样随水深增加而明显增大，越接近沉积物—上覆水界面，水体铵盐浓度越高。

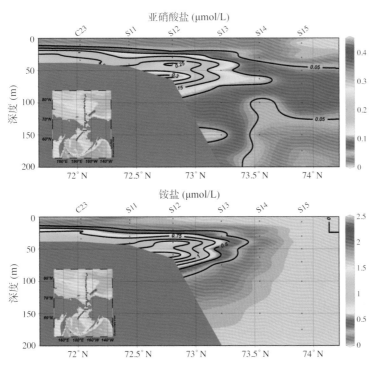

图 7-5 加拿大海盆 S1 断面的亚硝酸盐和铵盐分布

Fig.7-5 Nitrite and ammonium distribution (μmol/L) along S1 transect in the Canada Basin

NB 断面位于白令海陆架区，所有站点最大水深均未超过 45 m，该区域受陆源冲淡水影响最为强烈，陆源营养物质的输入对此区域营养盐含量有直接贡献，此外，该区域明显较高的沉积速率导致大量沉积物在此沉积，沉积物中的氮循环过程同样显著影响着营养盐含量水平。下图是 NB 断面亚硝酸盐浓度分布图，亚硝酸盐浓度整体在 0.018 ~ 0.20 µmol/L 变化，最大浓度出现在 NB03 站的底部区域。该断面与其他断面不同之处是，海表和深处亚硝酸盐含量并未出现明显的分层现象，尤其是 NB04 站，在海表即出现了较高的亚硝酸盐浓度，该断面海表亚硝酸盐含量整体高于其他断面。但垂直方向上的亚硝酸盐分布规律依然明显，底部水体亚硝酸盐含量明显高于上部水体。该断面铵盐整体浓度在 0.11 ~ 3.13 µmol/L 变化，NB04 站整体铵盐浓度最高，平均达到了 1.48 µmol/L，整个断面铵盐浓度最大值出现在 NB06 站底部水体中。该断面铵盐在垂直方向上随深度增加而明显增大，沉积物对上覆水体的铵盐浓度贡献依旧明显。

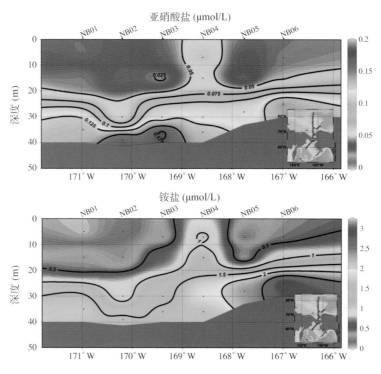

图 7-6　白令海陆架区 NB 断面的亚硝酸盐和铵盐分布
Fig.7-6　Nitrite and ammonium distribution (µmol/L) along NB transect in the shelf area of Bering Sea

B 断面位于白令海，从南向北同样跨越海盆深水区和白令海陆架浅水区。该断面亚硝酸盐浓度分布整体在 0.01 ~ 0.50 µmol/L 变化。海盆深水区和陆架浅水区亚硝酸盐的剖面分布规律截然相反。在深水区（B07-2 ~ B08-1），表层水体亚硝酸盐含量明显高于深层水体，而在陆架浅水区，表层水体亚硝酸盐含量处于极低水平，既明显低于下方水体，又低于同深度的海盆区表层水体。该断面铵盐浓度在水平以及垂向上的分布规律并未与其他断面出现明显差异性，整体浮动范围为 0 ~ 3.17 µmol/L。除了 B07-2 站位的 SCM 层附近出现了较大值，其他深水站各层水体中的铵盐浓度都处于较低水平，陆架浅水区铵盐浓度明显升高，并且同样随深度增加而增大。

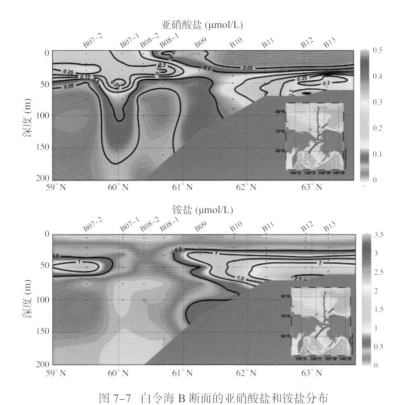

图 7-7 白令海 B 断面的亚硝酸盐和铵盐分布

Fig. 7-7 Nitrite and ammonium distribution (μmol/L) along B transect in the Bering Sea

7.3 走航大气化学观测

7.3.1 考察站位及完成工作量

7.3.1.1 站位图

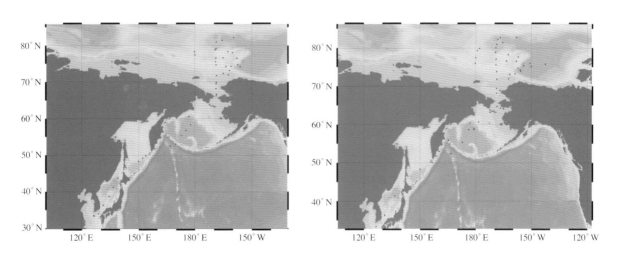

图 7-8 VOCs 采样（左图）与 TSP 采样站点（右图）

Fig. 7-8 Sampling sites of VOCs and TSP in the 7th CHINARE cruise

7.3.1.2 站位信息

表7-9　中国第七次北极科学考察走航大气化学站位信息
Table 7-9　Sampling information of atmospheric chemistry in the 7th CHINARE

样品编号	开始		结束		体积 (m³)	温度 (℃)
	日期	经纬度	日期	经纬度		
A1	2016-07-12	33°47.65′N 127°43.03′E	2016-07-14	43°0.35′N 138°06.73′E	2 303.9	22.8
A2	2016-07-14	43°0.35′N 138°6.73′E	2016-07-16	49°26.05′N 152°41.95′E	2 296.7	13.52
A3	2016-07-16	49°26.05′N 152°41.95′E	2016-07-18	52°48.12′N 169°31.18′E	2 303.9	9.56
A4	2016-07-18	52°48.17′N 169°31.18′E	2016-07-20	59°28.07′N 177°34.52′E	2 245.7	10.89
A5	2016-07-20	59°28.07′N 177°34.52′E	2016-07-23	59°53.88′N 178°56.45′E	2 292.2	12.36
A6	2016-07-23	59°53.88′N 178°56.45′E	2016-07-25	69°15.87′N 168°56.13′W	2 304	9.18
A7	2016-07-25	69°15′52″N 168°56′08″W	2016-07-27	74°33′25″N 155°56′01″W	2 209.5	1.64
A8	2016-07-27	74°33′25″N 155°56′01″W	2016-07-31	76°28′50″N 160°19′39″W	2 111.0	1.21
A9	2016-07-31	76°28.83′N 160°19.65′W	2016-08-05	80°37.60′N 168°53.83′W	2 358.2	−0.64
A10	2016-08-05	80°37.60′N 168°53.83′W	2016-08-16	81°44.68′N 163°13.33′W	2 247.3	−1.12
A11	2016-08-16	81°44.68′N 163°13.33′W	2016-08-19	77°04.13′N 179°41.25′E	2 295.6	−0.83
A12	2016-08-19	77°04.13′N 179°41.25′E	2016-08-24	74°0.38′N 166°30.47′W	2 125.5	−1.20
A13	2016-08-24	74°00.38′N 166°30.47′W	2016-08-27	74°57.70′N 156°43.57′W	2 282.6	2.48
A14	2016-08-27	74°57.70′N 156°43.57′W	2016-08-29	76°04.17′N 144°05.53′W	2 292.7	2.17
A15	2016-08-29	76°04.17′N 144°05.53′W	2016-09-03	68°14.58′N 166°50.13′W	2 223.0	8.52
A16	2016-09-03	68°14.58′N 166°50.13′W	2016-09-11	57°32.52′N 171°39.07′E	2 326.3	12.38
A17	2016-09-11	57°32.52′N 171°39.07′E	2016-09-13	51°13.58′N 157°44.68′E	2 301.5	11.75
B1	2016-07-13	37°33.33′N 132°43.38′E	2016-07-15	46°04.35′N 144°02.50′E	743.1	22.8
B2	2016-07-15	46°04.35′N 144°02.50′E	2016-07-17	51°30.28′N 158°19.25′E	944.0	13.52
B3	2016-07-17	51°30.28′N 158°19.25′E	2016-07-18	52°48.18′N 169°31.18′E	574.8	9.56
B4	2016-07-18	52°48.18′N 169°31.18′E	2016-07-20	59°28.07′N 177°34.52′E	985.4	10.89

样品编号	开始		结束		体积 (m³)	温度 (℃)
	日期	经纬度	日期	经纬度		
B5	2016-07-20	59°28.07′N 177°34.52′E	2016-07-23	59°53.88′N 178°56.45′E	897.1	12.36
B6	2016-07-23	59°53.88′N 178°56.45′E	2016-07-25	69°15.87′N 168°56.13′W	980.2	9.18
B7	2016-07-25	69°15.87′N 168°56.13′W	2016-07-27	74°33.42′N 155°56.02′W	967.9	1.64
B8	2016-07-27	74°33.42′N 155°56.02′W	2016-07-31	76°28.83′N 160°19.65′W	998.9	1.21
B9	2016-07-31	76°28.83′N 160°19.65′W	2016-08-05	80°37.60′N 168°53.83′W	938.5	-0.64
B10	2016-08-05	80°37.60′N 168°53.83′W	2016-08-16	81°44.68′N 163°13.33′W	978.9	-1.12
B11	2016-08-16	81°44.68′N 163°13.33′W	2016-08-19	77°04.13′N 179°41.25′E	1 030.4	-0.83
B12	2016-08-19	77°04.13′N 179°41.25′E	2016-08-24	74°00.38′N 166°30.47′W	838.6	-1.20
B13	2016-08-24	74°00.38′N 166°30.47′W	2016-08-27	74°57.70′N 156°43.57′W	980.1	2.48
B14	2016-08-27	74°57.70′N 156°43.57′W	2016-08-29	76°04.17′N 144°05.53′W	893.6	2.17
B15	2016-08-29	76°04.17′N 144°05.53′W	2016-09-03	68°14.58′N 166°50.13′W	966.8	8.52
B16	2016-09-03	68°14.58′N 166°50.13′W	2016-09-11	57°32.52′N 171°39.07′E	828.3	12.38
B17	2016-09-11	57°32.52′N 171°39.07′E	2016-09-13	51°13.58′N 157°44.68′E	833.7	11.75

7.3.1.3 完成工作量

大气汞在线监测时间为2016年7月11日至2016年9月24日，每5 min出一个数据，共计获得约10 000个数据。挥发性有机物（VOCs）采集时间为2016年7月11日至2016年9月15日，共48份样品。总悬浮颗粒物（TSP）的样品平均每天采集一次，采集时间为2016年7月11日至2016年9月25日，到9月14日共60组样品，142份膜。

用于大气颗粒物有机物质和无机物分析的气溶胶样品平均2 d采集一次，在中国第七次北极科考期间，由于大容量有机采样器出现故障，大气颗粒物有机气溶胶样品共采集12份，无机气溶胶样品28份膜样品；大气POPs样品走航采集34个航段，共68份样品。

表7-10 中国第七次北极科学考察走航大气化学工作量

Table 7-10 Sample amounts of parameters for under-way atmospheric chemistry in the 7th CHINARE

作业项目	大气汞	挥发性有机物（VOCs）	总悬浮颗粒物（TSP）	气溶胶样品	大气POPs
完成工作量	10 000个数据	48张膜	142张膜	40张膜	68个

大气采样器操作 走航大气汞测量

大气气溶胶样品采集 更换滤膜

图 7-9 中国第七次北极科学考察走航大气化学现场作业
Fig. 7-9 Field operations in the 7th CHINARE cruise

7.3.2 考察人员及考察仪器

7.3.2.1 考察人员

表7-11 中国第七次北极科学考察大洋队走航大气化学考察人员及航次任务情况
Table 7-11 Information of scientists from the under-way atmospheric chemistry group in the 7th CHINARE

考察人员	作业分工
张介霞	大容量有机气溶胶采样
林红梅	大容量无机气溶胶采样
葛林科	大气悬浮颗粒物、气溶胶有机污染物样品采集
范仕东	大气汞在线监测、TSP 样品采集、VOCs 样品采集

7.3.2.2 考察仪器

● 汞在线监测仪Tekran 2537 X

Tekran 2537X 汞蒸气分析仪可在亚纳克每立方米级（ppt 和 ppq）持续分析大气总气态汞含量。仪器通过采集大气样品并通过将其含有超纯金的金管将汞蒸气富集在金管内。该金汞齐通过热分解后采用冷原子荧光光谱法测定，金管的设计采用双通道以达到改变采样、解析，以达到持续分析大气样品，每 5 min 出一个数据。为避免走航过程中经常变换时区的问题，数据输出的时间采用世界时，且仪器每天都会进行内部自我校准，确保了数据的准确性和可靠性。

● 不锈钢真空采样罐

采用不锈钢真空瓶容积为 2 L，采样时长为 5 min。采集的北极航次气体样品，在实验室利用 GC-MS 测试分析其中物气溶胶前导气体的成分。采样时在船头的顶层甲板迎风采样，避免人为及船基污染。

—— ● 总悬浮颗粒物（TSP）采样仪

TSP 采样仪安放在船头顶层甲板，采样流量为 1.05 m^3/min，时长为 24 h，每一段时间采集一组空白膜样，采集的样品回国后进行分析。采样前滤膜以及保存滤膜的铝箔袋预先在马弗炉中 450℃温度下烘烤 4 h 以去除有机物。采样结束将滤膜保存在预先处理好的铝箔袋中，再用两层清洁的自封袋密封，放入冰箱冷冻（–20℃）保存。采样空白按照真实样品相同的方法处理，采样时间为 1 min，并用与真实样品相同的程序保存。

● EC9841氮氧化物分析仪

将船舱外大气管路连接过滤器后固定，以防止风雨对大气管路采气管口的污染。采气管口（过滤头，过滤器使用一定时间后，由于杂物的堵塞，导致气体流量下降，如果分析仪显示气体流量不足，可以更换过滤器）略向下倾斜。确保雨水或杂物不易进入采气管路。采气管的另一端连接在 EC9841

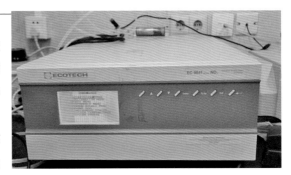

分析仪的 "INLET" 口，将塑料的螺帽旋紧。将采气泵（THOMAS）的吸气管口与活性炭过滤器连接（短管），过滤器的另一端（长管）与 EC9841 分析仪的 "EXHAUST" 口连接，将塑料的螺帽旋紧。检查各管路的接口是否漏气，将漏气处旋紧，使之不再漏气。

● 海洋大气颗粒物采样器

海洋大气颗粒物采样装置是自行开发研制的，具有国内领先水平的采样器。将采样装置固定于船体顶层甲板靠船头的位置；通过微处理器识别电路设置采样风向和风速条件；风向设定为对着船头的方向正负 90°，最小的采样风速设定为 1.5 m/s；当船航行时通过采集风速风向仪传感器信号，判断是否符合设定的采样条件，若满足微处理器识别电路通过控制器启动大流量气泵，采样装置同时记录采样累计流量、瞬时流量、压力值和温度值等数据。反之采样装置处于等待状态。通过微处理器识别电路判断风速风向达到控制采样装置工作状态，最大限度降低周围环境对采样结果的影响。

7.3.3 考察数据初步分析

7.3.3.1 数据质量评价

本航次走航大气化学考察各个项目样品的采集和保存方法均严格按照标准方法进行操作。其中，大气悬浮颗粒物、气溶胶有机污染物样品采集以《极地生态环境监测规范》（试行）中有机污染物采集方法为依据，并记录每天的气温、风向 / 风力等气象条件。样品采集后，冷冻保存，并带回国内实验室进行分析。海洋大气气溶胶要素的观测依据国家海洋局《我国近海海洋综合调查与评价专项技术规程》大气化学部分技术规程执行。从 2016 年 7 月 11 日考察船起航开始，采集气溶胶样品，每 2 d 更换滤膜一次，直到返回国内停船为止，增加风速风向控制系统，采样操作经多年反复验证，确保无玷污。

大气汞在线监测严格按照仪器维护说明进行操作，及时更换耗材以确保仪器运行条件稳定。手动校准每 2 ~ 3 d 进行一次，通过仪器内部的汞源标定仪器，确保数据的准确性。每天检查平行金管的差异，确保数据的精确性。TSP 及 VOCs 样品的采集严格按照操作规程，确保样品不受操作污染。其中一台采样器只在船行进过程中开机，以排除船尾气排放的影响。

7.3.3.2 数据初步结果

2016 年 8 月 7 日 15:04 至 2016 年 8 月 15 日 5:22 进行长期冰站作业，经纬度范围为（166°58.80′W，82°38.70′N）至（158°53.88′W，82°51.12′N），因为船并未行进，所以这段时间看作位于同一地点。这段时间内，大气汞浓度范围为 1.232 ~ 3.646 ng/m³。从图中可以看到，除了开头和结尾，整体的汞浓度还是比较低的。8 月 7 日 21:30 的高值是受船排放尾气影响的结果，这种突然的升降一般都与停船这一过程有关。长期冰站这段时间内，大部分时间风很大，所以虽然是停船，测得的大气汞也可以比较好地代表这一区域内的汞浓度情况。通过和航线上的汞浓度对比，我们发现长期冰站站点的汞浓度并不是最低的，更进一步，北冰洋内的汞浓度并不比太平洋航线上的汞浓度更低。这可能与浮冰有关，因为浮冰的融化一般来说会释放单质汞。走航大气汞浓度变化比较大，不过从图中可以看到大部分超过 2 ng/m³ 的值都是直上直下的，即突然升高突然下降。这虽然有可能是航线上汞的实际分布情况，但更可能是突发性的影响，比如停船，因为大气单质汞的保留时间很长（约 1 年），不太可能在小区域内分布差异很大。排除掉这些直上直下的数值，大概可以看到一些变化，比如从 9 月 3 日开始有一个整体的下降过程，到 9 月 6 日这一段下降很快很明显，后面虽然是波动的，但还是有一定的下降趋势。进入波动的这一段正好和避风的时间吻合，这更说明航线上大气汞浓度有一个下降趋势。正是这个下降趋势使一段航线上的大气汞浓度比北冰洋内的大气汞浓度更低。

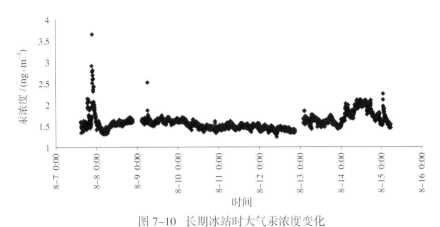

图 7-10　长期冰站时大气汞浓度变化

Fig. 7-10　Variations of atmospheric mercury at long-time ice site

7.4　受控生态实验

7.4.1　考察站位及完成工作量

7.4.1.1　站位图

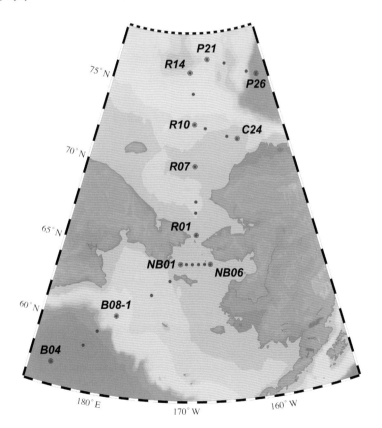

图 7-11　中国第七次北极科考受控生态实验站位

Fig.7-11　Sampling sites of Controlled culture experiments in the 7th CHINARE

7.4.1.2 站位信息

表7–12　中国第七次北极科学考察受控生态实验站位信息

Table 7–12　Sampling information of controlled culture experiments in the 7th CHINARE

海域	站位	日期	时间	纬度	经度	水深（m）
白令海盆	B04	2016–07–19	20:05	56°52.08′N	175°19.32′E	3 713
白令海盆	B08	2016–07–23	02:19	58°24.38′N	178°21.17′E	3 663
楚科奇海台	P26	2016–07–28	19:12	75°20.82′N	154°17.42′W	3 774
楚科奇海台	P25	2016–07–29	08:50	75°37.42′N	156°23.72′W	1 311
楚科奇海台	P23	2016–07–30	07:08	76°19.72′N	161°16.48′W	1 999
楚科奇海台	P21	2016–07–31	03:12	76°39.05′N	165°28.65′W	1 129
楚科奇海台	R14	2016–08–23	13:50	75°54.20′N	169°42.25′W	355
楚科奇海台	R12	2016–08–24	07:17	74°39.18′N	168°58.55′W	180
楚科奇海陆架	C24	2016–09–01	02:20	71°48.97′N	160°49.82′W	45
楚科奇海陆架	C23	2016–09–01	08:43	72°1.62′N	162°42.50′W	38
楚科奇海陆架	C21	2016–09–01	18:12	72°36.13′N	166°44.35′W	52
楚科奇海陆架	R10	2016–09–01	23:15	72°50.17′N	168°47.43′W	61
楚科奇海陆架	R07	2016–09–02	15:54	70°20.72′N	168°50.22′W	39
楚科奇海陆架	R04	2016–09–04	05:54	68°12.50′N	168°48.40′W	57
楚科奇海陆架	R03	2016–09–04	11:08	67°32.02′N	168°51.12′W	49
楚科奇海陆架	R01	2016–09–04	20:19	66°10.27′N	168°49.28′W	56
白令海陆架	NB06	2016–09–08	08:21	64°20.03′N	166°59.28′W	30
白令海陆架	NB05	2016–09–08	11:45	64°20.25′N	167°46.08′W	33
白令海陆架	NB04	2016–09–08	14:34	64°20.13′N	168°34.87′W	41
白令海陆架	NB03	2016–09–08	16:52	64°19.85′N	169°23.55′W	40
白令海陆架	NB02	2016–09–08	20:16	64°20.10′N	170°11.25′W	41
白令海陆架	NB01	2016–09–08	22:38	64°19.50′N	170°58.25′W	40
白令海陆架	B13	2016–09–09	06:12	63°15.28′N	172°18.65′W	61
白令海陆架	B11	2016–09–09	15:40	62°17.18′N	174°31.37′W	70
白令海陆架	B08–1	2016–09–10	07:21	60°41.80′N	178°29.42′W	173
白令海盆	B07–2	2016–09–10	21:00	59°29.85′N	179°35.35′E	3 124

7.4.1.3 完成工作量

同位素受控示踪实验分别在白令海盆、白令海陆架、楚科奇陆架和楚科奇海台 4 个关键区域展开。共进行 26 个站位的现场模拟培养实验，获得样品数 105 份。该实验主要是针对海水真光层以浅的水体，利用 $^{15}N\text{-}NO_3^-/^{15}N\text{-}NH_4^+$ 外加培养，分别测定浮游植物群落的新生产力和再生生产力，目的在于阐述水团构成对北冰洋氮循环关键过程的影响。与第六次北极考察相比，本航次重点关注白令海陆架及楚科奇海陆架等高生产力的海域。此外，新增加了楚科奇海台区域的取样实验工作，有助于加强了解白令海与楚科奇海不同区域生产力结构的差异以及相关调控因素。为深入认识北冰洋氮循环关键过程奠定重要基础。

表7-13 受控生态实验工作内容及工作量
Table 7-13 Sample amounts ofcontrolled culture experiments

区域	同位素示踪实验	
	站位（个）	样品数（份）
白令海盆区	3	15
白令海陆架区	9	30
楚科奇陆架区	8	31
楚科奇海台区	6	29
合计	26	105

7.4.2 考察人员及考察仪器

7.4.2.1 考察人员

表7-14 中国第七次北极科学考察大洋队受控生态实验考察人员及航次任务情况
Table 7-14 Information of scientists from the controlled culture experiments group at the 7th CHINARE

考察人员	作业分工
王博	受控生态实验样品采集及培养
朱晶	受控生态实验样品过滤

7.4.2.2 考察仪器

—— • 同位素示踪受控实验现场装置

该培养装置位于甲板右舷，由数个培养槽组成，全程使用走航水进行温控，可用于同位素示踪受控培养实验。

7.4.3 考察数据初步分析

数据质量评价：本航次受控生态实验项目样品的采集和保存方法均严格按照《海洋监测规范第4部分：海水分析》及《极地监测规范》进行操作。现场只进行样品采集，分析工作留待回到国内实验室后进行，因此没有携带现场分析测定的仪器。在航次过程中，样品质量也存在一些问题和隐患，例如，表层泵采水系统在高纬度海冰区会出现水压和水量不足的情况，造成培养箱中的水体不流动，影响了样品的采集。

7.5　沉积物捕获器潜标观测

7.5.1　考察站位及完成工作量

7.5.1.1　站位图

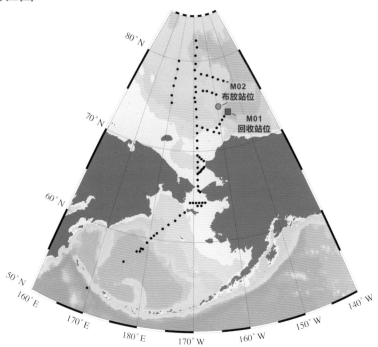

图 7-12　中国第七次北极科学考察沉积物捕获器布放回收站位

Fig. 7-12　Deploy and recover sites of sediment trap in the 7th CHINARE

7.5.1.2　站位信息

表7-15　中国第七次北极科学考察沉积物捕获器潜标站位信息

Table 7-15　Site information of sediment trap in the 7th CHINARE

海域	站位	作业项目	日期	时间 (UTC)	纬度	经度	水深(m)
楚科奇海	M02	潜标布放	2016-08-26	03:22	74°44.22′N	159°32.20′W	1 773
加拿大海盆	M01	潜标回收	2016-08-27	01:42	73°58.02′N	155°57.52′W	3 890

7.5.1.3　完成工作量

表7-16　中国第七次北极科学考察沉积物捕获器潜标工作量

Table 7-16　Workload of sediment trap in the 7th CHINARE

作业项目	捕获器潜标回收	捕获器潜标布放
完成工作量	1 套锚系	1 套锚系

1）沉积物捕获器潜标布放

沉积物捕获器配有一套用于布放的深海锚系系统，图 7-13 是中国第七次北极科学考察期间于 2016 年 8 月 26 日布放于楚科奇海的一套沉积物捕获器（由"雪龙"船完成）。整个系统由浮球、海流计、沉积物捕获器（Mark 78H-21 型）、声学释放器（OCEANO 2500S-Universal 型）和锚（沉块）组成，各部分通过卸扣和尼龙绳相连。布放实施步骤如下。

（1）船行驶至预定投放位置顶风逆流（水深达到预定要求）。

（2）庄燕培负责监控现场水深，随时汇报并记录（每分钟记录一次）。如在投放期间水深有较大变化，也要及时汇报。李杨杰负责在船尾记录 GPS 数据，每分钟记录一次。

（3）在甲板上的仪器设备加保险绳，入水前将保险绳解开。

（4）确定具备投放条件后，潜标系统开始依次入水。

（5）将捕获器与脱钩器连接，使用折臂吊将捕获器吊至水面待放。

（6）将浮球首先放入水中，浮球后端的连接件用回头绳固定在船上，防止捕获器着力。

（7）捕获器脱钩，并解开回头绳。

（8）捕获器入水后，利用绞缆机将缆绳入水。此时船速慢，防止布放过程中绳子挂到海冰上。在投放过程中要注意控制投放速度，使潜标系统在水中能随海流展开，避免打结。"雪龙"船工作人员、杨成浩、庄燕培在船尾处放置。白有成、任健、李杨杰负责整理缆绳。

（9）待缆绳快放完时，用回头绳穿过浮球前端的连接件固定在船上，防止释放器着力。后将释放器放入水中。

（10）将脱钩器与重块连接，现场指挥下命令将重块吊至 A 架下方。

（11）将回头绳解开，浮标入水，缆绳吃力在重块上。

（12）重块脱钩入水，记录入水时间、"雪龙"船 GPS 信息及现场水深。使用释放器甲板单元进行测距定位，需船上暂时关闭测深仪（因其频率与释放器频率一致，会对释放器造成干扰）。

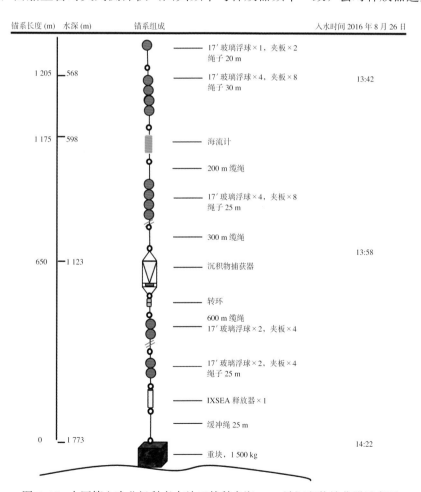

图 7-13　中国第七次北极科考布放于楚科奇海 M02 站沉积物捕获器示意图

Fig. 7-13　Sketch map of sediment trap that deploy on the Chukchi Sea at station M02 in the 7th CHINARE

表7-17 2016年楚科奇海M02站位沉积物捕获器锚系信息
Table 7-17 Information of sediment trap deployed in Chukchi Sea, M02 station

锚系站位	M02
经纬度	74° 44.30′ N，159° 32.20′ W
水深（m）	1 773
捕获器深度（m）	1 123
首次取样起始时间	2016-09-01
末次取样终止时间	2018-08-01
样品瓶型号、数量	Nalgene，250 mL，20 个
样品瓶位置、方向	OK
布放时样品瓶编号	1

缆绳准备

检查绳结

浮球入水

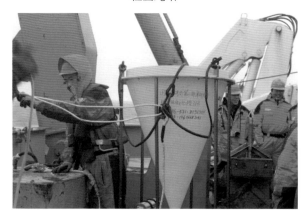

捕获器布放

图 7-14 中国第七次北极科学考察长期观测锚系布放现场作业
Fig. 7-14 Field operations in deployment of sediment trap at the 7th CHINARE cruise

2）沉积物捕获器潜标回收

回收方案如下。

（1）"雪龙"船到达潜标所在位（73°57.812′N，155°57.740′W）附近，使用释放器甲板单元的诊断模式对释放器进行呼叫，记录换能器与释放器距离。

（2）同时观测船的漂流方向和速度。

（3）船行至上游大约 200 m 处，使用甲板单元诊断模式进行呼叫，确保换能器与释放器距离在 200 m 以上，以防止潜标压船底。

（4）在后甲板尾部使用释放器甲板单元释放潜标，密切关注释放器与换能器距离并确定船与潜标的相对位置，同时通知所有瞭望人员密切关注海面，争取在浮球浮出海面第一时间发现潜标。

（5）把潜标位置报告驾驶室，与驾驶员协商后判断哪一侧船舷靠近浮球，使用吊笼固定钩与船舷打捞钩同步捕获。在此次回收过程中，经过几次尝试，最终在船舷用打捞钩捕获浮球。

（6）把上端浮球及绳子从船舷牵引到后甲板，使用船尾 3 000 m 绞车和 A 型架分次固定和换钩把浮球和设备吊至甲板，缆绳部分用绞缆机回收。

（7）仪器和数据的整理。

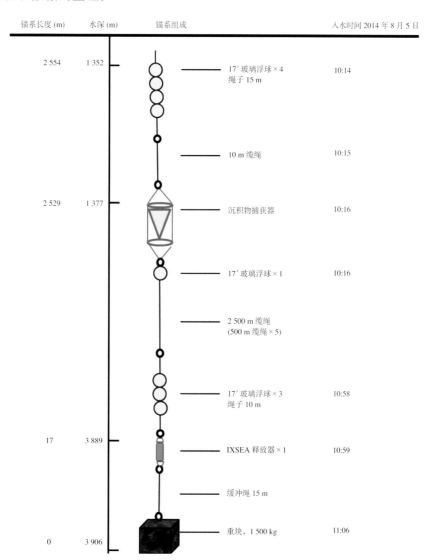

图 7-15　中国第六次北极科学考察布放于加拿大海盆 ST 站位沉积物捕获器示意图
Fig. 7-15　Sketch map of sediment trap that deployed on the Canada basinat station ST in the 6th CHINARE

甲板单元释放

潜标瞭望

吊篮打捞

浮球抛钩打捞

捕获浮球

回收锚系

图 7–16 中国第七次北极科考长期观测锚系回收现场作业

Fig. 7–16 Field operations in recover of sediment trap at the 7th CHINARE cruise

7.5.2 考察人员及考察仪器

7.5.2.1 考察人员

表7–18 中国第七次北极科学考察海洋化学潜标布放考察人员及航次任务情况

Table 7–18 Information of scientists from the sediment trap deploy group at the 7th CHINARE

考察人员	作业分工
庄燕培	潜标回收布放
白有成	潜标回收布放
任健	潜标回收布放
李杨杰	潜标回收布放

7.5.2.2 考察仪器

● 声学释放器

Oceano 2500 通用型声学释放器由法国 IXBLUE 公司生产，用户在船上使用控制器发射声学释放信号，释放器收到该信号后，释放器与锚系底部重物脱离。

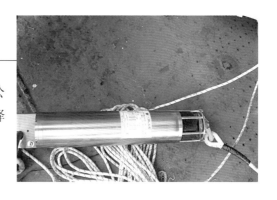

● 沉积物捕获器

沉积物捕获器（Sediment trap）是目前研究沉降颗粒物的生物地球化学循环最直接的手段，整个系统主要由 3 部分构成。第一部分是带有蜂窝状水流调节盖的圆锥形集样漏斗。第二部分由样品杯（21个 250 mL 或 500 mL 样品瓶固定于样品盘上）和控制其自动转换的微处理单元、马达及相应的附件组成，固定于一个圆盘上，其主要功能是把各个样品瓶在预先设定的时间内自动放置到集样漏斗下面，采样完毕后分别给予封存，确保它们在回收之前尽量保持原状。第三部分是支架部分，由 6 根不锈钢柱和上下上个钢环组成的圆柱形框架，可与锚系相连。沉积物捕获器配有一套用于布放的深海锚系系统。

7.5.3 考察数据初步分析

数据质量评价：现场分析测定仪器均在航前进行专业校正标定或严格自校，在航次分析样品过程中，在有限的条件下对分析环境进行了较好的控制，并通过质控样、重复样等来保证样品分析质量的高水准。

7.6 冰站海冰化学观测

7.6.1 考察站位及完成工作量

7.6.1.1 站位图

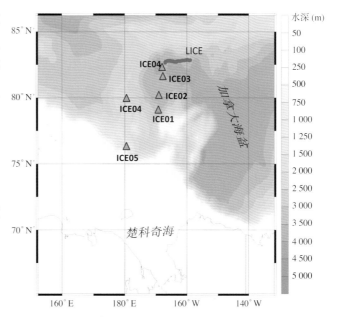

图 7-17　中国第七次北极科学考察海冰化学冰站作业站位
图中 ICE01～06（绿色三角形）为短期冰站站位，LICE（红色圆圈）代表长期冰站海冰漂移轨迹
Fig. 7-17　Sampling sites of sea-ice chemistry research in the 7th CHINARE cruise

7.6.1.2 站位信息

表7-19　中国第七次北极科学考察海冰化学冰站作业站位信息
Table 7-19　Sampling information of sea-ice chemistry research in the 7th CHINARE

站位#	时间（UTC）	纬度	经度
ICE01	2016-08-04	78°59.36′N	169°08.42′W
ICE02	2016-08-05	80°06.15′N	168°59.29′W
ICE03	2016-08-06	81°32.93′N	167°36.51′W
ICE04	2016-08-07	82°17.80′N	168°08.86′W
LICE※	2016-08-07—2016-08-15	82°50.92′N	166°58.81′W
ICE05	2016-08-18	79°56.23′N	179°23.01′W
ICE06	2016-08-20	76°18.63′N	179°35.77′W

\# 表中 ICE 表示短期冰站，LICE 表示长期冰站。
※ 表中经纬度为长期冰站第一天冰站经纬度，8 月 7 日到 15 日全程经纬度变化见图 7-17。

7.6.1.3 完成工作量

中国第六次北极考察期间，在 6 个短期冰站（ICE01 ~ ICE07）和 1 个为期 9 d 的长期冰站（LIC）进行了海冰化学的调查研究。在短期冰站，我们系统地研究了以冰芯—冰水界面—冰下水为主线的化学要素的垂直分布。在长期冰站，进行了冰水界面海洋酸化、CO_2 体系和温室气体化学参数的时间序列采集，颗粒物的连续采集，采集的颗粒物将进行生物标志物、光合色素、颗粒有机碳（POC）等分析研究。此外，在长期冰站布放了冰下高分辨率的硝酸盐多参数剖面仪。

冰下水颗粒物采样

冰芯分样

冰下水碳酸盐体系参数采样

钻取冰芯

图 7-18　中国第七次北极科学考察海冰化学冰站现场作业
Fig. 7-18　Field operations in the 7th CHINARE cruise

表7-20　中国第七次北极科学考察冰站海冰化学工作量

Table 7-20　Sample amounts of parameters for sea-ice chemistry in the 7th CHINARE

作业项目	营养盐	溶解氧	碳酸盐体系	颗粒物	POPs
完成工作量	60 份水样	58 份水样	174 份水样	60 份膜样	105 份样品

7.6.2　考察人员及考察仪器

7.6.2.1　考察人员

表7-21　中国第七次北极科学考察大洋队走航大气化学考察人员及航次任务情况

Table 7-21　Information of scientists from the under-way atmospheric chemistry group in the 7th CHI-NARE

考察人员	作业分工
庄燕培	营养盐样品采集
白有成	外业仪器布放
任健	颗粒物采集
李杨杰	冰芯样品采集
祁第	冰芯、融池和冰下水 CO_2 体系样品采集
欧阳张弦	冰芯、融池和冰下水 CO_2 体系样品采集
刘建	冰芯、融池和冰下水温室气体样品采集
陈勉	多环芳烃样品采集

7.6.2.2　考察仪器

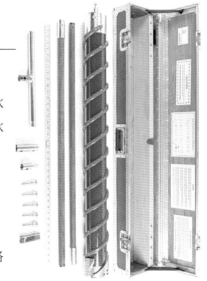

● 冰芯钻 Mark Ⅱ

Mark Ⅱ 冰芯钻（钻筒：直径 9 cm、长 115 cm 钻杆：长 100 cm，快速拆卸连接方式采样深度：3 m）是国际上极地科学考察获取冰芯样品通用的仪器。通过汽油驱动和手动两种采样方式，用于冰站现场冰芯采样。适于极地低温环境使用。

7.6.3　考察数据初步分析

7.6.3.1　数据质量评价

本航次海冰化学考察各个项目样品的采集和保存方法均严格按照《海洋监测规范》和《极地生态环境监测规范》进行操作。现场分析测定仪器均在航前进行专业校正标定或严格自校，在航次分析样品过程中，在有限的条件下对分析环境进行了较好的控制，并通过质控样、重复样等来保证样品分析质量的高水准。冰站多环芳烃样品采集严格按照 POPs 固相萃取操作规程进行操作，雪样在下船的第一时间在上风处采集，确保样品不受到沾污。

7.6.3.2 数据初步结果

图 7-19 给出了各冰站冰下水（冰雪界面为表层参照，设置为 0 m）和融池温度、盐度、溶解氧和表观耗氧量的观测结果。冰站冰下水温度总体低于 0℃，温度伴随深度增加均呈现出降低趋势，在底部冰—水界面附近温度维持在 –1.0℃ 左右；融池受太阳辐射加热作用，温度总体大于 0℃，在 0 ～ 5℃波动）。盐度同样随着深度增加逐渐增加，在底部冰—水界面附近盐度维持在 29 左右；融池水主要来自雪融化，因此盐度较低，总体低于 5，在 0 ～ 5 波动。

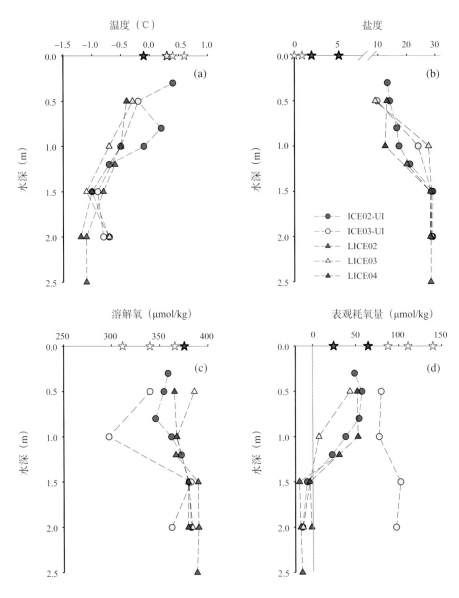

图 7-19　北冰洋冰—水界面和融池温度 (a)、盐度 (b)、溶解氧浓度 (c) 和表观耗氧量 (d) 分布
Fig. 7-19　Sea-ice and melt pond profiles of temperature (a), salinity (b), DO (c) and AOU (d)

冰站冰下水和融池溶解氧在 290 ～ 390（μmol/kg）波动，溶解氧随着深度的变化趋势不明显，在底部冰—水界面附近温度维持在 360（μmol/kg）左右；冰站冰下水 0 ～ 1.5 m 深度范围，表观耗氧量在 22 ～ 87（μmol/kg）波动，为正值，水体呈现出异氧性质，可能原因是现场冰芯采集过程，大量低氧间隙水渗出，间隙水来自冰芯中，冬季海冰间隙中微生物好氧细菌呼吸作用，消耗氧气再矿化有机物，同时海冰阻隔冰—气界面气体交换，消耗的溶解氧无法得到及时补充，因此间隙水具

有低氧性质。在冰—水界面（1.5 ～ 2.5 m）我们观测到表观耗氧量在 –8 ～ –15 μmol/kg 波动，表观耗氧量为负值，控制因素可能是冰—水界面生物冰藻微吸收 CO_2 释放氧气。融池表观耗氧量波动较大（24 ～ 140，μmol/kg），水体表现出较高异氧性质，可能原因是融池中好氧细菌大量再矿化消耗有机物和溶解氧，同时由于观测站位融池全部是封闭状态，表层海冰阻碍了融池水体和大气交换，无法从大气及时得到氧气补充。

7.7　本章小结

中国第七次北极科学考察期间，共完成 83 个海洋站位的海水化学调查研究，研究区域包括白令海盆、白令—楚科奇海陆架—加拿大海盆及北冰洋高纬海域。海洋化学考察主要开展海水化学、大气化学、沉积化学、冰站海冰化学和沉积物捕获器潜标回收布放等作业内容，获取了海洋环境化学与海洋生物地球化学过程对海冰快速变化的响应与变化信息。其中着重考察海洋生物泵过程、陆地碳输入及海气碳通量的变化来评估北冰洋海洋碳源汇格局的规律和趋势；多种手段观测北冰洋海洋酸化与贫营养化的进程及控制机制；运用水化学要素、生物标志物、同位素化学对水团和海洋过程进行示踪；在全球变化背景下，了解极区温室气体及边界层气溶胶的分布特征，了解北极地区污染物质在各介质中的分布。

本次考察在海水化学采样方面累计完成 83 个站位约 2 万份样品的采集，33 个站位的硝酸盐剖面观测，22 个站位的原位过滤器布放及 22 个站位大体积同位素采样，走航 $p\mathrm{CO_2}$、甲烷、氧化亚氮以及 pH 的全航段观测；大气化学方面共采集了约 400 份膜样；沉积化学方面完成了 17 个站位的沉积物采样及 110 份孔隙水样品采集；海冰化学方面采集了约 100 多根冰芯样品及 240 余份水样；于加拿大海盆高纬地区成功回收沉积物捕获器潜标 1 套，并布放沉积物捕获器潜标 1 套。

中国第七次北极科学考察期间，在考察队和"雪龙"船全体人员的努力下，成功回收了第六次北极科考期间（2014 年）在北冰洋高纬地区布放的一套沉积物捕获器长期观测潜标，并继续布放了一套沉积物捕获器长期观测潜标；通过国际合作和多参数多过程研究，包括高精度 pH、碳酸盐体系以及硫化物循环，探讨了北冰洋的酸化进程和控制机制；于短期和长期冰站系统地研究了以冰芯—冰水界面—冰下水为主线的化学要素的垂直分布特征，在长期冰站进行了冰水界面、冰上融池、冰下水海洋酸化、CO_2 体系和温室气体、生物标志物、光合色素、颗粒有机碳（POC）的系统研究。

本航次的分析工作亮点包括：观测到夏季太平洋暖水对高纬度海域海水化学性质具有显著的影响；走航观测了"雪龙"船航迹线和北冰洋表层水体中的温室气体浓度，并初步确认了夏季北冰洋是源的结论；通过对 DMS 的检测及 DMSP 的培养实验，反映出北极地区 DMS 的源汇格局；在此前历次北极科学考察的基础上，同位素海洋化学采样工作加强了北极海域生物对碳、氮同位素吸收速率以及水柱中重要界面碳、氮输出通量等前沿科学问题的观测；通过大气样品的采集有助于分析北冰洋污染物的长距离传输历史、输出过程以及来源等。

海洋生物多样性和生态考察 第 **8** 章

8.1 考察内容

1）基础环境参数

通过考察，了解北极海域浮游植物叶绿素浓度和初级生产力的分布、粒级特征；浮游植物生物量和生产力与物理、化学过程之间的耦合关系，以及不同粒级浮游植物群落对生物量和初级生产力的贡献。包括叶绿素 a 和初级生产力的采集和分析。

2）微生物多样性

北极海水和海洋沉积物微生物多样性分析，微生物种质资源的收集、标准化保存和资源评估。包括海水及沉积物微生物样品的采集和分析。

3）微微型和微型浮游生物群落

研究北极考察区域海洋微微型浮游植物和浮游细菌群落结构和丰度；微小型生物群落丰度、生物量和结构；微小型藻类色素组成和垂直分布特征；微小型生物的群落结构组成和分布特征。包括浮游细菌、微微型和微型浮游植物样品的采集，以及其丰度生物量、结构组成和多样性的分析。

4）浮游生物群落

考察北极浮游生物的种类和数量组成、分布、区域特点；浮游生物群落结构与叶绿素、营养盐之间的关系，浮游生物群落在不同水团、流系中的种类变化。包括小型浮游植物、大中型浮游动物、鱼类浮游生物样品采集。

5）海冰生物群落

海冰生物样品采集，分析其生物量、种类组成和空间分布及与环境因子的关系。

6）底栖生物群落

分析考察海域底栖生物种类组成和数量分布特征；研究底栖生物与海洋物理、化学等环境因子的相关关系；分析底栖生物群落结构组成与多样性现状。包括大型底栖生物和小型底栖生物。

7）大型藻类

北极大型藻类的调查、标本制作与分子标记。对于底栖海藻，在设定的站位，使用采泥器或拖网进行采样。

8）资源种类调查

通过微生物样品分析，了解潜在资源种类数量和分布情况，并对有保存价值的菌种资源及藻种资源进行分纯保存；丰富各类生物资源库。

8.2 基础环境参数

8.2.1 考察站位及完成工作量

8.2.1.1 站位图

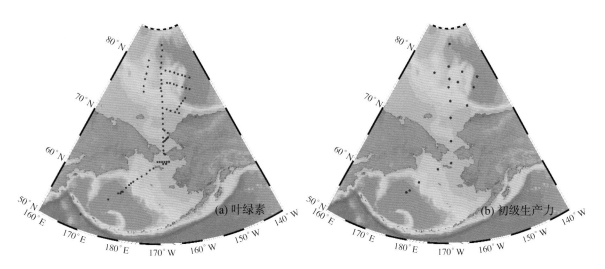

图8-1 中国第七次北极科学考察叶绿素和初级生产力项目工作站位示意图
Fig. 8-1 Locations of sampling station for Chl a and primary production investigation during 7th CHINARE

8.2.1.2 站位信息

表8-1 中国第七次北极科学考察叶绿素和初级生产力站位和项目
Table 8-1 Station information of Chl a and primary production investigation during 7th CHINARE

测区	站位	日期	时间	纬度	经度	水深(m)	叶绿素a	初级生产力
白令海	B01	2016-07-18	05:24	52°48.17′N	169°31.18′E	5 706	√	
白令海	B04	2016-07-19	09:05	56°52.08′N	175°19.32′E	3 713	√	
白令海	B05	2016-07-19	20:39	58°18.58′N	177°38.60′E	3 663	√	√
白令海	B07	2016-07-22	07:34	58°42.70′N	178°54.90′E	3 628	√	
白令海	B08	2016-07-22	15:19	58°24.38′N	178°21.17′E	3 663	√	
白令海	B06	2016-07-23	02:18	58°43.60′N	178°29.07′E	3 631		√
楚科奇海台	P27	2016-07-27	20:18	75°02.17′N	152°28.98′W	3 775	√	
楚科奇海台	P26	2016-07-28	08:12	75°20.82′N	154°17.42′W	3 774	√	√
楚科奇海台	P25	2016-07-28	21:50	75°37.42′N	156°23.43′W	1 311	√	
楚科奇海台	P24	2016-07-29	08:29	76°04.53′N	159°32.05′W	1 958	√	
楚科奇海台	P23	2016-07-29	20:08	76°19.72′N	161°16.48′W	1 999	√	
楚科奇海台	P22	2016-07-30	07:11	76°34.75′N	163°35.65′W	676	√	√
楚科奇海台	P21	2016-07-30	16:12	76°39.05′N	165°28.65′W	1 129	√	
楚科奇海台	P17	2016-07-31	20:11	76°41.90′N	150°20.17′W	3 760	√	√
楚科奇海台	P16	2016-08-01	07:21	77°06.32′N	152°48.13′W	3 764	√	
楚科奇海台	P15	2016-08-01	12:50	77°23.18′N	154°35.52′W	1 038	√	
楚科奇海台	P14	2016-08-01	19:55	77°41.02′N	157°14.75′W	1 600	√	

测区	站位	日期	时间	纬度	经度	水深（m）	叶绿素 a	初级生产力
楚科奇海台	P13	2016-08-02	01:05	78°01.67′N	159°44.18′W	2 494	✓	✓
楚科奇海台	P12	2016-08-02	18:25	78°18.95′N	162°42.03′W	604	✓	
楚科奇海台	P11	2016-08-03	04:30	78°30.38′N	165°56.03′W	543	✓	
高纬海区	R18	2016-08-03	21:50	78°59.58′N	169°30.37′W	2 958	✓	✓
高纬海区	R19	2016-08-04	14:28	79°41.80′N	168°52.70′W	3 168	✓	
高纬海区	R20	2016-08-05	09:52	80°37.60′N	168°53.82′W	3 267	✓	
高纬海区	R21	2016-08-06	05:47	81°33.38′N	167°36.82′W	3 271	✓	
高纬海区	R22	2016-08-07	01:57	82°19.70′N	168°11.47′W	3 452	✓	✓
门捷列夫海脊	E26	2016-08-17	12:47	79°54.15′N	179°38.57′W	1 448	✓	
门捷列夫海脊	E25	2016-08-18	13:05	78°56.30′N	179°41.53′W	1 243	✓	
门捷列夫海脊	E24	2016-08-19	01:24	77°54.12′N	179°54.58′W	1 569	✓	✓
门捷列夫海脊	E23	2016-08-19	15:39	77°02.97′N	179°43.92′E	1 100	✓	
门捷列夫海脊	E22	2016-08-20	08:30	75°58.80′N	179°39.03′E	1 147	✓	
门捷列夫海脊	E21	2016-08-20	18:52	75°08.97′N	179°48.77′W	538	✓	
楚科奇海台	R17	2016-08-21	20:37	78°01.80′N	169°10.28′W	704	✓	
楚科奇海台	R16	2016-08-22	07:22	77°07.18′N	169°10.12′W	1 879	✓	✓
楚科奇海台	R15	2016-08-22	18:14	76°32.88′N	169°01.33′W	2 142	✓	
楚科奇海台	R14	2016-08-23	02:50	75°54.20′N	169°42.25′W	355	✓	✓
楚科奇海台	R13	2016-08-23	09:31	75°27.55′N	169°20.60′W	359	✓	
楚科奇海台	R12	2016-08-23	20:17	74°39.18′N	168°58.55′W	180	✓	
楚科奇海台	R11	2016-08-24	05:30	73°46.18′N	168°50.83′W	153	✓	✓
加拿大海盆	S15	2016-08-26	10:01	73°54.20′N	156°10.75′W	3 743	✓	
加拿大海盆	S14	2016-08-30	11:04	73°32.52′N	157°49.15′W	2 945	✓	
加拿大海盆	S13	2016-08-30	19:53	73°13.05′N	158°56.67′W	1 602	✓	
加拿大海盆	S12	2016-08-31	03:15	72°48.40′N	160°08.83′W	65	✓	✓
加拿大海盆	S11	2016-08-31	08:35	72°26.42′N	161°28.32′W	44	✓	
楚科奇海	C24	2016-08-31	15:20	71°48.97′N	160°49.82′W	45	✓	
楚科奇海	C23	2016-08-31	21:43	72°01.62′N	162°42.50′W	38	✓	
楚科奇海	C22	2016-09-01	03:19	72°19.92′N	164°52.78′W	47	✓	
楚科奇海	C21	2016-09-01	07:12	72°36.13′N	166°44.35′W	52	✓	
楚科奇海	R10	2016-09-01	12:15	72°50.17′N	168°47.43′W	61	✓	
楚科奇海	R09	2016-09-01	18:28	72°00.12′N	168°44.35′W	51	✓	
楚科奇海	R08	2016-09-01	23:42	71°10.52′N	168°49.37′W	48	✓	✓
楚科奇海	R07	2016-09-02	04:54	70°20.72′N	168°50.22′W	39	✓	
楚科奇海	R06	2016-09-02	10:25	69°33.52′N	168°48.50′W	52	✓	
楚科奇海	C11	2016-09-02	13:56	69°20.82′N	168°09.57′W	51	✓	
楚科奇海	C13	2016-09-02	19:27	68°55.62′N	166°50.70′W	45	✓	
楚科奇海	CC5	2016-09-03	06:00	68°14.62′N	166°50.47′W	35	✓	

测区	站位	日期	时间	纬度	经度	水深（m）	叶绿素a	初级生产力
楚科奇海	CC4	2016-09-03	07:52	68°06.50′N	167°09.22′W	49	√	
楚科奇海	CC3	2016-09-03	10:46	67°58.57′N	167°37.22′W	51	√	
楚科奇海	CC2	2016-09-03	12:29	67°47.32′N	167°57.62′W	54	√	
楚科奇海	CC1	2016-09-03	15:05	67°40.00′N	168°25.00′W	49	√	
楚科奇海	R04	2016-09-03	18:54	68°12.50′N	168°48.40′W	57	√	
楚科奇海	R03	2016-09-04	00:08	67°32.02′N	168°51.12′W	49	√	√
楚科奇海	R02	2016-09-04	04:46	66°52.08′N	168°52.50′W	45	√	
楚科奇海	R01	2016-09-04	09:19	66°10.27′N	168°49.28′W	56	√	
白令海峡	S01	2016-09-04	14:01	65°41.60′N	168°39.40′W	50	√	
白令海峡	S02	2016-09-04	16:30	65°32.20′N	168°15.35′W	42	√	
白令海	NB12	2016-09-05	00:03	63°59.95′N	168°59.45′W	35	√	√
白令海	NB11	2016-09-05	03:48	64°00.45′N	168°01.62′W	36	√	
白令海	NB06	2016-09-07	21:21	64°20.03′N	166°59.28′W	30	√	
白令海	NB05	2016-09-08	00:45	64°20.25′N	167°46.08′W	33	√	
白令海	NB04	2016-09-08	03:34	64°20.13′N	168°34.87′W	41	√	
白令海	NB03	2016-09-08	05:52	64°19.85′N	169°23.55′W	40	√	
白令海	NB02	2016-09-08	09:16	64°20.10′N	170°11.25′W	41	√	
白令海	NB01	2016-09-08	11:38	64°19.50′N	170°58.25′W	40	√	
白令海	B13	2016-09-08	19:12	63°15.28′N	172°18.65′W	61	√	
白令海	B12	2016-09-08	23:22	62°54.10′N	173°27.62′W	70	√	√
白令海	B11	2016-09-09	04:40	62°17.18′N	174°31.37′W	70	√	
白令海	B10	2016-09-09	09:43	61°46.97′N	176°04.30′W	98	√	
白令海	B09	2016-09-09	15:04	61°15.55′N	177°18.50′W	124	√	
白令海	B08-1	2016-09-09	20:21	60°41.80′N	178°29.42′W	173	√	
白令海	B08-2	2016-09-10	01:26	60°23.25′N	179°04.63′W	556	√	√
白令海	B07-1	2016-09-10	04:39	60°03.58′N	179°37.10′W	1 839	√	
白令海	B07-2	2016-09-10	10:00	59°29.85′N	179°35.35′E	3 124	√	

8.2.1.3 完成工作量

中国第七次北极考察期间共完成82个站位叶绿素和18个站位初级生产力采样观测（站位分布见图8-1，站位信息详见表8-1）。共获取叶绿素样品594份，其中粒度分级叶绿素样品498份（分大于20 μm，2～20 μm，小于2 μm 3个粒级进行分析测定），真光层总叶绿素样品96份，现场分析取得叶绿素数据1 590个。共获取初级生产力样品288份。

以上工作内容中，白令海峡以南白令海观测区（含白令海峡）完成叶绿素测站25个，获得叶绿素样品155份，其中粒度分级叶绿素样品134份；完成初级生产力测站5个，获得初级生产力样品225份。白令海峡以北的楚科奇海、加拿大海盆、门捷列夫海脊以及高纬海区等观测区共完成叶绿素测站57个，获得叶绿素样品439份，其中粒度分级叶绿素样品364份；完成初级生产力测站13个，获得初级生产力样品63份。

8.2.2 考察人员及考察仪器

8.2.2.1 考察人员

叶绿素和初级生产力调查任务由国家海洋局第二海洋研究所刘诚刚承担。

8.2.2.2 考察仪器

叶绿素 a：叶绿素 a 的测定采用萃取荧光法。使用干净取样瓶在规定站位和层次采取水样，水样收集前，经 200 μm 孔宽的筛绢预过滤，以除去大多数的浮游动物。采样层次按标准层。过滤 250 cm³ 水样，色素用 90% 丙酮萃取 24 h，用唐纳荧光计进行测定。分级叶绿素 a 水样经孔宽 20 μm 的筛绢、孔宽 2.0 μm 的 Nuclepore 滤膜和 Whatman GF/F 玻璃纤维滤膜过滤，以分别获取网采 (Net 级份，> 20 μm)、微型 (Nano 级份，2 ～ 20 μm) 和微微型 (Pico 级份，0.2 ～ 2 μm) 的光合浮游生物，具体测定方法与叶绿素 a 相同。

初级生产力：初级生产力的测定系采用 ^{14}C 同位素示踪法。自每个光层次 (100%、50%、32.5%、10%、3% 和 1%) 采得的水样，注入 2 个 250 cm³ 的平行白瓶和 1 个 250 cm³ 的黑瓶中，每瓶加入 3.7×10^5 Bq $NaH^{14}CO_3$，置于甲板模拟现场培养器中培养 4 ～ 6 h。培养完毕，水样经 Whatman GF/F 玻璃纤维滤膜过滤，滤膜经浓盐酸雾熏蒸后，干燥和避光保存，带回实验室使用液体闪烁计数器分析测定。

● 叶绿素荧光仪

型号：Turner Trilogy（图 8-2）

可对叶绿素萃取荧光和活体荧光进行测量，测量精度 0.01 mg/m³。

图 8-2 叶绿素荧光仪 Turner Trilogy
Fig.8-2 Chlorophyll fluorescence spectrometer model Turner Trilogy

● 现场初级生产力培养器

现场初级生产力培养器（图 8-3）用于初级生产力水样的甲板模拟现场培养，可以模拟海面入射光强衰减至 100%、50%、32.5%、10%、3% 和 1% 水层进行浮游植物光合作用速率测定。通过现场培养、过滤和实验室液闪计数分析，可以得到各水层浮游植物的固碳量，并计算得到海域的初级生产力。

图 8-3 初级生产力培养器
Fig. 8-3 Incubator for primary production measuring

8.2.3 考察样品初步分析

中国第七次北极考察所获叶绿素样品已于现场完成分析，总叶绿素 a 浓度测值范围为 0 ～ 6.45 mg/m³。从所得结果看，此次考察调查海区不同测区叶绿素 a 浓度水平差异显著。将各站位 200 m 以浅采样水层叶绿素 a 浓度 (Chl a) 进行积分平均（水深小于 200 m 站位对全水柱采样层次进行积分平均）计算得到水层平均 Chl a 浓度。由水层平均 Chl a 浓度分布情况可见（图 8-4），白令海与楚科奇海陆架区 Chl a 浓度水平显著高于水深较大的海盆区域。特别是白令海峡附近海区为本航次 Chl a 浓度最高区域，其中 NB01、NB02、R02 和 R01 站水层平均 Chl a 浓度分别为 4.95 mg/m³、3.95 mg/m³、4.29 mg/m³ 和 3.81 mg/m³，为 Chl a 浓度最高站位。

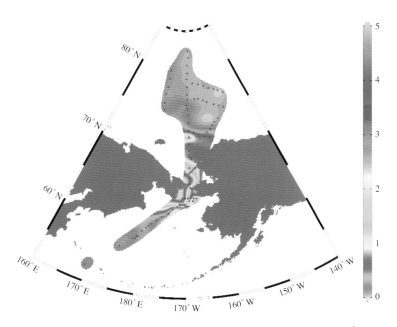

图 8-4　中国第七次北极科学考察期间水层平均叶绿素 a 浓度 (mg/m³) 分布
Fig. 8-4　Distribution of integral averaged Chl a concentration in water column during 7th CHINARE

将不同测区内各站位水层平均 Chl a 的平均值进行对比（表 8-2），也可见白令海陆架（1.18 mg/m³ ± 1.36 mg/m³）和楚科奇海陆架区（1.30 mg/m³ ± 1.06 mg/m³）水层平均 Chl a 浓度显著高于深海测区。高纬海区测站水层平均 Chl a 平均值仅为 0.05 mg/m³ ± 0.02 mg/m³，为 Chl a 浓度水平最低测区。白令海海盆 Chl a 平均浓度略高于加拿大海盆、门捷列夫海脊和楚科奇海台测区。

各测区叶绿素 a 的粒级结构分布呈现出与 Chl a 浓度水平密切相关的特征。在高 Chl a 的陆架海区，浮游植物生物量以大粒径的小型浮游植物（Net 级份，> 20 μm）占显著优势，白令海陆架和楚科奇海陆架 Net 级份对总叶绿素 a 的平均贡献分别 56.4% 和 52.5%（表 8-2）。而在 Chl a 水平最低的高纬海区和楚科奇海台测区，粒径最小的微微型浮游植物（Pico 级份，< 2 μm）为浮游植物群落优势类群，其对总叶绿素 a 的平均贡献分别为 63.9% 和 43.9%（表 8-2）。Chl a 浓度水平介于其间的白令海海盆、加拿大海盆和门捷列夫海脊测区，则以中等粒径的微型浮游植物（Nano 级份，2 ～ 20 μm）为优势类群（表 8-2）。

表8-2 中国第七次北极科学考察期间各测区水层平均叶绿素a浓度平均值及粒度分级结果
Table 8-2 Mean of integral averaged Chl a concentration in water column and size-fraction results in different regions during 7th CHINARE

测区	平均水深（m）	叶绿素 a 平均值 (mg/m³)				各粒级叶绿素 a 贡献 (%)		
		总叶绿素	> 20 μm	2 ~ 20 μm	< 2 μm	> 20 μm	2 ~ 20 μm	< 2 μm
白令海海盆	3 280	0.23	0.04	0.11	0.07	17.4	49.8	32.9
白令海陆架	62	1.18	0.67	0.32	0.19	56.4	27.4	16.2
楚科奇海陆架	49	1.30	0.68	0.45	0.17	52.5	34.2	13.3
楚科奇海台	1 618	0.09	0.02	0.03	0.04	26.0	30.1	43.9
高纬海区	3 223	0.05	0.01	0.01	0.03	10.2	25.9	63.9
门捷列夫海脊	1 174	0.13	0.05	0.06	0.03	34.8	44.6	20.6
加拿大海盆	1 680	0.16	0.02	0.07	0.07	11.3	45.2	43.4

R 断面观测结果显示，从断面南部楚科奇海陆架观测区向北侧的楚科奇海台和高纬海区，浮游植物生物量垂直分布及群落粒级组成特征呈现显著的演替变化现象。由南向北，Chl a 浓度水平逐渐下降，Chl a 最大值层所在深度增加，同时浮游植物群落组成由大粒径优势群落向小粒径类群占优势发展（图 8-3，图 8-5）。69°N 以南陆架区，Net 级份浮游植物占绝对优势（图 8-6），Chl a 浓度最高达 6 mg/m³ 以上，为典型的硅藻水华区域，Chl a 最大值位于 20 m 左右的近表层水体。69°~ 76°N 的陆架和陆坡区，浮游植物群落由 Net 级份和 Nano 级份共同占优势，Chl a 最大值位于 30 m 左右的深度水层，最大值为 1 mg/m³。69°N 以北深海区，Chl a 浓度水平进一步下降，Chl a 最大层下降至 50 m 左右的深度，除个别层位水样外，微微型浮游植物为该区域绝对优势群落（图 8-6），呈现典型的寡营养深海区浮游植物群落生物量分布特征。

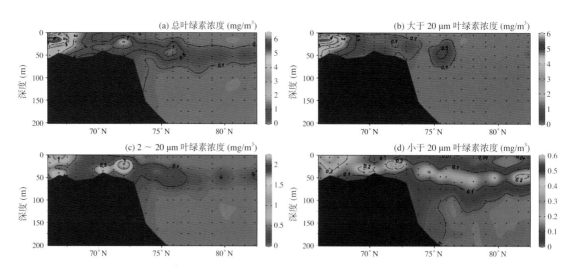

图 8-5 中国第七次北极科学考察期间楚科奇海 R 断面各粒级叶绿素浓度分布
Fig. 8-5 Chl a distribution along section R at Chukchi Sea during 7th CHINARE
(a) Total Chl a, (b) Net Chl a, (c) Nano Chl a and (d) Pico Chl a

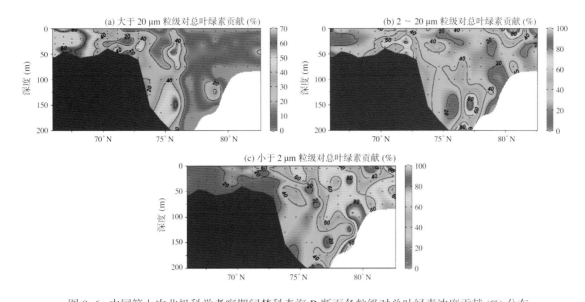

图 8-6　中国第七次北极科学考察期间楚科奇海 R 断面各粒级对总叶绿素浓度贡献 (%) 分布

Fig. 8-6　Contributions of different size phytoplankton to total Chl a concentration along section R at Chukchi Sea during 7th CHINARE

(a) Netplankton, (b) Nanoplankton and (c) Picoplankton

白令海测区 B 断面未观察到明显的陆架—深海浮游植物演替变化现象（图 8-7）。在 B 断面中部 58°~ 61°N 海域的 50 m 以上水层，存在一个显著的浮游植物旺发区域，旺发区内水体 Chl a 浓度在 0.5 mg/m³ 以上，最大值则在 1 mg/m³ 以上。该区域旺发的浮游植物类群以较小粒级的 Nano 和 Pico 级份为主，其中 Nano 级份浮游植物 Chl a 浓度又高于 Pico 级份，大粒径的 Net 级份生物量所占比例则相对较低。除断面中部浮游植物旺发区域外，断面西南和东北两侧站位，浮游植物群落 Chl a 浓度均以 Pico 级份贡献最大，Nano 级份略低于 Pico 级份，Net 级份所占比重显著低于其他两个类群。断面 59°N 以南站位 Chl a 最大层多分布在 30 m 左右水层，59°N 以北站位 Chl a 最大层则多存在于 20 m 及 20 m 以浅近表层水体。

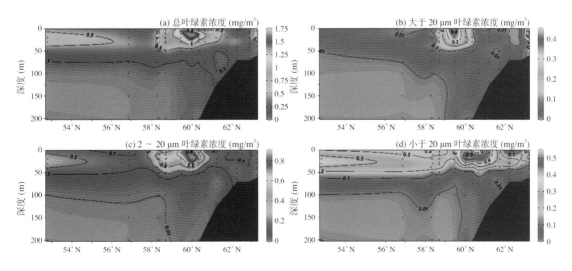

图 8-7　中国第七次北极科学考察期间白令海 B 断面各粒级叶绿素浓度分布

(a) 总叶绿素，(b) Net 级份叶绿素，(c) Nano 级份叶绿素，(d) Pico 级份叶绿素

Fig. 8-7　Chl a distribution along section B at Bering Sea during 7th CHINARE

(a) Total Chl a, (b) Net Chl a, (c) Nano Chl a and (d) Pico Chl a

8.3 底表微生物和大型藻类

8.3.1 考察站位及完成工作量

8.3.1.1 站位信息

详见表8-3。

8.3.1.2 完成工作量

根据中国第七次北极科学考察现场实施方案和承担的极地专项任务，本航次共采集30站位的箱式海洋沉积物表层微生物样品60份（分别于4℃冷藏保存和液氮冷冻保存）；对25站位的大型底栖生物底拖网中的大型藻类进行了现场分离（获得的样品–20℃冷冻保存）。鉴于科考现场实验条件的限制，底表微生物的分离纯化、种类鉴定与多样性分析和大型藻类的分子鉴定等将回国内实验室进行。

此外，还采集25个站位的海底上覆水，并对其中的产卡拉胶酶、琼胶酶等微生物进行了富集培养；对6个站位的表层沉积物分别用RNAlater（R0901，Sigma）和LifeGuard Soil Preservation Solution（12868-100，MOBIO）进行了冷冻保存，以期进行环境微生物的宏基因组和宏转录组研究。

8.3.2 考察人员

本航次底表微生物和大型藻类项目组作业人员为林学政和郭文斌，分别来自国家海洋局第一海洋研究所和国家海洋局第三海洋研究所。

8.4 微微型和微型浮游生物群落

8.4.1 考察站位及完成工作量

8.4.1.1 站位图

中国第七次北极科学考察期间微微型和微型浮游生物项目组依托CTD采水，共计进行了84站位微微型和微型浮游生物调查（图8-8），调查范围覆盖白令海海盆、白令海陆架、楚科奇海、楚科奇海台以及北冰洋中央区加拿大海盆。主要利用流式细胞术（FCM）调查其丰度、生物量和空间分布，另外选择部分站位作为重点站位，辅以荧光显微观测（DAPI染色法）、分子生物学和HPLC手段调查其群落结构组成、色素组成和生物多样性。

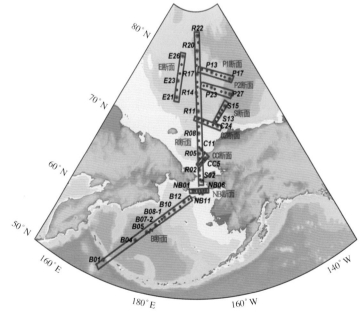

图8-8 中国第七次北极科学考察海洋微微型和微型浮游生物项目工作站位和断面示意图

Fig. 8-8 Location map and investigation sections of pico– and nano-plankton samples during 7th CHINARE

8.4.1.2 站位信息

中国第七次北极科学考察的海洋微微型和微型浮游生物调查区域涵盖白令海盆、白令海陆架、楚科奇海、楚科奇海台和北冰洋中央区，经度覆盖范围从169°E到西经150°W，纬度覆盖范围从北纬53°N到北纬82°N，共计完成81个站位（其中重点站位57个）。具体站位信息个各站调查项目见表8-3。

表8-3　中国第七次北极科学考察微微型和微型浮游生物站位和项目

Table 8-3　Station information of pico- and nanoplankton investigation during 7th CHINARE

测区	站位	日期	时间	纬度	经度	水深（m）	FCM	DAPI	分子生物学	HPLC
白令海盆	B01	2016-07-18	05:24	52°04.80′N	169°31.20′E	5 706	✓	✓	✓	✓
白令海盆	B04	2016-07-19	09:05	56°52.20′N	175°19.20′E	3 713	✓	✓	✓	✓
白令海盆	B05	2016-07-19	20:39	58°18.60′N	177°38.40′E	3 663	✓	✓	✓	✓
白令海盆	B06	2016-07-23	02:18	58°43.80′N	178°28.80′E	3 631	✓	✓	✓	✓
白令海盆	B07	2016-07-22	07:34	58°42.60′N	178°55.20′E	3 628	✓	✓	✓	✓
白令海盆	B08	2016-07-22	15:19	58°24.60′N	178°21.00′E	3 663	✓	✓	✓	✓
白令海盆	B07-1	2016-09-10	04:39	60°03.60′N	180°22.80′E	1 839	✓	✓	✓	✓
白令海盆	B07-2	2016-09-10	10:00	59°03.00′N	179°35.40′E	3 124	✓	✓	✓	✓
白令海陆架	B08-1	2016-09-09	20:21	60°04.20′N	181°30.60′E	173	✓	✓	✓	✓
白令海陆架	B08-2	2016-09-10	01:26	60°23.40′N	180°55.20′E	556	✓	✓	✓	✓
白令海陆架	B09	2016-09-09	15:04	61°15.60′N	182°41.40′E	124	✓	✓	✓	✓
白令海陆架	B10	2016-09-09	09:43	61°46.80′N	183°55.80′E	98	✓	✓	✓	✓
白令海陆架	B11	2016-09-09	04:40	62°17.40′N	185°28.80′E	70	✓	✓	✓	✓
白令海陆架	B12	2016-09-08	23:22	62°05.40′N	186°32.40′E	70	✓	✓	✓	✓
白令海陆架	B13	2016-09-08	19:12	63°15.00′N	187°51.60′E	61	✓	✓	✓	✓
白令海峡	NB01	2016-09-08	11:38	64°19.80′N	189°01.80′E	40	✓	✓	✓	✓
白令海峡	NB02	2016-09-08	09:16	64°20.40′N	189°48.60′E	41	✓	✓	✓	✓
白令海峡	NB03	2016-09-08	05:52	64°19.80′N	190°36.60′E	40	✓	✓	✓	✓
白令海峡	NB04	2016-09-08	03:34	64°20.40′N	191°25.20′E	41	✓	✓	✓	✓
白令海峡	NB05	2016-09-08	00:45	64°20.40′N	192°13.80′E	33	✓	✓	✓	✓
白令海峡	NB06	2016-09-07	21:21	64°19.80′N	193°00.60′E	30	✓	✓	✓	✓
白令海峡	NB11	2016-09-05	03:48	64°00.60′N	191°58.20′E	36	✓	✓	✓	✓
白令海峡	NB12	2016-09-05	00:03	64°00.00′N	191°00.60′E	35	✓	✓	✓	✓
白令海峡	S01	2016-09-04	14:01	65°41.40′N	191°20.40′E	50	✓	✓	✓	✓
白令海峡	S02	2016-09-04	16:30	65°32.40′N	191°44.40′E	42	✓	✓	✓	✓
楚科奇海陆架	C11	2016-09-02	13:56	69°21.00′N	191°50.40′E	51	✓	✓	✓	
楚科奇海陆架	C12	2016-09-02	16:43	69°08.40′N	192°25.80′E	50	✓	✓	✓	
楚科奇海陆架	C13	2016-09-02	19:27	68°55.80′N	193°09.60′E	45	✓	✓	✓	
楚科奇海陆架	C21	2016-09-01	07:12	72°03.60′N	193°15.60′E	52	✓	✓	✓	

测区	站位	日期	时间	纬度	经度	水深（m）	FCM	DAPI	分子生物学	HPLC
楚科奇海陆架	C22	2016-09-01	03:19	72°19.80′N	195°07.20′E	47	√	√	√	√
楚科奇海陆架	C23	2016-08-31	21:43	72°01.80′N	197°17.40′E	38	√	√	√	
楚科奇海陆架	C24	2016-08-31	15:20	71°49.20′N	199°10.20′E	45	√	√	√	√
楚科奇海陆架	CC1	2016-09-03	15:05	67°40.20′N	191°34.80′E	49	√	√	√	√
楚科奇海陆架	CC2	2016-09-03	12:29	67°47.40′N	192°02.40′E	54	√	√	√	
楚科奇海陆架	CC3	2016-09-03	10:46	67°58.80′N	192°22.80′E	51	√	√	√	
楚科奇海陆架	CC4	2016-09-03	07:52	68°06.60′N	192°51.00′E	49	√	√	√	
楚科奇海陆架	CC5	2016-09-03	06:00	68°14.40′N	193°09.60′E	35	√	√	√	√
楚科奇海陆架	R01	2016-09-04	09:19	66°10.20′N	191°10.80′E	56	√	√	√	√
楚科奇海陆架	R02	2016-09-04	04:46	66°52.20′N	191°07.80′E	45	√	√	√	√
楚科奇海陆架	R03	2016-09-04	00:08	67°31.80′N	191°09.00′E	49	√	√	√	√
楚科奇海陆架	R04	2016-09-03	18:54	68°12.60′N	191°11.40′E	57	√	√	√	
楚科奇海陆架	R05	2016-09-02	23:52	68°49.20′N	191°14.40′E	52	√	√	√	
楚科奇海陆架	R06	2016-09-02	10:25	69°33.60′N	191°11.40′E	52		√	√	√
楚科奇海陆架	R07	2016-09-02	04:54	70°21.00′N	191°09.60′E	39		√	√	
楚科奇海陆架	R08	2016-09-01	23:42	71°10.80′N	191°10.80′E	48		√	√	√
楚科奇海陆架	R09	2016-09-01	18:28	72°00.00′N	191°15.60′E	51		√	√	√
楚科奇海陆架	R10	2016-09-01	12:15	72°50.40′N	191°12.60′E	61		√	√	√
楚科奇海陆架	R11	2016-08-24	05:30	73°46.20′N	191°09.00′E	153		√	√	√
楚科奇海陆坡	R12	2016-08-23	20:17	74°39.00′N	191°01.20′E	180	√	√	√	√
楚科奇海陆坡	S11	2016-08-31	08:35	72°26.40′N	198°31.80′E	44	√	√	√	√
楚科奇海陆坡	S12	2016-08-31	03:15	72°48.60′N	199°51.00′E	65	√	√		
楚科奇海陆坡	S13	2016-08-30	19:53	73°13.20′N	201°03.60′E	1 602	√	√	√	√
楚科奇海陆坡	S14	2016-08-30	11:04	73°32.40′N	202°10.80′E	2 945	√	√	√	√
楚科奇海陆坡	S15	2016-08-26	10:01	73°05.40′N	203°49.20′E	3 743	√	√	√	√
楚科奇海台	P11	2016-08-03	04:30	78°30.60′N	194°04.20′E	543	√	√	√	√
楚科奇海台	P12	2016-08-02	18:25	78°19.20′N	197°01.80′E	604	√	√	√	√
楚科奇海台	P13	2016-08-02	01:05	78°01.80′N	200°15.60′E	2 494	√	√	√	
楚科奇海台	P14	2016-08-01	19:55	77°40.80′N	202°45.00′E	1 600	√	√	√	
楚科奇海台	P15	2016-08-01	12:50	77°23.40′N	205°24.60′E	1 038	√	√	√	
楚科奇海台	P16	2016-08-01	07:21	77°06.60′N	207°01.20′E	3 764	√	√	√	
楚科奇海台	P17	2016-08-31	20:11	76°04.20′N	209°39.60′E	3 760	√	√	√	√
楚科奇海台	P21	2016-07-30	16:12	76°39.00′N	194°31.20′E	1 129	√	√	√	√
楚科奇海台	P22	2016-07-30	07:11	76°34.80′N	196°24.60′E	676	√	√	√	√
楚科奇海台	P23	2016-07-29	20:08	76°19.20′N	198°43.80′E	1 999	√	√	√	√
楚科奇海台	P24	2016-07-29	08:29	76°04.80′N	200°28.20′E	1 958	√	√	√	√
楚科奇海台	P25	2016-07-28	21:50	75°37.20′N	203°03.60′E	1 311	√	√	√	

测区	站位	日期	时间	纬度	经度	水深（m）	FCM	DAPI	分子生物学	HPLC
楚科奇海台	P26	2016-07-28	08:12	75°21.00′N	205°42.60′E	3 774	✓	✓	✓	✓
楚科奇海台	P27	2016-07-27	20:18	75°02.40′N	207°31.20′E	3 775	✓		✓	✓
北冰洋中央区	R13	2016-08-23	09:31	75°27.60′N	190°39.60′E	359	✓		✓	✓
北冰洋中央区	R14	2016-08-23	02:50	75°05.40′N	190°01.80′E	355	✓		✓	
北冰洋中央区	R15	2016-08-22	18:14	76°33.00′N	190°58.80′E	2 142	✓		✓	
北冰洋中央区	R16	2016-08-22	07:22	77°07.20′N	190°49.80′E	1 879	✓		✓	
北冰洋中央区	R17	2016-08-21	20:37	78°01.80′N	190°49.80′E	704	✓		✓	✓
北冰洋中央区	R18	2016-08-03	21:50	78°59.40′N	190°29.40′E	2 958	✓		✓	✓
北冰洋中央区	R19	2016-08-04	14:28	79°04.20′N	191°07.20′E	3 168	✓		✓	✓
北冰洋中央区	R20	2016-08-05	09:52	80°37.80′N	191°00.60′E	3 267	✓		✓	
北冰洋中央区	R21	2016-08-06	05:47	81°33.60′N	192°23.40′E	3 271	✓		✓	
北冰洋中央区	R22	2016-08-07	01:57	82°19.80′N	191°48.60′E	3 452	✓		✓	
北冰洋中央区	E21	2016-08-20	18:52	75°09.00′N	180°11.40′E	538	✓		✓	
北冰洋中央区	E22	2016-08-20	08:30	75°58.80′N	179°43.80′E	1 147	✓		✓	
北冰洋中央区	E23	2016-08-19	15:39	77°03.00′N	179°39.00′E	1 100	✓		✓	✓
北冰洋中央区	E24	2016-08-19	01:24	77°05.40′N	180°05.40′E	1 569	✓		✓	
北冰洋中央区	E25	2016-08-18	13:05	78°56.40′N	180°18.60′E	1 243	✓		✓	
北冰洋中央区	E26	2016-08-17	12:47	79°05.40′N	180°21.60′E	1 448	✓		✓	

注：FCM为流式细胞术测定微微型和微型浮游生物丰度；DAPI为荧光显微观测微生物群落结构；分子生物学为分子生物学手段测定微生物多样性和群落组成；HPLC为高效液相色谱技术测定微微型和微型浮游植物色素结构组成。

8.4.1.3 完成工作量

本航次共计完成84个站位海洋微微型和微型浮游生物调查，其中流式细胞观测（FCM）84个站位，荧光显微观测（DAPI）73个站位，生物多样性观测（分子生物学）78个站位，色素结构观测（HPLC）57个站位。采集FCM数据1 249份，FCM备份样品769份；DAPI染色25 mm的0.2 μm和0.8 μm滤膜样品各697份；分子生物学47 mm的20 μm和0.2 μm滤膜样品分别是384份和784份；HPLC 47 mm的20 μm和GF/F滤膜样品各采集274份；总计各类样品3 879份。圆满完成了航次实施方案67个站位和极地专项03～05专题60个站位要求；具体工作量完成情况如表8-4所示。

表8-4 中国第七次北极科学考察微微型和微型浮游生物项目完成情况

Table 8-4 The accomplishment rate of pico-and nanoplankton investigation task during 7th CHINARE

项目		七北实施方案	实际完成	完成情况	专项任务	实际完成	完成情况
浮游细菌	丰度调查	67个站位	84个站位	超额	60个站位	84个站位	超额
	群落结构	33个站位	73个站位	超额	30个站位	73个站位	超额
微微型光合浮游生物	丰度和生物量	67个站位	84个站位	超额	60个站位	84个站位	超额
	群落结构	33个站位	73个站位	超额	30个站位	73个站位	超额
微型浮游植物	丰度和生物量	67个站位	84个站位	超额	60个站位	84个站位	超额
	群落结构	33个站位	73个站位	超额	30个站位	73个站位	超额

8.4.2　考察人员及考察仪器

8.4.2.1　考察人员

本航次海洋微微型和微型浮游生物项目组作业人员为林凌和蓝木盛，来自中国极地研究中心。

表8-5　中国第七次北极科学考察海洋微微型和微型浮游生物组作业人员组成
Table 8-5　Manning of marine pico-and nanoplankton group during 7th CHINARE

序号	姓名	单位	承担任务
1	林　凌	中国极地研究中心	微微型和微型生物、海冰生物
2	蓝木盛	中国极地研究中心	微微型和微型生物、海冰生物

8.4.2.2　考察仪器

海洋微微型和微型浮游生物项目组在中国第七次北极科学考察期间的现场工作主要是丰度和生物量的现场测定，群落结构组成、色素组成以及多样性组成样品的获取，因此考察仪器包含流式细胞仪 BD FACSCalibur（图 8-9）和一套海水过滤系统（图 8-10）。

其中微微型和微型生物丰度测定采用流式细胞术。采样步骤：CTD 采水后，经 50 μm 筛绢过滤 50 mL 于棕色 PEB 瓶中。取水 1 mL 于 BD falcon 上样管中，加入 10 μL PolyScience 公司产的 1 μm 标准黄绿荧光微球，直接检测微微型浮游植物丰度和群落结构；另取水样 1 mL，加入 SYBR Green I（终浓度 1/10000）避光染色 15 min 后用于检测异养浮游细菌；另取 3.6 mL 水样加入 400 μL 多聚甲醛和戊二醛混合固定剂（终浓度 1% 和 0.5%），避光固定 15 min 后液氮冷冻保存用于样品备份。

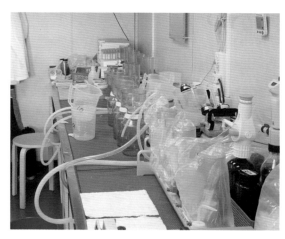

图 8-9　流式细胞仪 FACSCalibur（美国 BD 公司生产）
Fig. 8-9　Flow Cytometer mode: FACSCalibur (BD, USA)

图 8-10　海水过滤系统
Fig. 8-10　Sea water filtration system

微微型和微型生物群落结构分析采用荧光显微镜镜检法（DAPI 染色）。采样步骤：海洋站位 CTD 取水样 300 mL，加入甲醛至终浓度 1%，避光固定 2 ~ 3 h。取 50 mL 过滤到 25 mm、0.2 μm 聚碳酸酯黑膜上，当过滤到只剩 5 ~ 10 mL 时加入 1 mL DAPI 染色 5 min；另取 250 mL 过滤到 25 mm、0.8 μm 聚碳酸酯黑膜上，染色方法同上。膜样 −20℃ 冷冻保存，在实验室利用荧光显微镜检测微小型生物（细菌、微藻、原生动物）类群、丰度和生物量。

微微型和微型生物群落结构组成和多样性分析采用 HPLC 结合分子生物学方法。HPLC 采样步骤：重点海洋站位表层和叶绿素极大层 CTD 取水 2 ～ 3 L，经 20 μm 和 3 μm 滤膜过滤后再过滤到 GF/F 膜上，过滤压力均小于 0.5 mm Hg，滤膜用铝箔包好后 –80℃保存。分子生物学分析样品采集步骤：海洋站位 100 m 以浅每层 CTD 取水 1 ～ 2 L，分别经 47 mm 的 20 μm、3 μm 和 0.2 μm 三张滤膜过滤；100 m 以深取水 1 L，直接过滤到 47 mm 的 0.2 μm 滤膜上，收集滤膜于 1.5 mL 冻存管中，–20℃冷冻保存。

Calibur 拥有 488 nm 和 633 nm 两根激光管，可对 FSC、SSC、FL1、FL2、FL3 和 FL4 荧光信号进行检测。流速分 low、med、hi 三级，最大检测细胞数可达每秒 10 000 个。利用独特的液流系统使得检测目标逐个通过检测器，激光管照射检测目标激发检测目标荧光，并通过分析检测目标荧光信号种类和强弱来达到区分检测目标的目的。可对海水中微微型浮游植物，微型浮游生物以及浮游细菌进行检测和丰度测量。

本航次海水过滤系统由 2 个真空泵、2 个真空缓冲瓶、2 个六通支架、2 个三通支架、18 个 47 mm 滤器和 6 个 25 mm 滤器组成，可同时对 18 份海水样品进行过滤，获得各类滤膜样品。

8.4.3　考察样品初步分析

8.4.3.1　数据和样品质量

按照中国第七次北极科学考察质量控制与监督管理方案要求，本航次数据和样品获取质量保障工作包含航前质量检查、岗前人员培训、航次质量监督自查 3 部分组成。航前质量检查工作包含仪器设备的检定和科考物资的航前检查工作，流式细胞仪的标定由 BD 公司工程师执行，在起航前对本航次主要的仪器流式细胞仪 FACSCalibur 进行了校准，并出具了仪器检定报告。岗前人员培训工作在极地中心举行，主要进行了一天的流式细胞计数检测微微型和微型浮游生物操作训练和一天的采样过程模拟训练。航次质量监督自查包含仪器设备自查和样品保存的可靠性自查，每 10 d 进行一次。仪器设备自查主要检查流式细胞仪光路的可靠性，加入标准红色荧光微球，检测光路状态。样品保存的可靠性主要检查冰箱是否有断电和失温现象。海洋微微型和微型生物样品的采集和保存方法严格按照极地专项规程《极地生态环境监测规范》严格执行，数据和样品可靠。

8.4.3.2　初步结果

利用流式细胞仪测定微微型浮游生物丰度后，经过数据处理，结果显示表层微微型浮游植物主要包含聚球藻和微微型真核藻类，由于水温的限制，没有原绿球藻的分布。其中，表层聚球藻主要分布在 70°N 以南，最高值出现在白令海陆坡区 B08-1 站位，值高达 60.94 Cells/μL（图 8-11）。由于白令海 B 断面采样时间相隔一个月，不便同时比较，从结果上看，9 月聚球藻丰度明显升高。此外，聚球藻主要丰度在阿拉斯加沿岸水区域明显丰度更高，表明进入北冰洋的聚球藻可能大多数与阿拉斯加沿岸水有关。在楚科奇海和北冰洋中央区，也有明显的聚球藻分布，但表层受融冰水影响，聚球藻难以生存，聚球藻主要分布在 30 ～ 50 m 的太平洋夏季水水层。

微微型真核藻类分布和聚球藻分布类似，白令海陆架区最高，随后是白令海海盆区和楚科奇海陆架区，北冰洋中央区最低（图 8-12）。最高值出现在 B09 站位，超过 50 Cells/μL，此外阿拉斯加沿岸水区域丰度同样更高，表明阿拉斯加沿岸水主要生物为微微型和微型浮游生物。北冰洋中央区微微型真核藻类同样主要分布于 30 ～ 50 m 的太平洋夏季水水层，表层丰度非常低，接近零。

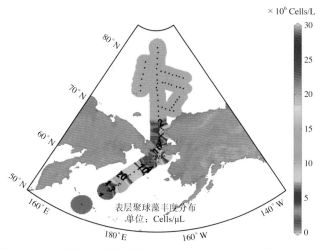

图 8-11　中国第七次北极科学考察期间调查海域聚球藻丰度表层分布

Fig. 8-11　Surface distribution of *Synechococcus* abundance at Pacific sector of Arctic and subarctic Ocean during 7th CHINARE

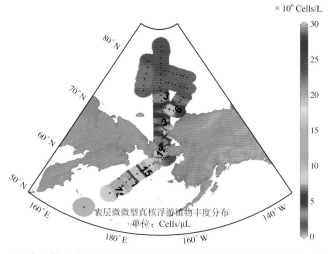

图 8-12　中国第七次北极科学考察期间调查海域微微型真核藻类丰度表层分布

Fig. 8-12　Surface distribution of Picoeukaryotes abundance at Pacific sector of Arctic and subarctic Ocean during 7th CHINARE

异养细菌在调查海域表层整体丰度不高，最高只有 6×10^8 Cells/L，白令海海盆区丰度最高，随后是白令海陆架区和白令海峡海域。在楚科奇海和北冰洋中央区，其丰度随纬度增加而降低（图 8-13），75°N 以北海域，其表层异养细菌丰度普遍低于 0.5×10^8 Cells/L。

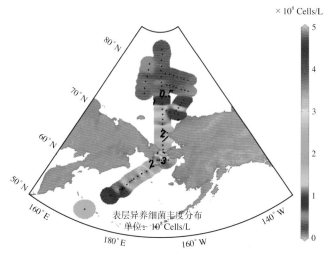

图 8-13　中国第七次北极科学考察期间调查海域异养细菌丰度表层分布

Fig. 8-13　Surface distribution of Heterotrophic Bacteria abundance at Pacific sector of Arctic and subarctic Ocean during 7th CHINARE

从断面分布上来看，白令海 B 断面聚球藻在海盆区主要分布于 50 m 以浅水深，高值区在 30 m 附近，而在陆坡区聚球藻丰度在表层更高（图 8-14- 聚球藻）。微微型真核藻类分布与聚球藻类似，除了在海盆区表层和 50 m 以浅水深差异较小以外，同样在陆坡区具有更高丰度。这可能与白令海独特的洋流环境有关系，由于环海盆边界流的存在，使得海盆区和陆架区差异较大而且没有明显的随纬度分布特征。而在陆架区，高丰度聚球藻和微微型真核藻丰度的出现与阿拉斯加沿岸水的西向支流有关（图 8-14）。异养细菌丰度分布同样表现出类似现象，在纬向分布上，B07-2 站位是明显的分布界限区域，分隔了海盆区和陆架区。

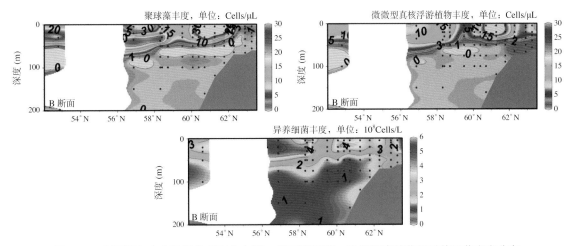

图 8-14　中国第七次北极科学考察白令海 B 断面聚球藻、微微型真核藻和异养细菌丰度分布

Fig. 8-14　Distribution of *Synechococcus*, Picoeukaryotes and Heterotrophic Bacteria abundance at Section B of Bering Sea during 7ᵗʰ CHINARE

白令海峡 NB 断面是研究太平洋入流水的重要地点，从水团组成来看，白令海峡从西到东分别是阿纳德尔水、白令海陆架水和阿拉斯加沿岸水，阿纳德尔水低温高盐高营养盐而阿拉斯加沿岸水高温低盐低营养盐，而白令海陆架水理化性质介于两者之间。从 NB 断面微微型浮游植物分布来看，聚球藻主要分布于东侧阿拉斯加沿岸水，在白令海陆架水和阿纳德尔水中丰度都非常低（图 8-15）。微微型真核藻同样主要分布于阿拉斯加沿岸水，但在其余两个水团区域表层，其丰度同样不低。表明进入北冰洋的聚球藻可能主要来源于阿拉斯加沿岸水。而作为典型的寡营养水团，高丰度的微微型浮游植物丰度是其典型特征。NB 断面异养细菌丰度从西到东没有明显差异，相对来说阿纳德尔水丰度更高，可能与其高叶绿素 a 浓度导致的高 DOM 输出有关。异养细菌主要分布于断面表层，与太阳加热导致的海水升温有关，高温促进异养细菌增长。

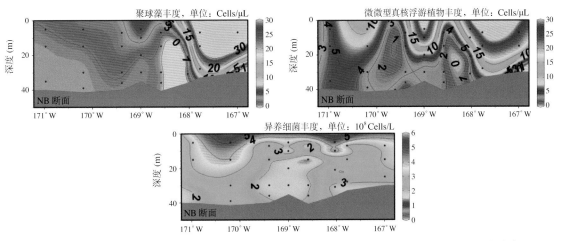

图 8-15　中国第七次北极科学考察白令海峡 NB 断面聚球藻、微微型真核藻和异养细菌丰度分布

Fig. 8-15　Distribution of *Synechococcus*, Picoeukaryotes and Heterotrophic Bacteria abundance at Section NB of Bering Strait during 7ᵗʰ CHINARE

楚科奇海CC断面微微型浮游植物分布表现出与白令海峡NB断面相同的分布特征，聚球藻和微微型真核藻主要分布于阿拉斯加沿岸水区域，而其余两个水团影响区域（断面西侧）丰度极低（图8-16），同样说明了聚球藻在北冰洋的分布主要可能来源于阿拉斯加沿岸水。和NB断面不同，CC断面表层受极地水影响，温度低，因此没有高丰度微微型真核藻的出现。异养细菌丰度同样在东侧阿拉斯加沿岸丰度更高。

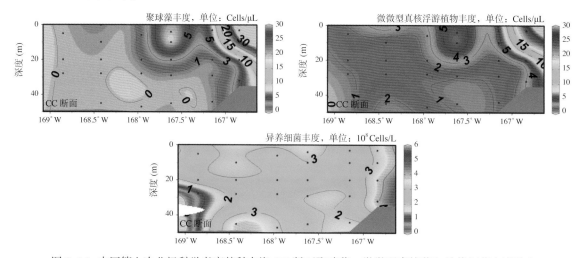

图8-16　中国第七次北极科学考察楚科奇海CC断面聚球藻、微微型真核藻和异养细菌丰度分布
Fig. 8-16　Distribution of *Synechococcus*, Picoeukaryotes and Heterotrophic Bacteria abundance at Section CC of Chukchi Sea during 7th CHINARE

太平洋入流水从白令海峡进入北冰洋以后，继续向北流动，随着纬度的提升，受极地融冰水的影响增强，极地融冰水仍然是典型的寡营养海水，营养盐浓度同样很低，在表层受太阳照射加热的情况下，仍然会体现出较高的微微型真核藻丰度（图8-17），而楚科奇海C2断面区域不是阿拉斯加沿岸水的主要流经区域，虽然水温和微微型真核藻丰度都不低，但仍然没有聚球藻的分布。楚科奇海陆架区下层水为变性的白令海陆架水，营养盐浓度较高，叶绿素a含量也不低，因此促进了较高丰度异养细菌丰度的出现。在高叶绿素a浓度的影响下，微微型真核藻生长不利，丰度很低。

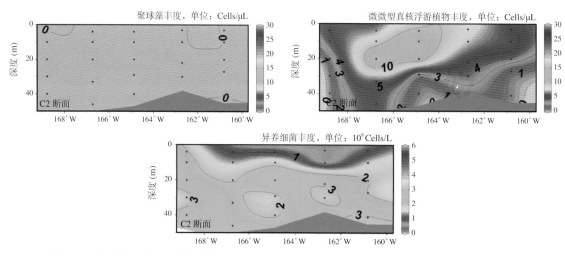

图8-17　中国第七次北极科学考察楚科奇海C2断面聚球藻、微微型真核藻和异养细菌丰度分布
Fig. 8-17　Distribution of *Synechococcus*, Picoeukaryotes and Heterotrophic Bacteria abundance at Section C2 of Chukchi Sea during 7th CHINARE

楚科奇海R断面是一条纬向断面，其微微型浮游生物丰度分布能良好地显示断面各区域水团的影响。由于白令海独特的地形，太平洋入流水从白令海峡进入北冰洋之后并不能径直向北流动。太

平洋入流水进入北冰洋的流动方向为西北，再折向东北，而 R05 站位所在先驱浅滩是重要的拐点。因此 R 断面南部（包含 S01 和 S02 站位）都有聚球藻的典型分布，而 R05 站位之前的 R01 至 R04 站位，由于其离阿拉斯加沿岸水区域较远，为高营养盐的阿纳德尔水或者白令海陆架水区域，微微型浮游植物丰度低而异养细菌丰度高（图 8-18）。R05 站位和 R06 站位有一部分阿拉斯加沿岸水流经，因此重新出现了聚球藻的分布，微微型真核藻丰度也较高，而异养细菌，主要分布于高营养盐的楚科奇海下层水。进入水深较深的断面北部之后，表层主要为融冰水，微微型真核藻和细菌都主要分布于 30 ～ 50 m 的太平洋夏季水水层。由于陆架区生物量普遍高于海盆区，因此异养细菌丰度有明显的低纬高于高纬的特征。此外 R 断面高纬海域太平洋夏季水水层有部分聚球藻的分布，虽然丰度很低。

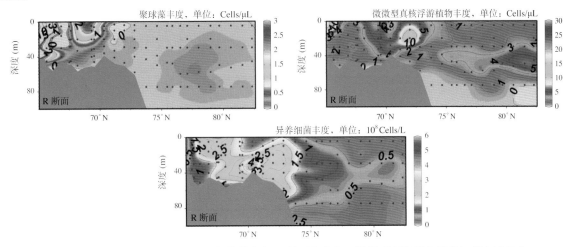

图 8-18　中国第七次北极科学考察楚科奇海 R 断面聚球藻、微微型真核藻和异养细菌丰度分布
Fig. 8-18　Distribution of *Synechococcus*, Picoeukaryotes and Heterotrophic Bacteria abundance at Section R of Chukchi Sea during 7th CHINARE

　　楚科奇海陆坡 S 断面是连接楚科奇海陆架和加拿大海盆的重要地点，但从微微型浮游生物的分布上来看，除了有陆架浅水区高于海盆深水区的特征之外（图 8-19），其余特征不明显，异养细菌丰度在陆架下层水丰度更高的特征和楚科奇海其他区域类似，而该区域显然不是阿拉斯加沿岸水向加拿大海盆流经的路径，没有聚球藻的分布。

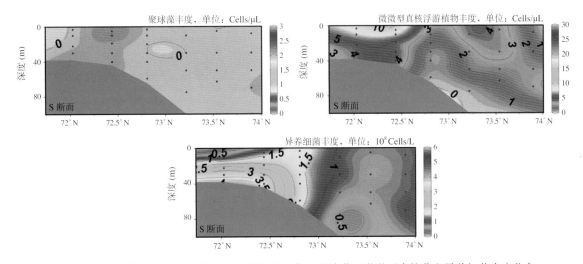

图 8-19　中国第七次北极科学考察楚科奇海 S 断面聚球藻、微微型真核藻和异养细菌丰度分布
Fig. 8-19　Distribution of *Synechococcus*, Picoeukaryotes and Heterotrophic Bacteria abundance at Section S of Chukchi Sea during 7th CHINARE

由于北冰洋中央区的上层水除了来源于太平洋入流水以外，起源于卡拉海和拉普捷夫海海域的穿极流也是重要的起源地，穿极流会汇聚部分来源于西伯利亚沿岸的淡水，也有可能带来聚球藻的分布。而本航次调查 E 断面比 R 断面经度更低（东经），如果 E 断面是穿极流的主要流经区域，而 R 断面北端不是，那么 E 断面没有聚球藻（图 8-20）而 R 断面有聚球藻的分布，这样将会证实一种猜想，那就是白令海入流水中的阿拉斯加沿岸水是北冰洋聚球藻唯一可能的来源。E 断面微微型真核藻和异养细菌分布有典型的北冰洋中央区特征，主要分布于太平洋夏季水水层。

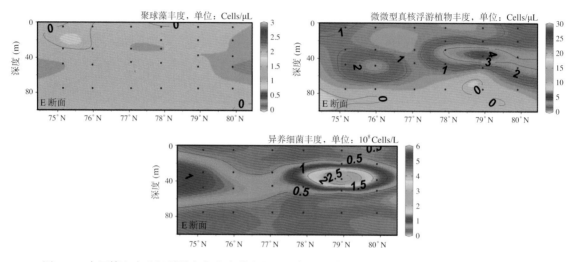

图 8-20 中国第七次北极科学考察北冰洋中央区 E 断面聚球藻、微微型真核藻和异养细菌丰度分布
Fig. 8-20 Distribution of *Synechococcus*, Picoeukaryotes and Heterotrophic Bacteria abundance at Section E of central Arctic Ocean during 7th CHINARE

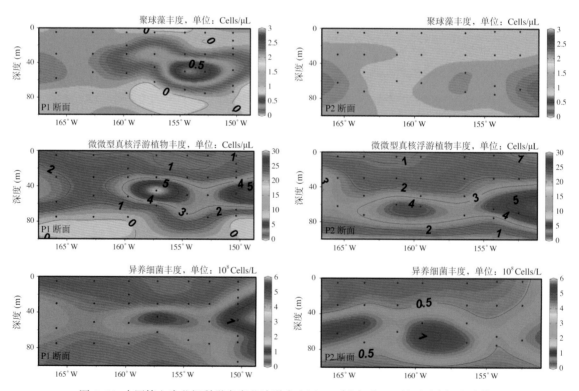

图 8-21 中国第七次北极科学考察北冰洋中央区 P1（左）和 P2 断面（右）聚球藻、微微型真核藻和异养细菌丰度分布
Fig. 8-21 Distribution of *Synechococcus*, Picoeukaryotes and Heterotrophic Bacteria abundance at Sections P1 (Left) and P2 (Right) of central Arctic Ocean during 7th CHINARE

断面 P1 和 P2 是楚科奇海台海域向加拿大海盆延伸的两条断面，基本上代表了北冰洋中央区的一些特征，例如，微微型浮游生物主要分布于太平洋夏季水水层。但和 P2 断面相比，纬度更高的 P1 断面其分布水层更浅，并且断面东侧有聚球藻的分布，这说明 P1 断面太平洋夏季水的影响更强而极地融冰水的影响更弱，可能与 2016 年的北极涛动导致的波弗特回旋强弱有关系。

8.5 浮游生物群落

8.5.1 考察站位及完成工作量

8.5.1.1 站位图

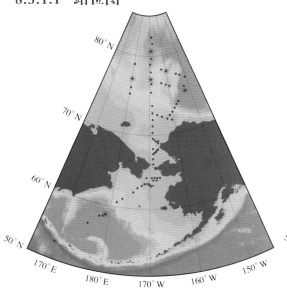

图 8–22　浮游生物垂直采样站位分布
（其中＊站位包含浮游生物多联网采样）

Fig. 8–22　Location map of planktonic samples during 7th CHINARE
(*: including Multi–net samples)

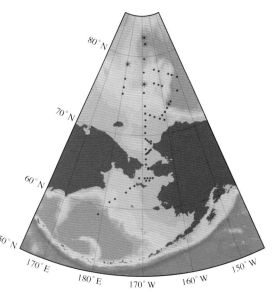

图 8–23　微型浮游动物纤毛虫垂直采样站位
（其中＊站位包含分层采样）

Fig. 8–23　Location map of Micro–planktonic samples during 7th CHINARE
(*: including sub–layer samples)

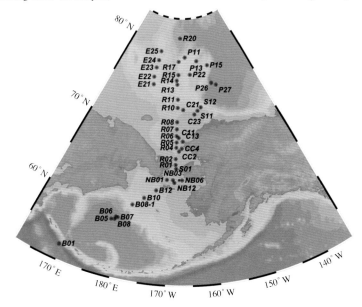

图 8–24　鱼卵仔稚鱼采样站位
Fig. 8–24　Horizontal trawls log of planktonic fish samples

8.5.1.2 站位信息

表8-6 中国第七次北极科学考察浮游生物垂直拖网采样记录
Table 8-6 Vertical trawls log for plankton samples during 7th CHINARE

测区	站位	水深 (m)	绳长 (m)	纬度	经度	采集日期	采集时间	大中型浮游动物 标本号	瓶号	小型浮游植物 标本号	瓶号	微型浮游动物 标本号	瓶号
白令海	B01	5 917	200	52° 48.17′ N	169° 31.18′ E	2016-07-18	17:30	BJW07-01	1–1	BJX07-01	1–2		
白令海	B04	3 717	200	56° 54.60′ N	175° 18.38′ E	2016-07-19	22:50	BJW07-02	2–1	BJX07-02	2–2		
白令海	B05	3 670	200	58° 18.78′ N	177° 38.35′ E	2016-07-19	21:00	BJW07-03	3–1	BJX07-03	3–2		
白令海	B07	3 632	200	58° 41.42′ N	178° 58.42′ E	2016-07-21	21:00	BJW07-04	4–1	BJX07-04	4–2		
白令海	B08	3 670	200	58° 23.98′ N	178° 27.17′ E	2016-07-22	04:45	BJW07-05	5–1	BJX07-05	5–2		
北冰洋	P27	3 783	200	75° 02.77′ N	152° 29.33′ W	2016-07-28	10:00	BJW07-06	6–1	BJX07-06	6–2		
北冰洋	P25	1 347	200	75° 37.83′ N	152° 22.12′ W	2016-07-29	09:50	BJW07-07	7–1	BJX07-07	7–2		
北冰洋	P24	1 678	200	76° 05.62′ N	159° 26.05′ W	2016-07-29	16:00	BJW07-08	8–1	BJX07-08	8–2		
北冰洋	P23	2 089	200	76° 19.68′ N	161° 14.73′ W	2016-07-30	06:30	BJW07-09	9–1	BJX07-09	9–2		
北冰洋	P22	698	200	76° 34.45′ N	163° 34.85′ W	2016-07-30	19:40	BJW07-10	10–1	BJX07-10	10–2		
北冰洋	P17	3 768	200	76° 41.70′ N	150° 19.27′ W	2016-08-01	10:15	BJW07-11	11–1	BJX07-11	11–2		
北冰洋	P16	3 772	200	77° 07.93′ N	152° 51.82′ W	2016-08-01	20:40	BJW07-12	12–1	BJX07-12	12–2		
北冰洋	P15	1 048	200	77° 23.12′ N	154° 35.30′ W	2016-08-02	01:45	BJW07-13	13–1	BJX07-13	13–2		
北冰洋	P13	2 516	200	78° 00.25′ N	159° 49.25′ W	2016-08-02	14:50	BJW07-14	14–1	BJX07-14	14–2		
北冰洋	P12	583	200	78° 17.83′ N	162° 41.42′ W	2016-08-03	06:30	BJW07-15	15–1	BJX07-15	15–2		
北冰洋	R18	2 966	200	78° 59.60′ N	169° 30.60′ W	2016-08-04	06:30	BJW07-16	16–1	BJX07-16	16–2		
北冰洋	R19	3 178	200	79° 42.32′ N	168° 38.72′ W	2016-08-05	03:30	BJW07-17	17–1	BJX07-17	17–2		
北冰洋	R20	3 275	200	80° 38.02′ N	168° 47.70′ W	2016-08-05	21:00	BJW07-18	18–1	BJX07-18	18–2		
北冰洋	E26	1 465	200	78° 54.60′ N	179° 39.80′ W	2016-08-18	00:45	BJW07-19	19–1	BJX07-19	19–2		
北冰洋	E25	1 259	200	78° 56.90′ N	179° 34.73′ W	2016-08-19	01:20	BJW07-20	20–1	BJX07-20	20–2		
北冰洋	E23	1 091	200	77° 03.25′ N	179° 44.22′ W	2016-08-20	01:30	BJW07-21	21–1	BJX07-21	21–2		

测区	站位	水深(m)	绳长(m)	纬度	经度	采集日期	采集时间	大中型浮游动物		小型浮游植物		微型浮游动物	
								标本号	瓶号	标本号	瓶号	标本号	瓶号
北冰洋	E22	1 157	200	75°58.63′N	179°42.23′W	2016-08-20	20:40	BJW07-22	22-1	BJX07-22	22-2		
北冰洋	E21	556	200	75°09.35′N	179°44.20′W	2016-08-21	06:30	BJW07-23	23-1	BJX07-23	23-2		
北冰洋	R17	698	200	78°01.68′N	169°08.73′W	2016-08-22	09:00	BJW07-24	24-1	BJX07-24	24-2		
北冰洋	R16	1 901	200	77°06.82′N	169°11.78′W	2016-08-22	10:30	BJW07-25	25-1	BJX07-25	25-2		
北冰洋	R15	2 144	200	76°32.42′N	168°58.63′W	2016-08-23	07:30	BJW07-26	26-1	BJX07-26	26-2		
北冰洋	R13	319	200	75°27.27′N	169°15.17′W	2016-08-23	21:45	BJW07-27	27-1	BJX07-27	27-2		
北冰洋	R11	151	200	73°46.43′N	168°50.28′W	2016-08-24	17:30	BJW07-28	28-1	BJX07-28	28-2		
北冰洋	S15	3 779	200	73°57.28′N	156°47.55′W	2016-08-27	00:00	BJW07-29	29-1	BJX07-29	29-2		
北冰洋	S14	3 219	200	73°39.32′N	157°52.38′W	2016-08-31	01:00	BJW07-30	30-1	BJX07-30	30-2		
北冰洋	S13	1 512	200	73°14.48′N	158°58.33′W	2016-08-31	08:40	BJW07-31	31-1	BJX07-31	31-2		
北冰洋	S12	69	67	72°47.57′N	160°09.82′W	2016-08-31	15:00	BJW07-32	32-1	BJX07-32	32-2		
北冰洋	S11	44	38	72°26.22′N	161°29.43′W	2016-08-31	20:20	BJW07-33	33-1	BJX07-33	33-2		
楚科奇海	C24	45	40	71°48.63′N	160°50.73′W	2016-09-01	03:30	BJW07-34	34-1	BJX07-34	34-2		
楚科奇海	C23	39	36	72°01.55′N	162°42.97′W	2016-09-01	09:30	BJW07-35	35-1	BJX07-35	35-2		
楚科奇海	C22	47	40	72°19.87′N	164°54.02′W	2016-09-01	15:15	BJW07-36	36-1	BJX07-36	36-2		
楚科奇海	C21	52	48	72°36.02′N	166°46.50′W	2016-09-01	19:20	BJW07-37	37-1	BJX07-37	37-2		
楚科奇海	R10	62	58	72°50.18′N	168°47.62′W	2016-09-02	00:00	BJW07-38	38-1	BJX07-38	38-2		
楚科奇海	R09	51	48	72°00.03′N	168°44.45′W	2016-09-02	06:10	BJW07-39	39-1	BJX07-39	39-2		
楚科奇海	R08	48	42	71°10.73′N	168°50.37′W	2016-09-02	11:20	BJW07-40	40-1	BJX07-40	40-2		
楚科奇海	R07	38	35	70°20.18′N	168°55.40′W	2016-09-02	16:50	BJW07-41	41-1	BJX07-41	41-2		
楚科奇海	R06	52	48	69°33.37′N	168°51.38′W	2016-09-02	22:10	BJW07-42	42-1	BJX07-42	42-2		
楚科奇海	C11	51	47	69°20.95′N	168°14.03′W	2016-09-03	01:30	BJW07-43	43-1	BJX07-43	43-2		
楚科奇海	C12	50	47	69°08.60′N	167°38.35′W	2016-09-03	04:15	BJW07-44	44-1	BJX07-44	44-2		
楚科奇海	C13	45	40	68°55.20′N	167°01.68′W	2016-09-03	06:40	BJW07-45	45-1	BJX07-45	45-2		
楚科奇海	CC5	39	32	69°13.05′N	166°56.63′W	2016-09-03	17:55	BJW07-46	46-1	BJX07-46	46-2		

测区	站位	水深(m)	绳长(m)	纬度	经度	采集日期	采集时间	大中型浮游动物 标本号	瓶号	小型浮游植物 标本号	瓶号	微型浮游动物 标本号	瓶号
楚科奇海	CC4	45	42	68°06.47′N	167°08.85′W	2016-09-03	21:00	BJW07-47	47-1	BJX07-47	47-2		
楚科奇海	CC3	52	48	67°58.25′N	167°40.53′W	2016-09-03	22:10	BJW07-48	48-1	BJX07-48	48-2		
楚科奇海	CC2	52	48	67°47.30′N	167°57.23′W	2016-09-03	11:45	BJW07-49	49-1	BJX07-49	49-2		
楚科奇海	CC1	49	45	67°39.80′N	168°25.20′W	2016-09-04	02:30	BJW07-50	50-1	BJX07-50	50-2		
楚科奇海	R04	57	53	68°12.15′N	168°52.20′W	2016-09-04	06:25	BJW07-51	51-1	BJX07-51	51-2		
楚科奇海	R03	41	46	67°32.07′N	168°51.95′W	2016-09-04	12:00	BJW07-52	52-1	BJX07-52	52-2		
楚科奇海	R02	44	40	66°51.93′N	168°55.83′W	2016-09-04	17:00	BJW07-53	53-1	BJX07-53	53-2		
楚科奇海	R01	55	55	66°10.10′N	168°54.01′W	2016-09-04	21:00	BJW07-54	54-1	BJX07-54	54-2		
白令海峡	S01	51	50	65°41.62′N	168°14.40′W	2016-09-05	01:30	BJW07-55	55-1	BJX07-55	55-2		
白令海峡	S02	43	38	65°32.22′N	168°15.55′W	2016-09-05	03:50	BJW07-56	56-1	BJX07-56	56-2		
白令海	NB12	35	30	63°59.22′N	168°59.48′W	2016-08-05	11:30	BJW07-57	57-1	BJX07-57	57-2		
白令海	NB11	36	32	64°00.13′N	168°03.02′W	2016-09-05	15:20	BJW07-58	58-1	BJX07-58	58-2		
白令海	NB06	30	28	64°19.12′N	166°59.28′W	2016-09-08	08:40	BJW07-59	59-1	BJX07-59	59-2		
白令海	NB05	33	30	64°19.12′N	167°46.08′W	2016-09-08	01:15	BJW07-60	60-1	BJX07-60	60-2		
白令海	NB04	41	37	64°19.93′N	168°35.20′W	2016-09-08	15:00	BJW07-61	61-1	BJX07-61	61-2		
白令海	NB03	40	37	64°19.33′N	169°23.55′W	2016-09-08	17:20	BJW07-62	62-1	BJX07-62	62-2		
白令海	NB01	40	36	64°19.47′N	170°57.98′W	2016-09-08	23:00	BJW07-63	63-1	BJX07-63	63-2		
白令海	B13	61	58	63°14.78′N	172°17.65′W	2016-09-09	06:45	BJW07-64	64-1	BJX07-64	64-2		
白令海	B12	70	66	62°54.10′N	173°27.60′W	2016-09-09	10:45	BJW07-65	65-1	BJX07-65	65-2		
白令海	B11	70	67	62°17.23′N	174°31.18′W	2016-09-09	16:00	BJW07-66	66-1	BJX07-66	66-2		
白令海	B09	124	120	61°15.33′N	177°18.18′W	2016-09-10	02:30	BJW07-67	67-1	BJX07-67	67-2		
白令海	B08	173	170	60°41.73′N	178°39.32′W	2016-09-10	08:00	BJW07-68	68-1	BJX07-68	68-2		
北冰洋	ICE-3	3 278	200	81°33.37′N	167°36.83′W	2016-08-06	16:30	BJW07-ICE3	ICE3-1	BJX07-ICE3	ICE3-2		
北冰洋	ICE-4	3 468	200	82°20.80′N	168°06.48′W	2016-08-07	14:50	BJW07-ICE4	ICE4-1	BJW07-ICE4	ICE4-2		

表8-7 中国第七次北极科学考察浮游生物多联网采样记录
Table 8-7 Multi-Net log for zooplankton samples during 7th CHINARE

测区	站位	水深（m）	绳长（m）	纬度	经度	采集日期	采集时间	标本号	瓶号
白令海	B07	3 632	0～50	58°41.42′N	178°58.42′E	2016-07-21	22:00	BJM07-01	M01
			50～100					BJM07-02	M02
			100～200					BJM07-03	M03
			200～500					BJM07-04	M04
			500～900					BJM07-05	M05
北冰洋	P27	3 783	0～50	75°22.77′N	152°29.33′W	2016-07-28	14:00	BJM07-06	M06
			50～100					BJM07-07	M07
			100～200					BJM07-08	M08
			200～500					BJM07-09	M09
			500～1 000					BJM07-10	M10
北冰洋	P13	2 516	0～50	78°00.25′N	159°49.25′W	2016-08-02	17:30	BJM07-11	M11
			50～100					BJM07-12	M12
			100～200					BJM07-13	M13
			200～500					BJM07-14	M14
			500～1000					BJM07-15	M15
北冰洋	R20	3 276	0～50	80°38.02′N	168°47.70′W	2016-08-05	23:50	BJM07-16	M16
			50～100					BJM07-17	M17
			100～200					BJM07-18	M18
			200～500					BJM07-19	M19
			500～1 000					BJM07-20	M20
北冰洋	E23	1 091	0～50	77°03.25′N	179°44.22′E	2016-08-20	00:00	BJM07-21	M21
			50～100					BJM07-22	M22
			100～200					BJM07-23	M23
			200～500					BJM07-24	M24
			500～1 000					BJM07-25	M25
北冰洋	R16	1 902	0～50	77°86.82′N	169°11.78′W	2016-08-23	00:00	BJM07-26	M26
			50～100					BJM07-27	M27
			100～200					BJM07-28	M28
			200～500					BJM07-29	M29
			500～1 000					BJM07-30	M30

表8-8 中国第七次北极科学考察鱼类浮游生物拖网采样记录
Table 8-8 Vertical trawls log for plankton samples during 7th CHINARE

海区	站位	纬度	经度	考察日期	拖网时间 (min)	水深 (m)
白令海	B01	52°48.17′N	169°31.18′E	2016-07-18	10	5 706
	B05	58°18.58′N	177°38.60′E	2016-07-19	15	3 663
	B07	58°42.70′N	178°54.90′E	2016-07-22	10	3 628
	B08	58°24.38′N	178°21.17′E	2016-07-22	15	3 663
	B06	58°43.60′N	178°29.07′E	2016-07-23	15	3 631

海区	站位	纬度	经度	考察日期	拖网时间 (min)	水深 (m)
楚科奇海台	P27	75° 02.17′ N	152° 28.98′ W	2016-07-27	10	3 775
	P26	75° 20.82′ N	154° 17.42′ W	2016-07-28	15	3 774
	P22	76° 34.75′ N	163° 35.65′ W	2016-07-30	10	676
	P15	77° 23.18′ N	154° 35.52′ W	2016-08-01	15	1 038
	P13	78° 01.67′ N	159° 44.18′ W	2016-08-02	10	2 494
	P11	78° 30.38′ N	165° 56.03′ W	2016-08-03	10	543
高纬海区	R20	80° 37.60′ N	168° 53.82′ W	2016-08-05	10	3 267
门捷列夫海脊	E25	78° 56.30′ N	179° 41.53′ W	2016-08-18	15	1 243
	E24	77° 54.12′ N	179° 54.58′ W	2016-08-19	10	1 569
	E23	77° 02.97′ N	179° 43.92′ E	2016-08-19	10	1 100
	E22	75° 58.80′ N	179° 39.03′ E	2016-08-20	10	1 147
	E21	75° 08.97′ N	179° 48.77′ W	2016-08-20	10	538
楚科奇海台	R17	78° 01.80′ N	169° 10.28′ W	2016-08-21	10	704
	R15	76° 32.88′ N	169° 01.33′ W	2016-08-22	10	2 142
	R14	75° 54.20′ N	169° 42.25′ W	2016-08-23	10	355
	R13	75° 27.55′ N	169° 20.60′ W	2016-08-23	10	359
	R11	73° 46.18′ N	168° 50.83′ W	2016-08-24	10	153
加拿大海盆	S12	72° 48.40′ N	160° 08.83′ W	2016-08-31	10	65
	S11	72° 26.42′ N	161° 28.32′ W	2016-08-31	10	44
楚科奇海	C23	72° 01.62′ N	162° 42.50′ W	2016-08-31	10	38
	C21	72° 36.13′ N	166° 44.35′ W	2016-09-01	10	52
	R10	72° 50.17′ N	168° 47.43′ W	2016-09-01	10	61
	R08	71° 10.52′ N	168° 49.37′ W	2016-09-01	10	48
	R07	70° 20.72′ N	168° 50.22′ W	2016-09-02	10	39
	R06	69° 33.52′ N	168° 48.50′ W	2016-09-02	10	52
	C11	69° 20.82′ N	168° 09.57′ W	2016-09-02	15	51
	C13	68° 55.62′ N	166° 50.70′ W	2016-09-02	10	45
	R05	68° 49.02′ N	168° 45.32′ W	2016-09-02	15	52
	CC4	68° 06.50′ N	167° 09.22′ W	2016-09-03	10	49
	CC2	67° 47.32′ N	167° 57.62′ W	2016-09-03	10	54
	R04	68° 12.50′ N	168° 48.40′ W	2016-09-03	15	57
	R02	66° 52.08′ N	168° 52.50′ W	2016-09-04	10	45
	R01	66° 10.27′ N	168° 49.28′ W	2016-09-04	10	56
白令海及白令海峡	S01	65° 41.60′ N	168° 39.40′ W	2016-09-04	10	50
	NB12	63° 59.95′ N	168° 59.45′ W	2016-09-05	10	35
	NB06	64° 20.03′ N	166° 59.28′ W	2016-09-07	15	30
	NB05	64° 20.25′ N	167° 46.08′ W	2016-09-08	15	33
	NB03	64° 19.85′ N	169° 23.55′ W	2016-09-08	10	40
	NB01	64° 19.50′ N	170° 58.25′ W	2016-09-08	10	40
	B12	62° 54.10′ N	173° 27.62′ W	2016-09-08	10	70
	B10	61° 46.97′ N	176° 04.30′ W	2016-09-09	10	98
	B08-1	60° 41.80′ N	178° 29.42′ W	2016-09-09	10	173

8.5.1.3　完成工作量

整个调查航次，自 2016 年 7 月 18 日至 9 月 10 日，总计完成浮游生物垂直拖网采样站位 70 站，获得大中型浮游动物样品 70 份，小型浮游植物样品 70 份；完成浮游生物多联网采样站位 6 站，获得大中型浮游动物分层样品 30 份；浮游纤毛虫垂直拖网 70 站，获得样品 70 份（表 1），纤毛虫水样 230 份。具体站位分布参见图 3、图 4。

2016 年 7 月 18 日至 2016 年 7 月 22 日，在白令海测区做了如下工作：完成浮游生物垂直拖网 5 站，获得大中型浮游动物样品 5 份，小型浮游植物样品 5 份；浮游纤毛虫垂直拖网 5 站，获得样品 5 份；大中型浮游动物分层站位 1 个，获得分层样品 5 份。

2016 年 7 月 28 日至 2016 年 8 月 31 日，在加拿大海盆、楚科奇海台以及波弗特海边缘测区做了如下工作：完成浮游生物垂直拖网 30 站，获得大中型浮游动物样品 30 份，小型浮游植物样品 30 份；浮游纤毛虫垂直拖网 30 站，获得样品 30 份；大中型浮游动物分层站位 5 个，获得分层样品 25 份。

2016 年 9 月 1 日至 2016 年 9 月 4 日，在楚科奇海完成以下工作：完成浮游生物垂直拖网 21 站，获得大中型浮游动物样品 21 份，小型浮游植物样品 21 份；浮游纤毛虫垂直拖网 21 站，获得样品 21 份。

2016 年 9 月 5 日至 2016 年 9 月 10 日，于白令海北部测区做了如下工作：完成浮游生物垂直拖网 14 站，大中型浮游动物样品 14 份，小型浮游植物样品 14 份；浮游纤毛虫垂直拖网 14 站，获得样品 14 份。

鱼类浮游生物方面，在北冰洋太平洋扇区白令海（海峡）考察区共进行了 14 个网次的浮游网作业，在北冰洋大西洋扇区楚科奇海测区进行了 33 个站位的浮游网作业，合计进行了 47 个站位的鱼类浮游生物采集工作，比计划站位（31 个）多出 16 个。与计划站位相比，对于个别因浮冰影响无法作业的站位，在其临近海域进行了增补。

8.5.2　考察人员及考察仪器

8.5.2.1　考察人员

徐志强、张武昌，单位：中国科学院海洋研究所；张然，单位：国家海洋局第三海洋研究所。

8.5.2.2　考察仪器

采用网目 70 μm 浮游植物网进行浮游植物垂直拖网采样。调查站位深度小于 200 m 时，使用浮游植物网从离海底 2 m 到表层垂直拖网；水深大于 200 m 时，从 200 m 到表层垂直拖网。网口悬挂流量计，测定过滤水体体积。样品用甲醛固定，最终浓度 4%。

采用浮游动物大型网（500 μm）、分层网（北太平洋网 330 μm 筛绢）从 200 m（水深小于 200 m 的从离海底 2 m）至表层进行大、中型浮游动物垂直拖网，网口悬挂流量计，测定过滤水体体积。

采用浮游生物多联网（MultiNet 网）在水深超过 1 000 m 站位进行 1 000 m 到表层的全水深浮游动物垂直拖网，完成 500 ~ 1 000 m、200 ~ 500 m、100 ~ 200 m、50 ~ 100 m 和 0 ~ 50 m 五个连续的不同水层的浮游动物样品采集。

采用鱼类浮游生物水平拖网进行鱼类浮游生物样品采集。水平拖网每站需要 10 min，大约在到站前 0.2 n mile 处放网，水平拖曳 10 min 起网。重点站位除开展水平拖网外，需要结合垂直拖网调查，当水深大于 200 m 时，垂直拖网从水深 200 m 处拖至表层；当水深小于 200 m 时，垂直拖网由底层至表层拖网。拖网网具为 280 cm（网长）× 80 cm（网口内径）× 0.5 m² （网口面积）的大型浮游生物网。

图 8-25 浮游生物双联网（北太平洋网和深水浮游植物网）
Fig. 8-25 Zooplankton and phytoplankton net (Vertical trawls)

图 8-26 浮游生物多联网
Fig. 8-26 Multi-Net

图 8-27 微型浮游动物网
Fig. 8-27 Micro-plankton Net (Vertical trawls)

8.5.3 考察样品初步分析

8.5.3.1 数据与样品质量

本次北极调查航次，总计完成浮游生物垂直拖网采样站位 70 个，获得大中型浮游动物样品 70 份，小型浮游植物样品 70 份；完成浮游生物多联网采样站位 6 个，获得大中型浮游动物分层网样品 30 份，多联网采样同步物理和生物数据量约 2 000 KB；完成微型浮游动物纤毛虫垂直采样站位 70 个，获得样品 70 份。

采样期间，船舶排放等非自然因素影响轻微，不影响数据可靠性。生物样品的分析、储存、运输、分析和标本制作与资料处理均按照《GB/T 12763.1—2007 海洋调查规范第 1 部分：总则》、《GB 17378.3—2007 海洋监测规范第 3 部分：样品采集、储存与运输》、《GB/T 12763.6—2007 海洋调查规范第 6 部分：海洋生物调查》、《GB/T 12763.9—2007 海洋调查规范第 9 部分：海洋生态调查指南》、《HY/T 084—2005 海湾生态监测技术规程》中的有关规定进行。考察过程中无特殊垃圾物质产生，具有较高的安全性和环保性。对于少量船上实验过程中产生的垃圾将按照船上有关管理规定实施。

8.5.3.2 初步结果

2016 年 7 月 18—22 日，白领海测区可见浮游植物量较少，桡足类是浮游动物组成中最主要的类群。浮游动物生物量以桡族类中体型较大的晶额新哲水蚤（成体体长 > 5 mm）占绝对优势，布氏真哲水蚤（≤ 5 mm）其次，伪哲水蚤类（≤ 1 mm）虽然体型较小，但是数量众多。此外，还有少量以钩状箭虫为主的少量毛颚类。大型水母的捕捞困难，而且个数极少，我们对此没有记录，小型水母只有在极个别的站位的数量较多，而且以广布型的指腺华丽水母占优势。

2016 年 7 月 28 日，进入 75°N 附近的加拿大海盆以及楚科奇海台，可见浮游植物在冰缘线的位置极为丰富，而在开阔水域附近极少。北冰洋的春季与早夏，光照强度的逐渐增加导致了冰下浮游植物的大量爆发，尤其是冰藻，当海冰消退，大量的冰藻等浮游植物沉降进入海底，以前对北冰洋初级生产力极为低下的错误估计，很大的原因就是忽略了冰下的大量浮游植物。浮游动物的组成相对单一，生物量以体型较大的极北哲水蚤、北极哲水蚤以及细长长腹水蚤等典型的北极种类占绝对优势，但是数量上却是以体型较小的拟长腹剑水蚤和矮小微哲水蚤占优势。桡足类是最为主要的类群，其数量占浮游动物总数量的 95% 以上。浮游动物在种群发育期结构上也以晚期幼体（C5）以及成体为主，早期幼体极少。

2016 年 9 月 1 日进入楚科奇海作业区。楚科奇海水深较浅，来自北太平洋的暖水与北冰洋的冷水在这里交汇混合，海水的能见度较低。在进入楚科奇海以后，可见浮游植物生物量明显增多。楚科奇海测区的 21 个站位均存在小型浮游植物水华的现象。桡族类浮游动物以北极哲水蚤早期幼体（C1 ~ C4）以及体型较小的伪哲水蚤类为主，同时滤食性的被囊类生物量明显增多。在以往的调查中在靠近白令海峡的 R01 站位以及阿拉斯加沿岸发现了大量的藤壶无节幼体以及腺介幼体，数量甚至超过了桡足类物种的总和，然而在此次的调查中藤壶无节幼体与腺介幼体的丰度非常低，仅在个别站位出现。这种差别可能与调查时间的差异有关，因为藤壶的无节幼体和腺介幼体属于季节性浮游动物，在本次调查的 9 月，大部分沉降进入了底栖发育阶段。

根据高纬度浮冰区 5 个 Multinet 网的取样发现，浮游动物的分层现象明显。大中型浮游动物的主要生物量以及数量主要集中在表层 200 m 以浅的水层，200 ~ 500 m 的水层只有少量的极北哲水蚤、北极哲水蚤以及细长长腹水蚤，500 ~ 1 000 m 的浮游动物生物量极低，不足 200 m 以浅浮游动物生物量的千分之一。

微型浮游动物浮游纤毛虫观测结果：用船载解剖镜初步检查了砂壳纤毛虫拖网采样样品，在加拿大海盆与周边海区相比有特有的种类，说明在波夫特环流中有北极特有的砂壳纤毛虫群落。阿拉斯加东部沿岸的近岸砂壳纤毛虫群落以白令海峡为界，种类组成完全不同，在诺姆外海发现一砂壳纤毛虫新种。

本次调查的初步结果与往年的观测结果相似，北冰洋太平洋扇区浮游动物的分布呈现明显的地域性。白令海测区呈现明显的北太平洋区系特征，浮游动物组成上以晶额新哲水蚤、布氏真哲水蚤等种类占绝对优势；在白令海峡附近，白令海暖水与楚科奇海冷水的混合，使这里的浮游动物组成呈现出部分的白令海区系特征，尤其是晶额新哲水蚤、布氏真哲水蚤等种类在靠近海峡口的站位丰度极高；楚科奇海陆架区水深较浅，一般不会超过 50 m，这里的浮游动物组成以小型桡足类以及北极哲水蚤等大型桡足类的早期幼体为主，间或少量的成体；楚科奇海台位置处于楚科奇海与北冰洋中心区之间，浮游动物的生物量明显减少，群落区系特征也开始呈现明显的北极特征，群落组成上以极北哲水蚤等体型较大种类的晚期幼体以及成体为主，虽然拟长腹剑水蚤以及矮小微哲水蚤等小型桡足类的数目仍然占优势，但是其数量远低于浅水的楚科奇海陆架区。

具体的浮游生物分布区系特征和群落结构，还需要解剖镜下镜检，对不同的浮游生物进行鉴定和计数，根据镜检的结果再作结论。

8.6 海冰生物群落

8.6.1 考察站位及完成工作量

8.6.1.1 站位图

中国第七次北极科学考察设置了 6 个短期冰站和 1 个长期冰站，其中海冰生物工作组共进行了 8 次冰芯、冰下海水和融池水采集工作。冰站站位分布图如图 8-28 所示，利用 Mark II 冰芯钻采集冰芯，利用有机玻璃采水器采集冰下海水和融池海水，进行了海冰温度、盐度、营养盐和生物量观测，并获取海冰生物群落组成和生物多样性样品。

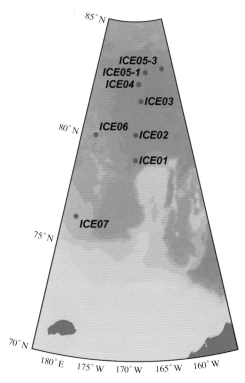

图 8-28 中国第七次北极科学考察海冰工作站位示意图
Fig. 8-28 Location map of sea ice stations during 7th CHINARE

8.6.1.2 站位信息

本航次冰站工作冰站位置基本都在 78°N 以北的北冰洋中心区，只有 ICE07 冰站纬度较低，从经度范围来看，ICE06 和 ICE07 更靠近西面穿极流流经区域。具体每个冰站详细信息和观测项目如表 8-9 所示。

表8-9 中国第七次北极科学考察微小型项目海冰站位工作总

Table 8-9 A summary list of sea ice microbes research programs during 7th CHINARE

站位	日期	时间	纬度	经度	积雪厚度(cm)	气温(℃)	介质	层次(cm)	温度(℃)	盐度	叶绿素 a (μg/L)	营养盐	FCM	DAPI	DNA取样	HPLC
ICE01	2016-08-04	13:00—16:30	78°58.20′N	169°13.80′W	√	-1.2	冰芯	20	√	√	√	√		√		
								40	√	√	√	√		√		
								60	√	√	√	√		√		
								80	√	√	√	√		√		
								100	√	√	√	√		√		
								120	√	√	√	√		√		
								125	√	√	√	√		√		
								整冰芯							√	√
							冰下水	0	√	√	√	√	√	√	√	√
								2	√	√	√	√	√	√	√	√
								5	√	√	√	√	√	√	√	√
								8	√	√	√	√	√	√	√	√
							融池	MP1	√	√	√	√	√	√	√	√
								MP2	√	√	√	√	√	√	√	√
							冰雪	MP3	√	√	√	√	√	√	√	√
ICE02	2016-08-05	8:30—12:00	80°04.80′N	169°11.40′W	√	-0.9	冰芯	20	√	√	√	√		√		
								40	√	√	√	√		√		
								60	√	√	√	√		√		
								80	√	√	√	√		√		
								100	√	√	√	√	√	√		
								120	√	√	√	√		√		
								130	√	√	√	√		√		
								135	√	√	√	√		√		
								整冰芯						√	√	√

站位	日期	时间	纬度	经度	积雪厚度 (cm)	气温 (℃)	介质	层次 (cm)	温度 (℃)	盐度	叶绿素a (μg/L)	营养盐	FCM	DAPI	DNA取样	HPLC
ICE02	2016-08-05	8:30—12:00	80°04.80′ N	169°11.40′ W	√	−0.9	冰下水	0	√	√	√	√	√	√	√	√
								2	√	√	√	√	√	√	√	√
								5	√	√	√	√	√	√	√	√
								8	√	√	√	√	√	√	√	√
							融池	MP1	√	√	√	√	√	√	√	√
							冰雪	MP2	√	√	√	√	√	√	√	√
							冰芯	20	√		√	√		√		
								40	√		√	√	√	√		
								60	√		√	√		√		
								80	√		√	√		√		
								99	√		√	√				
								104			√	√				
								整冰芯								
ICE03	2016-08-06	15:00—18:00	81°33.00′ N	167°33.60′ W	√	0.4	冰下水	0	√	√	√	√	√	√	√	√
								2	√	√	√	√	√	√	√	√
								5	√	√	√	√	√	√	√	√
								8	√	√	√	√	√	√	√	√
							融池	MP1	√	√	√	√	√	√	√	√
								MP2	√	√	√	√	√	√	√	√
							积雪	MP3	√		√	√		√		√
ICE04	2016-08-07	8:30—10:30	82°16.80′ N	168°09.00′ W	√	0.2	冰芯	20	√	√	√	√		√		
								40	√	√	√	√		√		
								50	√		√	√		√		
								55	√		√	√				
								整冰芯							√	√

中国第七次北极科学考察报告

THE REPORT OF 2016 CHINESE NATIONAL ARCTIC RESEARCH EXPEDITION

站位	日期	时间	纬度	经度	积雪厚度(cm)	气温(℃)	介质	层次(cm)	温度(℃)	盐度	叶绿素a(μg/L)	营养盐	FCM	DAPI	DNA取样	HPLC
ICE04	2016-08-07	8:30—10:30	82°16.80′N	168°09.00′W	✓	0.2	冰下水	0	✓	✓	✓	✓	✓	✓	✓	✓
							冰下水	2	✓	✓	✓	✓	✓	✓	✓	✓
							冰下水	5	✓	✓	✓	✓	✓	✓	✓	✓
							冰下水	8	✓	✓	✓	✓	✓	✓	✓	✓
							融池	MP1						✓	✓	✓
							积雪							✓		
							冰芯	20	✓	✓	✓	✓		✓		
							冰芯	40	✓	✓	✓	✓		✓		
							冰芯	60	✓	✓	✓	✓		✓		
							冰芯	80	✓	✓	✓	✓		✓		
							冰芯	100	✓	✓	✓	✓		✓		
							冰芯	115	✓	✓	✓	✓		✓		
							冰芯	120	✓	✓	✓	✓		✓		
							冰芯	整冰芯						✓	✓	✓
ICE05-1	2016-08-09	8:30—11:30	82°47.40′N	165°42.34′W	✓	0.0	冰下水	0	✓	✓	✓	✓	✓	✓	✓	✓
							冰下水	2	✓	✓	✓	✓	✓	✓	✓	✓
							冰下水	5	✓	✓	✓	✓	✓	✓	✓	✓
							冰下水	8	✓	✓	✓	✓	✓	✓	✓	✓
							融池	MP1						✓		
							融池	MP2						✓		
							积雪							✓		
							冰芯	20	✓	✓	✓	✓		✓		
							冰芯	40	✓	✓	✓	✓		✓		
							冰芯	60	✓	✓	✓	✓		✓		
							冰芯	80	✓	✓	✓	✓		✓		
							冰芯	100	✓	✓	✓	✓		✓		
							冰芯	115	✓	✓	✓	✓		✓		
							冰芯	120	✓	✓	✓	✓		✓		
							冰芯	整冰芯						✓		
ICE05-3	2016-08-14	8:30—11:00	82°52.80′N	159°52.80′W	✓	0.1	冰芯	20	✓	✓	✓	✓		✓		
							冰芯	40	✓	✓	✓	✓		✓		
							冰芯	60	✓	✓	✓	✓		✓		
							冰芯	80	✓	✓	✓	✓		✓		
							冰芯	100	✓	✓	✓	✓		✓		
							冰芯	115	✓	✓	✓	✓		✓		
							冰芯	120	✓	✓	✓	✓		✓		
							冰芯	整冰芯						✓	✓	✓

站位	日期	时间	纬度	经度	积雪厚度(cm)	气温(℃)	介质	层次(cm)	温度(℃)	盐度	叶绿素a(μg/L)	营养盐	FCM	DAPI	DNA取样	HPLC
ICE05-3	2016-08-14	8:30—11:00	82°52.80′N	159°52.80′W	√	0.1	冰下水	0	√	√	√	√	√	√	√	√
								2	√	√	√	√	√	√	√	√
								5	√	√	√	√	√	√	√	√
								8	√	√	√	√	√	√	√	√
							融池	MP1	√	√	√	√	√	√	√	√
								MP2	√	√	√	√	√	√	√	√
							积雪		√	√	√	√	√	√		√
							冰芯	20	√	√	√	√	√	√		
								40	√	√	√	√	√	√		
								60	√	√	√	√	√	√		
								80	√	√	√	√	√	√		
								100	√	√	√	√	√	√		√
								105	√	√	√	√	√	√	√	√
ICE06	2016-08-18	8:30—11:00	79°56.40′N	179°21.60′W	√	-0.8		110	√	√	√	√	√	√	√	√
								整冰芯							√	√
							冰下水	0	√	√	√	√	√	√	√	√
								2	√	√	√	√	√	√	√	√
								5	√	√	√	√	√	√	√	√
								8	√	√	√	√	√	√	√	√
							融池	MP1	√	√	√	√	√	√	√	√
								MP2	√	√	√	√	√	√	√	√
							积雪					√				√

中国第七次北极科学考察报告

THE REPORT OF 2016 CHINESE NATIONAL ARCTIC RESEARCH EXPEDITION

续表8-9

站位	日期	时间	纬度	经度	积雪厚度(cm)	气温(℃)	介质	层次(cm)	温度(℃)	盐度	叶绿素 a(μg/L)	营养盐	FCM	DAPI	DNA取样	HPLC
ICE07	2016-08-20	10:30—16:30	76°15.60′N	179°36.60′E	✓	-2.2	冰芯	20	✓	✓	✓	✓		✓		
								40	✓	✓	✓	✓		✓		
								60	✓	✓	✓	✓		✓		
								80	✓	✓	✓	✓		✓		
								90	✓	✓	✓	✓		✓		
								95	✓	✓	✓	✓		✓		
								整冰芯	✓	✓	✓	✓	✓	✓	✓	✓
							冰下水	0	✓	✓	✓	✓	✓	✓	✓	✓
								2	✓	✓	✓	✓	✓	✓	✓	✓
								5	✓	✓	✓	✓	✓	✓	✓	✓
								8	✓	✓	✓	✓	✓	✓	✓	✓
							融池	MP1	✓	✓	✓	✓	✓	✓	✓	✓
							积雪									

注：FCM 为流式细胞术观测微微型和微型生物丰度；DAPI 为荧光显微观测微生物群落结构样品制备；HPLC 为海冰生物色素结构样品制备。

8.6.1.3　完成工作量

海冰生物部分依托 6 个短期冰站和 1 个长期冰站共进行 8 次采样，共计采集冰芯 42 支，冰下海水 32 份样品共 128 L，观测融池 16 个。对冰芯、冰下海水和融池水进行进一步处理以后，获得海冰温度数据 178 组，海冰盐度、叶绿素和营养盐数据各 52 组。获得冰下海水温盐数据 32 组，融池温盐数据 16 组，采集各类滤膜样品 136 份。圆满完成了实施方案和专项任务书所规定的工作内容，海冰生物现场工作内容如图 8-29 所示。

冰芯采集　冰芯分割　雪样采集　融池观测　水样采集

图 8-29　中国第七次北极科学考察海冰生物冰站工作现场
Fig. 8-29　A summary of sea ice biota observation at ice stations during the 7th CHINARE

8.6.2　考察人员及考察仪器

8.6.2.1　考察人员

本航次海洋微微型和微型浮游生物项目组作业人员为林凌和蓝木盛，来自中国极地研究中心。另外，感谢中科院海洋所张武昌和徐志强，国家海洋局第二海洋研究所刘诚刚，国家海洋局第一海洋研究所林学政，国家海洋局第三海洋研究所林和山、王建佳、张然、郭文斌、刘坤和极地中心江天乐在样品采集过程中提供的帮助。

表8-10 中国第七次北极科学考察海洋微微型和微型浮游生物组作业人员组成
Table 8-10 Manning of marine pico- and nanoplankton group during 7th CHINARE

序号	姓名	单位	承担任务
1	林 凌	中国极地研究中心	微微型和微型生物、海冰生物
2	蓝木盛	中国极地研究中心	微微型和微型生物、海冰生物

8.6.2.2 考察仪器

设置长、短期冰站，利用 Mark Ⅱ 冰芯钻采集冰芯并现场测定冰芯各层位温度，随后对冰芯进行分割。一支冰芯按照每节 20 cm 分割，每节冰芯融化后测定盐度、叶绿素 a 浓度和营养盐浓度，另外一支冰芯按照每节 20 cm 分割，加入过滤海水等渗融化后进行 DAPI 染色取样，分析海冰生物群落结构组成，另取整冰芯，加入过滤海水等渗融化后进行分子生物学和 HPLC 取样，分析海冰生物多样性和色素组成。此外，采集积雪、冰下海水和融池水，测定理化参数后进行生物采样，分析其生物群落结构组成和生物多样性。

海冰生物考察主要仪器设备包含 Mark Ⅱ 冰芯钻、WTW 盐度计、Testo 温度计和有机玻璃采水器等。

8.6.3 考察样品初步分析

8.6.3.1 数据和样品质量

本航次海冰生物样品采集严格按照极地专项规程《极地生态环境监测规范》严格执行，并在航次途中每 10 d 进行样品保存的可靠性检查（主要检查冰箱是否有断电和失温现象），数据和样品可靠。营养盐样品委托海洋化学组庄燕培工作组测定，叶绿素 a 浓度委托刘诚刚测定。

8.6.3.2 初步结果

本航次海冰生物考察，现场能够获取海冰、融池和冰下海水温度、盐度和叶绿素 a 数据，将融池数据处理成冰芯 0 cm，冰下海水数据的深度分别加上冰芯长度以延冰芯向下延伸，可以得到冰站融池、冰芯和冰下海水的断面分布图，如图 8-30 所示。

从冰芯温度分布可以看出，随着冰芯向下延伸，温度逐渐降低，融池温度最高，一般在 0℃附近。本航次调查冰芯温度较高，基本都在 -1℃ 以上，冰下海水温度则低于 -1.5℃。冰芯温度从低纬到高纬没有明显的差异。从盐度分布来看，本次考察所观测到的融池基本都是封闭的融池，没有与大洋联通，盐度接近 0。冰芯盐度也很低，都在 3 以下。冰芯盐度随冰下向下延伸逐渐升高，这和以前的航次类似。从纬向分布来看，79°N 到 80°N 附近的海冰盐度更高，高于 76°N 和 82°N 附近海冰。从生物量上来看，除 ICE06 冰芯以外，其余站位海冰叶绿素 a 浓度普遍很低，而且主要生物量位于冰底。但是 ICE06 站位叶绿素 a 浓度的高值区位于冰芯中部 60 ~ 80 cm 附近，此外 ICE07 站位生物量也较高，高于 0.5。原因可能是 ICE06 站位和 ICE07 站位经度更偏西，处于穿极流流经区域，而其他站位海冰可能位于波弗特回旋区域。受波弗特回旋影响，加拿大海盆区域收集了大部分的海冰融化水，导致该区域盐度低且营养盐浓度低，在结冰时影响了海冰生物的生长。而穿极流流经区域能够得到近岸海域陆架区的营养盐补充，在海冰的生长过程中更利于生物的生长。从冰芯生物量分布来看，海冰生物生物量以及冰藻通量可能与海冰的来源以及所处海区有很大关系。

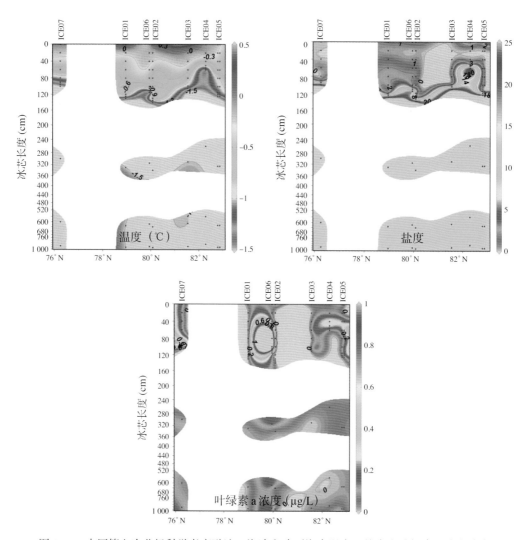

图 8–30 中国第七次北极科学考察融池、海冰和冰下海水温度、盐度和叶绿素 a 浓度分布

Fig. 8–30 Melt pond, sea ice and under ice water temperature, salinity and Chl a concentration distribution during the 7th CHINARE

8.7 底栖生物群落

8.7.1 考察站位及完成工作量

8.7.1.1 站位图

图 8–31 底栖生物取样站位分布示意图

Fig. 8–31 Location map of benthos during 7th CHINARE

8.7.1.2 站位信息

表8–11 中国第七次北极科学考察底栖生物、大型藻类和沉积物微生物调查站位
Table 8–11 Sampling stations of benthos, macroalgae and sediment microbes during 7th CHINARE

海域	站位	日期	纬度	经度	水深（m）	大型底栖		小型底栖		大型藻类	底表微生物
						采泥	拖网	箱式	多管	拖网	采泥
首个作业点	B01	2016-07-18	52°48.17′N	169°31.18′E	5 706						
白令海	B04	2016-07-19	56°52.08′N	175°19.32′E	3 713						
白令海	B05	2016-07-19	58°18.58′N	177°38.60′E	3 663						
白令海	B07	2016-07-22	58°42.70′N	178°54.90′E	3 628						
白令海	B08	2016-07-22	58°24.38′N	178°21.17′E	3 663	✓		✓			✓
白令海	B06	2016-07-23	58°43.60′N	178°29.07′E	3 631						
楚科奇海台	P27	2016-07-27	75°02.17′N	152°28.98′W	3 775	✓		✓			✓
楚科奇海台	P26	2016-07-28	75°20.82′N	154°17.42′W	3 774						
楚科奇海台	P25	2016-07-28	75°37.42′N	156°23.72′W	1 311						
楚科奇海台	P24	2016-07-29	76°04.53′N	159°32.05′W	1 958						
楚科奇海台	P23	2016-07-29	76°19.72′N	161°16.48′W	1 999	✓		✓			✓
楚科奇海台	P22	2016-07-30	76°34.75′N	163°35.65′W	676		✓				
楚科奇海台	P21	2016-07-30	76°39.05′N	165°28.65′W	1 129						
楚科奇海台	P17	2016-07-31	76°41.90′N	150°20.17′W	3 760						
楚科奇海台	P16	2016-08-01	77°06.32′N	152°48.13′W	3 764						
楚科奇海台	P15	2016-08-01	77°23.18′N	154°35.52′W	1 038	✓		✓			✓
楚科奇海台	P14	2016-08-01	77°41.02′N	157°14.75′W	1 600						
楚科奇海台	P13	2016-08-02	78°01.67′N	159°44.18′W	2 494						
楚科奇海台	P12	2016-08-02	78°18.95′N	162°42.03′W	604						
楚科奇海台	P11	2016-08-03	78°30.38′N	165°56.03′W	543	✓	✓	✓	✓		
高纬海区	R18	2016-08-03	78°59.58′N	169°30.37′W	2 958						
高纬海区	R19	2016-08-04	79°41.80′N	168°52.70′W	3 168						
高纬海区	R20	2016-08-05	80°37.60′N	168°53.82′W	3 267	✓		✓			✓
高纬海区	R21	2016-08-06	81°33.38′N	167°36.82′W	3 271						
高纬海区	R22	2016-08-07	82°19.70′N	168°11.47′W	3 452						
门捷列夫海脊	E26	2016-08-17	79°54.15′N	179°38.57′W	1 448						
门捷列夫海脊	E25	2016-08-18	78°56.30′N	179°41.53′W	1 243						
门捷列夫海脊	E24	2016-08-19	77°54.12′N	179°54.58′W	1 569	✓		✓			✓
门捷列夫脊	E23	2016-08-19	77°02.97′N	179°43.92′E	1 100						
门捷列夫海脊	E22	2016-08-20	75°58.80′N	179°39.03′E	1 147		✓				
门捷列夫海脊	E21	2016-08-20	75°08.97′N	179°48.77′W	538	✓	✓	✓	✓		

海域	站位	日期	纬度	经度	水深(m)	大型底栖		小型底栖		大型藻类	底表微生物
						采泥	拖网	箱式	多管	拖网	采泥
楚科奇海台	R17	2016-08-21	78°01.80′N	169°10.28′W	704	✓	✓	✓			✓
楚科奇海台	R16	2016-08-22	77°07.18′N	169°10.12′W	1 879	✓		✓			✓
楚科奇海台	R15	2016-08-22	76°32.88′N	169°01.33′W	2 142						
楚科奇海台	R14	2016-08-23	75°54.20′N	169°42.25′W	355		✓		✓		
楚科奇海台	R13	2016-08-23	75°27.55′N	169°20.60′W	359	✓	✓	✓		✓	✓
楚科奇海台	R12	2016-08-23	74°39.18′N	168°58.55′W	180	✓		✓			
楚科奇海台	R11	2016-08-24	73°46.18′N	168°50.83′W	153	✓	✓	✓	✓	✓	✓
加拿大海盆	S15	2016-08-26	73°54.20′N	156°10.75′W	3 743						
加拿大海盆	S14	2016-08-30	73°32.52′N	157°49.15′W	2 945						
加拿大海盆	S13	2016-08-30	73°13.05′N	158°56.67′W	1 602						
加拿大海盆	S12	2016-08-31	72°48.40′N	160°08.83′W	65	✓	✓	✓	✓		✓
加拿大海盆	S11	2016-08-31	72°26.42′N	161°28.32′W	44	✓	✓	✓			✓
楚科奇海	C24	2016-08-31	71°48.97′N	160°49.82′W	45	✓					
楚科奇海	C23	2016-08-31	72°01.62′N	162°42.50′W	38	✓	✓				
楚科奇海	C22	2016-09-01	72°19.92′N	164°52.78′W	47	✓					
楚科奇海	C21	2016-09-01	72°36.13′N	166°44.35′W	52	✓	✓				
楚科奇海	R10	2016-09-01	72°50.17′N	168°47.43′W	61	✓	✓				
楚科奇海	R09	2016-09-01	72°00.12′N	168°44.35′W	51	✓					
楚科奇海	R08	2016-09-01	71°10.52′N	168°49.37′W	48	✓					
楚科奇海	R07	2016-09-02	70°20.72′N	168°50.22′W	39	✓	✓				
楚科奇海	R06	2016-09-02	69°33.52′N	168°48.50′W	52						
楚科奇海	C11	2016-09-02	69°20.82′N	168°09.57′W	51	✓	✓	✓			
楚科奇海	C12	2016-09-02	69°08.48′N	167°33.97′W	50	✓		✓			
楚科奇海	C13	2016-09-02	68°55.62′N	166°50.70′W	45	✓					
楚科奇海	R05	2016-09-02	68°49.02′N	168°45.32′W	52	✓				✓	
楚科奇海	R05-2	2016-09-02	68°49.35′N	168°56.83′W	53			✓			
楚科奇海	CC5	2016-09-03	68°14.62′N	166°50.47′W	35	✓					✓
楚科奇海	CC4	2016-09-03	68°06.50′N	167°09.22′W	49	✓	✓	✓		✓	
楚科奇海	CC3	2016-09-03	67°58.57′N	167°37.22′W	51			✓			
楚科奇海	CC2	2016-09-03	67°47.32′N	167°57.62′W	54	✓				✓	
楚科奇海	CC1	2016-09-03	67°40.00′N	168°25.00′W	49		✓				
楚科奇海	R04	2016-09-03	68°12.50′N	168°48.40′W	57	✓	✓	✓		✓	
楚科奇海	R03	2016-09-04	67°32.02′N	168°51.12′W	49	✓	✓				✓
楚科奇海	R02	2016-09-04	66°52.08′N	168°52.50′W	45	✓					
出北冰洋作业点	R01	2016-09-04	66°10.27′N	168°49.28′W	56	✓				✓	
到达白令海峡	S01	2016-09-04	65°41.60′N	168°39.40′W	50	✓	✓	✓		✓	

海域	站位	日期	纬度	经度	水深（m）	大型底栖		小型底栖		大型藻类	底表微生物
						采泥	拖网	箱式	多管	拖网	采泥
白令海峡	S02	2016-09-04	65°32.20′N	168°15.35′W	42	✓	✓	✓		✓	
白令海	NB12	2016-09-05	63°59.95′N	168°59.45′W	35	✓		✓		✓	
白令海	NB12-2	2016-09-05	63°58.92′N	168°55.92′W	34		✓				
白令海	NB11	2016-09-05	64°00.45′N	168°01.62′W	36			✓		✓	
白令海	NB06	2016-09-07	64°20.03′N	166°59.28′W	30	✓		✓		✓	
白令海	NB05	2016-09-08	64°20.25′N	167°46.08′W	33	✓	✓	✓		✓	
白令海	NB04	2016-09-08	64°20.13′N	168°34.87′W	41	✓		✓		✓	
白令海	NB03	2016-09-08	64°19.85′N	169°23.55′W	40	✓		✓		✓	
白令海	NB02	2016-09-08	64°20.10′N	170°11.25′W	41	✓		✓			✓
白令海	NB01	2016-09-08	64°19.50′N	170°58.25′W	40	✓		✓			
白令海	B13	2016-09-08	63°15.28′N	172°18.65′W	61	✓		✓			
白令海	B12	2016-09-08	62°54.10′N	173°27.62′W	70	✓	✓	✓	✓		✓
白令海	B11	2016-09-09	62°17.18′N	174°31.37′W	70	✓		✓			
白令海	B10	2016-09-09	61°46.97′N	176°04.30′W	98			✓			
白令海	B09	2016-09-09	61°15.55′N	177°18.50′W	124			✓			✓
白令海	B08-1	2016-09-09	60°41.80′N	178°29.42′W	173						
白令海	B08-2	2016-09-10	60°23.25′N	179°04.63′W	556						
白令海	B07-1	2016-09-10	60°03.58′N	179°37.10′W	1 839						
白令海	B07-2	2016-09-10	59°29.85′N	179°35.35′E	3 124						
长期冰站		2016-08-15	82°49.63′N	159°08.17′W	3 011	✓		✓			✓
合计						50	35	50	7	25	30

8.7.1.3 完成工作量

根据中国第七次北极科学考察现场实施方案，本航次大型底栖生物箱式采样33个站位，最终完成50个站位的采集；大型底栖生物拖网33个站位，最终完成35网次的采集，均已超额完成任务。所获样品种类较为丰富，并拍摄了大量的标本图片，为分析楚科奇海和白令海的底栖生物群落组成与多样性现状、关键种与资源种的分布及生态适应性提供基础数据。

此次调查利用箱式取样器和多管取样器获取用于分析小型底栖生物的沉积物样品，工作量统计如下：箱式共计取样50个站位，其中17个站位由于采样量不足不符合插管需求，7个站位为空样未获得任何样品，获得样品站位为26个站位；多管取样共计9个站位，获得样品站位为7个站位。

箱式取样器获取沉积物后，选取表面疏松多水未受扰动的部分利用活塞取样器插管取样，每站3个平行样，每个平行样分3个分层样；多管取样器获取沉积物后，利用分样器将0～10 cm的样品分为6个分层样，其中上覆水过滤至32 μm的筛网，将其保存至首层样中。

小型底栖生物共计采样28个站位，其中白令海3个站位，楚科奇海25个站位（其中长期冰站采样1个站位）；箱式取样器采样26个站位，多管取样器采样7个站位，重合取样5个站位，共计取样276份（表8.1）。

大型底栖拖网计划实施 33 个站位，实际完成 35 网次拖网作业。所有鱼类样品全部取样，每个鱼种均拍照记录。当单个鱼种数量少于 3 条时，全部冷冻保存；当单个鱼种数量较多时，称量记录后，活体取肌肉、内脏至液氮保存。共获得有效鱼类样品 28 个站位。各类底栖生物样品的处理和分析及资料整理均按照《海洋调查规范》（GB/T 12763.6—2007）进行操作，所有样品送回实验室进行进一步分析。

8.7.2　考察人员及考察仪器

8.7.2.1　考察人员

参与本航次底栖生物取样的人员有国家海洋局第三海洋研究所的林和山、王建佳、刘坤、张然、张玉生，国家海洋局第一海洋研究所的林学政。

8.7.2.2　考察仪器

大型底栖生物定量采样使用面积为 0.25 m² 箱式采泥器（或抓斗式采泥器），每站需采集 1 份样品。每站泥样现场使用过滤海水通过 <<WSB>> 涡旋器淘洗样品，并使用套筛装置（上层网目为 2.0 mm、中层为 1.0 mm、下层为 0.5 mm）分选标本。所有生物样品，包括生物残渣均应收集并入定量分析。标本经初步处理后，除用于活体观测的样品外，均应及时使用固定液固定和保存，并小心地放入标本箱中，带回实验室分析鉴定。

图 8-32　大型箱式采泥器
Fig. 8-32　Box corer

图 8-33　漩涡分选器
Fig. 8-33　Spiral classifier

图 8-34　三角拖网
Fig. 8-34　Triangle trawls

大型底栖生物拖网使用网口为 2.5 m 的阿氏拖网进行底栖生物拖网取样，上部网衣网孔小于 2 cm，底部网衣网孔小于 0.7 cm，船速控制在 3 kn 左右，拖网绳长为水深的 2 ~ 3 倍，拖网时间 0.25 ~ 1 h。尽可能地收集所采到的所有生物样品，并记录优势种的重量和数量。取样结束后，必须清除网衣上的遗留生物，以免带入下一站所采生物中。标本经初步处理后，除用于活体观测的样品外，均应及时使用固定液固定和保存，并小心地放入标本箱中，带回实验室分析鉴定。

小型底栖动物使用活塞式分样管采集沉积物样品之后，每管样品按规范自表层向下按 0 ～ 2 cm、2 ～ 5 cm、5 ～ 10 cm 进行分层，样品分别装瓶固定、保存；送实验室分析。实验室内对小型底栖动物样品进行淘洗和染色，应用徕卡体式显微镜对样品进行分选和计数，并用高倍光学数码显微镜对标本进行形态学分析鉴定、描述、拍照。部分典型生物样品做分子 DNA 系列鉴定，数据处理应用统计软件，分析其群落结构与多样性。

8.7.3 考察样品初步分析

本次调查底拖网大型底栖动物以棘皮动物门蛇尾纲和海星纲、节肢动物门甲壳纲、软体动物门腹足纲等为主，另有少量鱼类，具体种类组成要带回实验室分析。后续工作主要包括底栖生物的种类鉴定、计数和称重等，并分析楚科奇海和白令海的物种多样性和群落结构特征等。部分样品图片详见附录。

图 8-35 S01 站底栖拖网
Fig. 8-35 Overview of station S01 trawling

图 8-36 B08 站底栖拖网
Fig. 8-36 Overview of station B08 trawling

图 8-37 C13 站底栖拖网
Fig. 8-37 Overview of station C13 trawling

图 8-38 CC1 站底栖拖网
Fig. 8-38 Overview of station CC1 trawling

图 8-39 E22 站底栖拖网
Fig. 8-39 Overview of station E22 trawling

图 8-40 NB03 站底栖拖网
Fig. 8-40 Overview of station NB03 trawling

图 8-41 NB05 站底栖拖网
Fig. 8-41 Overview of station NB05 trawling

图 8-42 NB12 站底栖拖网
Fig. 8-42 Overview of station NB12 trawling

图 8-43 R04 站底栖拖网
Fig. 8-43 Overview of station R04 trawling

图 8-44 R05 站底栖拖网
Fig. 8-44 Overview of station R05 trawling

图 8-45 R07 站底栖拖网
Fig. 8-45 Overview of station R07 trawling

图 8-46 R08 站底栖拖网
Fig. 8-46 Overview of station R08 trawling

图 8-47 R13 站底栖拖网
Fig. 8-47 Overview of station R13 trawling

图 8-48 R14 站底栖拖网
Fig. 8-48 Overview of station R14 trawling

图 8-49 R17 站底栖拖网
Fig. 8-49 Overview of station R17 trawling

图 8-50 S12 站底栖拖网
Fig. 8-50 Overview of station S12 trawling

附录 部分大型底栖生物拖网种类图谱

Appendix: Species composition and figures of macrobenthods sampled by benthic trawling

鱼类/Fish

环节动物/Annelida

软体动物/Mollusc

软体动物/Mollusc

节肢动物/Arthropod

节肢动物／Arthropod

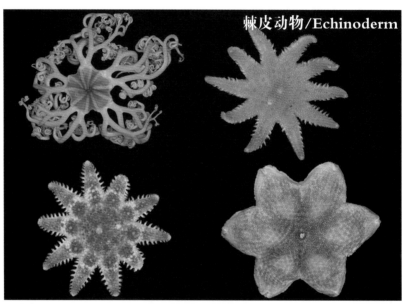

棘皮动物／Echinoderm

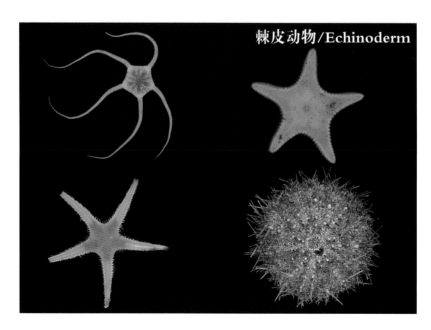

棘皮动物／Echinoderm

其他类/Others

总结和建议 第 **9** 章

- 总结
- 建议

9.1 总结

2016年是我国实施极地考察"十三五"规划的开局之年。中国第七次北极科学考察是"南北极环境综合考察与评估"专项的组成部分，也是我国"十三五"期间第一次在北冰洋实施科学考察工作，具有承上启下的关键作用。

本次考察自2016年7月11日开始至9月26日结束，历时78 d，航行13 000 n mile，作业时间54 d。

考察队128名队员，其中2名来自法国、1名来自美国，承担着77项科学考察任务。在国家海洋局的正确领导下，在极地考察办公室的精心指挥和中国极地研究中心的大力保障下，在各考察任务参与单位的通力支持下，在临时党委坚强率领下，根据《中国第七次北极考察现场实施计划》的要求，精心组织，科学合理安排，顽强拼搏。排除种种困难，完成考察站位和考察航线现场调整。在白令海、楚科奇海、楚科奇海台、加拿大海盆、门捷列夫海岭等重点海域，开展了物理海洋与气象考察、海冰和冰面气象考察、海洋地质考察、海洋地球物理考察、海洋化学考察、海洋生物与生态多样性考察，是一次多学科综合考察。最北到达82°52.99′N。安全、顺利、圆满地完成了全部考察任务，部分工作超额完成。

2016年7月11日，"雪龙"船自上海基地码头起航；7月12日，到达济州岛，外国科学家及仪器上船；7月18日，抵达白令海第一个站位，开始定点作业；7月18—24日，完成白令海2套大型锚碇潜浮标投放和6个海洋综合站位调查；7月25日，过白令海峡进入北冰洋；7月26日至8月24日，完成北冰洋作业，包括59个综合站位、冰站作业、地球物理测线作业、楚科奇海潜标投放及沉积物捕获器潜标收放工作，8月13日到达本航次的最北端；9月5日，过白令海峡回到白令海；9月5—10日，完成白令海19个综合站位作业；9月23日，到达济州岛，外国科学家及仪器下船；9月26日，回到上海。

本次科学考察共开展了84个海洋综合站位作业，其中白令海25个，北冰洋59个；考察内容涉及物理海洋、海洋气象、海洋地质、海洋化学和海洋生物，本项工作超额完成；完成5套锚碇潜浮标的收放工作；"雪龙"船走航期间的海洋、气象、海冰和大气成分观测；完成布放走航抛弃式XBT 300枚，XCTD 24枚，Argos表层漂流浮标17个，探空气球58个；航次共采集重力、磁力测线6条，1 443 km，地震测线2条，210 km，有效热流站点16个，并利用4个地震台站进行了天然地震的观测，完成地球物理反射地震测线231 km，海面磁力测线1 500 km；完成1个长期冰站，6个短期冰站考察。

与我国历次北极科学考察相比，本次科学考察首次在北冰洋门捷列夫海岭进行了考察，完成1条综合考察断面（6个考察站位），考察内容涉及物理海洋、海洋气象、海洋地质、海洋化学和海洋生物。该调查断面与2016年中俄联合调查航次相配合，实施了我国首次在东西伯利亚海、楚科奇海西侧和门捷列夫海岭海域的海洋观测。

成功完成了5套锚碇长期观测潜、浮标的收放工作，加强了定点锚碇长期观测。包括白令海锚碇浮标投放、白令海锚碇潜标投放、楚科奇海锚碇潜标投放、沉积物捕获器潜标回收、沉积物捕获器潜标投放。在白令海布放的锚碇潜标锚系长度3 800 m，是我国首次在白令海成功布放的深水锚碇潜标。首次利用"雪龙"船在北极成功布放我国自主研发的冰基上层海洋剖面浮标。

利用直升机围绕长期冰站在加拿大海盆布放了由13个浮标组成的浮标阵列，是我国历次北极考察构建最为规则的浮标阵列，连同冰站布放的浮标，一共布放了40个冰基浮标，为历次北极考察布放冰基浮标最多。

首次在楚科奇海陆架发现海底结核／结壳，初步推测它们的形成可能与冷泉或者热液过程有关。这一发现为我国进一步摸清北冰洋资源类型，开展资源潜力评估提供了有力支撑，为我国未来开展极区地球科学研究取得良好开端。

首次使用空气枪震源激发人工地震波在北冰洋进行地球物理考察，极大地增强了多道地震系统的地层探测深度。在加拿大海盆区域，取得了丰富的海面磁力、重力和热流数据，为揭示加拿大海盆的形成演化历史提供了资料。

9.2 建议

自 1999 年我国开展首次北极考察以来，以"雪龙"船为平台已执行了 7 个北极调查航次，获得了丰富的北冰洋调查现场数据，获得了一系列具有国际领先水平的创新认知，为科学认识北冰洋变化及其对我国气候变化和生态安全影响评估提供科学依据，支持我国逐渐成为北极航道商业利用的主要国家，为我国在国际北极事务和气候变化发言权提供强有力的支撑，维护了我国北极的科研、经济、政治、外交和安全利益。形成了学科齐全的北极考察和研究队伍，具备了装备先进的技术支撑条件，在航次组织等方面也积累了一定经验。

近 40 年来，北冰洋海冰面积值持续降低，2016 年北极海冰覆盖范围达到了自 1979 年以来的次低值，仅次于 2012 年。随着北极海冰的不断融化，北极航道的商业利用成为可能，目前我国已经实现对北极东北航道的准常态化商业利用。在我国大力推进海洋强国战略和海上丝绸之路建设的大背景下，以及全面推进实施"雪龙探极"重大工程的前提下，开展北极科学考察是我国了解北极，认识北极的重要途径。为保障极地工作"十三五"战略任务的顺利实施，针对北极科学考察，在加强顶层设计、优化科考总体布局、提升科考支撑能力，以及拓展国际合作空间等方面建议如下。

9.2.1 加强顶层设计，制定北极科考规划

经过近 20 年的发展，特别是"十二五"以来，我国加强了北极考察科学的规划，北极科学考察的科学目标逐步明晰，北极考察的系统性和连续性得到加强。2013 年，中国在北极理事会部长级会议上成为北极理事会正式观察员国，但中国目前还没有发表关于北极地区的白皮书。因此，应尽快研究制定全面细致的北极地区政策，以表明我国北极立场和指导相关行动。应及时跟踪相关国家北极政策的调整和变化，关注各国制定的北极地区科学研究计划和考察计划，为我国制定相关政策、参与相关科研活动提供信息支撑。

建议未来北极科考规划在兼顾科学问题的同时，重点考虑加强北极航道区域和北冰洋中央海区的海洋环境观测和长期监测，为北极航道区域海洋环境预报以及北极关键过程研究服务。

建立规范的北极考察工作平台管理体系，实现北极考察良好的工作秩序、高效的资源利用和有效的环境保护。围绕国家极地战略需求和国际北极科技前沿，建立保障气候变化研究、航道利用和环境保护的业务化工作体系。全面实施"雪龙探极"工程，构建北极陆—海—空立体观测和考察保障体系；建立长期、系统和网络化的极地环境综合观测和预测／预报业务化工作体系，提高我国北极环境和生物资源利用与保护能力。

9.2.2 优化北极科考的区域布局和内容

围绕北极气候和生态环境变化，凝聚科学问题，优化北极科学的区域布局和内容。

在新建破冰船和固定翼飞机"雪鹰601"投入到北极科考后,后勤支撑能力将得到有效的提升。将来应优化资源配置,建议我国破冰船在未来的北极考察中,考察区域更多集中在海冰密集的北冰洋高纬度海区,而夏季不被海冰覆盖的白令海、北冰洋低纬度海域考察由其他调查船只承担。围绕北极环境变化机制、反馈和影响等科学问题,发起我国倡导的国际研究计划。

加强重点区域和断面,以及关键要素的重复观测,深入地了解气候变化背景下北极海洋酸化和生态系统变化的机制和影响范围。加强对北极地区环境变化的全球联系,尤其是对北半球中高纬度气候变化和极端天气影响的研究。

9.2.3 提升科考支撑能力

优化科学考察队伍。北极科考现场作业时间安排紧凑,仪器设备操作频繁,现场作业人员的熟练程度直接影响着任务的完成。建议进一步优化队员结构,增加有现场经验的考察队员比例,一方面可保证考察任务的安全顺利开展;另一方面也可以在短时间内迅速培养年轻队员。

提升技术装备研发能力。锚碇浮标和潜标、冰基浮标作为白令海、北冰洋业务观测体系的重要组成部分,将极大提高我国在该海区的业务化观测能力,填补北冰洋冬季环境要素"雪龙"船观测的空白。建议将来提升应用于北极科考的技术装备研发能力,在未来的北极考察中,加强浮标、潜标布放工作,并形成浮标、潜标布放及回收的标准化作业流程。

加强"雪龙"船实验室建设。建议提出"雪龙"船实验室科考设备的最大容积,合理规划实验室布局,同时可考虑以搭载集装箱式实验室的方式扩展实验室空间。增加一支专业的实验室技术人员队伍,负责考察船科考设备和实验室的运行管理,提高专业化支撑水平。

充分发挥直升机对科学考察的支持,推进固定翼飞机在北极科考的使用,为开展航空遥感、航空地球物理观测、大气采样/观测等科考任务提供支持。

9.2.4 拓展科考国际合作空间

国际合作是我国进行北极科学考察、参与北极事务管理的重要途径。鉴于专属经济区及领海问题对我国北极科考带来的种种制约,建议推动我国与环北极国家就北极考察的重大国际计划,进行分工协作和数据共享,拓展我国北极研究区域和领域。在长期合作框架下,通过合作建设考察站和实施双边或多边共享航次等方式开展务实共赢的国际合作。

附件 中国第七次北极科学考察人员名录

（共128人）

夏立民

任务：领队、临时党委书记
单位：国家海洋局极地考察办公室

李院生

任务：首席科学家
单位：中国极地研究中心

姜 梅

任务：队办主任、党办主任
单位：国家海洋局极地考察办公室

赵炎平

任务：领队助理、船长
单位：中国极地研究中心

曹建军

任务：领队助理
单位：中国极地研究中心

刘 娜

任务：首席科学家助理
单位：国家海洋局第一海洋研究所

雷瑞波

任务：首席科学家助理
单位：中国极地研究中心

汪卫国

任务：首席科学家助理
单位：国家海洋局第三海洋研究所

杨 扬

任务：行政秘书
单位：国家海洋局极地考察办公室

江天乐

任务：行政助理
单位：中国极地研究中心

孙虎林

任务：气象保障
单位：国家海洋环境预报中心

秦 听

任务：气象保障
单位：国家海洋环境预报中心

赵祥林

任务：机长

单位：中信海直公司

李跃华

任务：机长

单位：中信海直公司

华伟龙

任务：飞行员

单位：中信海直公司

刘海波

任务：飞行员

单位：中信海直公司

陈坤宏

任务：机械师

单位：中信海直公司

黄国圳

任务：机械师

单位：中信海直公司

汪泉林

任务：机械师

单位：中信海直公司

苗德惠

任务：机械师

单位：中信海直公司

伍　岳

任务：记者

单位：新华社

贾燕华

任务：记者

单位：中央电视台

唐志坚

任务：记者

单位：中央电视台

高　悦

任务：记者

单位：中国海洋报社

陈壮苗

任务：记者
单位：深圳电视台

杨　阳

任务：记者
单位：深圳电视台

马小兵

任务：物理海洋调查
单位：国家海洋局第一海洋研究所

杨　磊

任务：物理海洋调查
单位：国家海洋局第一海洋研究所

黄元辉

任务：海洋地质调查
单位：国家海洋局第一海洋研究所

崔迎春

任务：海洋地质调查
单位：国家海洋局第一海洋研究所

韩国忠

任务：地球物理调查
单位：国家海洋局第一海洋研究所

林学政

任务：海洋生物调查
单位：国家海洋局第一海洋研究所

郑晓玲

任务：海洋化学调查
单位：国家海洋局第一海洋研究所

李　江

任务：海洋化学调查
单位：国家海洋局第一海洋研究所

李汉荣

任务：海洋科学调查
单位：国家海洋局第一海洋研究所

徐全军

任务：海洋科学调查
单位：国家海洋局第一海洋研究所

赵学军

任务：海洋科学调查

单位：国家海洋局第一海洋研究所

杨成浩

任务：物理海洋调查

单位：国家海洋局第二海洋研究所

边叶萍

任务：海洋地质调查

单位：国家海洋局第二海洋研究所

张 涛

任务：地球物理调查

单位：国家海洋局第二海洋研究所

王 嵘

任务：地球物理调查

单位：国家海洋局第二海洋研究所

刘诚刚

任务：海洋生物调查

单位：国家海洋局第二海洋研究所

庄燕培

任务：海洋化学调查

单位：国家海洋局第二海洋研究所

白有成

任务：海洋化学调查

单位：国家海洋局第二海洋研究所

任 健

任务：海洋化学调查

单位：国家海洋局第二海洋研究所

李杨杰

任务：海洋化学调查

单位：国家海洋局第三海洋研究所

房旭东

任务：地球物理调查

单位：国家海洋局第三海洋研究所

林和山

任务：海洋生物调查

单位：国家海洋局第三海洋研究所

王建佳

任务：海洋生物调查
单位：国家海洋局第三海洋研究所

张 然

任务：海洋生物调查
单位：国家海洋局第三海洋研究所

张玉生

任务：海洋生物调查
单位：国家海洋局第三海洋研究所

刘 坤

任务：海洋生物调查
单位：国家海洋局第三海洋研究所

郭文斌

任务：海洋生物调查
单位：国家海洋局第三海洋研究所

张介霞

任务：海洋化学调查
单位：国家海洋局第三海洋研究所

林红梅

任务：海洋化学调查
单位：国家海洋局第三海洋研究所

刘 建

任务：海洋化学调查
单位：国家海洋局第三海洋研究所

沈 辉

任务：海冰和大气观测
单位：国家海洋环境预报中心

孙晓宇

任务：海冰和大气观测
单位：国家海洋环境预报中心

葛林科

任务：海洋化学调查
单位：国家海洋环境监测中心

林 凌

任务：海洋生物调查
单位：中国极地研究中心

蔡明红

任务：海洋生物调查
单位：中国极地研究中心

蓝木盛

任务：海洋生物调查
单位：中国极地研究中心

李　涛

任务：物理海洋调查
单位：中国海洋大学

曹　勇

任务：物理海洋调查
单位：中国海洋大学

林　龙

任务：物理海洋调查
单位：中国海洋大学

刘一林

任务：物理海洋调查
单位：中国海洋大学

王明锋

任务：物理海洋调查
单位：中国海洋大学

朱　晶

任务：海洋化学调查
单位：厦门大学

祁　第

任务：海洋化学调查
单位：厦门大学

王　博

任务：海洋化学调查
单位：厦门大学

陈　勉

任务：海洋化学调查
单位：厦门大学

彭　浩

任务：冰面气象观测
单位：中国气象科学研究院

张 通

任务：冰面气象观测
单位：中国气象科学院

张武昌

任务：海洋生物调查
单位：中国科学院海洋研究所

徐志强

任务：海洋生物调查
单位：中国科学院海洋研究所

卫翀华

任务：物理海洋调查
单位：中国科学院声学研究所

范仕东

任务：海洋化学调查
单位：中国科学技术大学

季 青

任务：海冰调查
单位：武汉大学

孔 彬

任务：物理海洋调查
单位：山东科技大学

刘高原

任务：物理海洋调查
单位：山东科技大学

左广宇

任务：物理海洋调查
单位：太原理工大学

王庆凯

任务：物理海洋调查
单位：大连理工大学

马 通

任务：海洋地质调查
单位：同济大学

孙 超

任务：物理海洋调查
单位：上海海洋大学

欧阳张弦

任务：海洋化学调查
单位：特拉华大学

Berengere Broche

任务：海洋化学调查
单位：法国巴黎第六大学

Hassiba Lazar

任务：海洋化学调查
单位：法国巴黎第七大学

吴　健

任务：政委、轮机长
单位：中国极地研究中心

朱　利

任务：大副
单位：中国极地研究中心

乔前防

任务：二副
单位：南通航运职业技术学院

邢　豪

任务：三副
单位：中国极地研究中心

朱　兵

任务：机动驾驶员
单位：中国极地研究中心

刘少甲

任务：报务员
单位：中国极地研究中心

马　骏

任务：水手长
单位：中国极地研究中心

潘礼锋

任务：木匠
单位：中国极地研究中心

许　浩

任务：水手
单位：中国极地研究中心

吴建生

任务：水手
单位：中国极地研究中心

陈冬林

任务：水手
单位：中国极地研究中心

王 强

任务：水手
单位：中国极地研究中心

盛 华

任务：水手
单位：中国极地研究中心

翟羽丰

任务：见习三副兼水手
单位：中国极地研究中心

缪 炜

任务：管事
单位：中国极地研究中心

秦冬雷

任务：厨师长
单位：中国极地研究中心

李顶文

任务：厨师
单位：中国极地研究中心

张堪升

任务：厨师
单位：中国极地研究中心

王 飞

任务：厨师
单位：中国极地研究中心

徐理鹏

任务：厨师
单位：中国极地研究中心

丁 峰

任务：服务员
单位：中国极地研究中心

张方根

任务：服务员
单位：中国极地研究中心

林予曦

任务：服务员
单位：中国极地研究中心

周豪杰

任务：大管轮
单位：中国极地研究中心

程　鉥

任务：二管轮
单位：中国极地研究中心

祖成弟

任务：三管轮
单位：中国极地研究中心

陈晓东

任务：机动管轮
单位：中国极地研究中心

陈利平

任务：机匠长
单位：中国极地研究中心

方　正

任务：机工
单位：中国极地研究中心

方　平

任务：机工
单位：中国极地研究中心

王彩军

任务：机工
单位：中国极地研究中心

汤建国

任务：机工
单位：中国极地研究中心

丁佳伟

任务：机工
单位：中国极地研究中心

陈峰孚

任务：机工
单位：中国极地研究中心

董 恒

任务：见习三管轮兼机工
单位：中国极地研究中心

何金海

任务：系统工程师
单位：中国极地研究中心

沈 悦

任务：电工
单位：中国极地研究中心

袁东方

任务：实验室主任
单位：中国极地研究中心

夏寅月

任务：实验员
单位：中国极地研究中心

于乐江

任务：实验员
单位：中国极地研究中心

高志光

任务：医生
单位：同济大学附属东方医院